战略性新兴产业
国内外标准法规解析

主　编：黄文秀
副主编：谢浩江　揭敢新　倪济宇　陈永强
主　审：陈伟升

中国质检出版社
中国标准出版社
北京

图书在版编目（CIP）数据

战略性新兴产业国内外标准法规解析/黄文秀主编.
—北京：中国标准出版社，2014.12
ISBN 978-7-5066-7727-1

Ⅰ.①战…　Ⅱ.①黄…　Ⅲ.①新兴产业-工业产品-国
际标准-研究②新兴产业-工业产品-产品管理-法规-研究-
世界　Ⅳ.①TB497②D912.290.4

中国版本图书馆 CIP 数据核字(2014)第 231564 号

中国质检出版社
中国标准出版社　出版发行
北京市朝阳区和平里西街甲 2 号(100029)
北京市西城区三里河北街 16 号(100045)
网址:www.spc.net.cn
总编室:(010)64275323　发行中心:(010)51780235
读者服务部:(010)68523946
中国标准出版社秦皇岛印刷厂印刷
各地新华书店经销
*
开本 787×1092 1/16　印张 16.5　字数 402 千字
2014 年 12 月第一版　2014 年 12 月第一次印刷
*
定价 65.00 元

编 委 会

主　编：黄文秀

副主编：谢浩江　揭敢新　倪济宇　陈永强

主　审：陈伟升

编　委：（按姓氏拼音排序）

陈伟升　陈心欣　陈永强　黄开云

黄文秀　揭敢新　李　栋　李　慧

刘　波　刘　厂　刘　婕　刘为楷

倪济宇　吴凤萍　伍华嘉　谢浩江

本书由中国电器科学研究院有限公司/威凯检测技术有限公司/工业产品环境适应性国家重点实验室组织编写。

前　言

当今世界新技术、新产业迅猛发展,孕育着新一轮产业革命,新兴产业正在成为引领未来经济社会发展的重要力量,世界主要国家纷纷调整发展战略,大力培育新兴产业,抢占未来经济科技竞争的制高点。

在全球气候变化和能源紧张的压力下,各国都在大力发展新能源及低碳节能产业。在我国,国家及地方"十二五"科技发展规划均将大力发展战略性新兴产业作为重点发展领域。"十二五"是我国战略性新兴产业夯实发展基础、提升核心竞争力的关键时期,既面临难得的机遇,也存在严峻挑战。从有利条件看,我国工业化、城镇化快速推进,城乡居民消费结构加速升级,国内市场需求快速增长,为战略性新兴产业发展提供了广阔空间;我国综合国力大幅提升,科技创新能力明显增强,装备制造业、高技术产业和现代服务业迅速成长,为战略性新兴产业发展提供了良好基础;世界多极化、经济全球化不断深入,为战略性新兴产业发展提供了有利的国际环境。同时也要看到,我国战略性新兴产业自主创新发展能力与发达国家相比还存在较大差距,关键核心技术严重缺乏,标准体系不健全;投融资体系、市场环境、体制机制政策等还不能完全适应战略性新兴产业快速发展的要求。而标准和法规是引领和支撑战略性新兴产业发展的重要手段,是产品技术创新和进入国内外市场的关键要素。我国在战略性新兴产品的法规和标准,或缺失或不健全或水平落后,而国外在这些新兴领域的研究时间较长,标准法规较为成熟、完善。

我们通过收集大量的电动汽车、LED照明、光伏组件、风电等战略性新兴产业产品的国内外法规、标准资料,并针对这四类产品国内外市场准入法规和标准以及符合性评价方法进行解读和分析,对比了国内外法规标准的差异,编写了《战略性新兴产业国内外标准法规解析》,内容包括各国(地区)对这四类战略性新兴产业产品的战略规划及发展现状、市场准入法规要求和技术标准要求(涉及安全、能效、EMC、环保等)、符合性评价方法、认证等,并对产品的重点标准进行了解读和分析。为我国建立完善战略性新兴产业产品标准体系提供建议,为战略性新兴产业的企业进入国内外市场提供指导,并给战略性新兴产业从业人员研发、制造、质检、销售、贸易、认证等提供参考。

由于电动汽车、LED 照明、光伏组件和风电等战略性新兴产业产品的国内外法规和标准不断地更新和修订,本书主要是向读者提供信息,以便于了解和掌握战略性新兴产业产品在法规标准方面的内容。实际的生产经营活动,还要结合最新的法规标准进行产品设计以及进行符合性评价。

由于水平有限,本书难免有不足或错误之处,欢迎大家批评指正。

编　者

2014 年 8 日

目　　录

第三篇 战略新兴产业之——光伏产品相关标准法规 ———————————●

第四篇 战略新兴产业之——风电产业产品法规和标准 ———————————●

第一篇

战略新兴产业之——
电动汽车相关标准法规

新能源汽车已经成为现阶段世界公认的汽车新发展方向,并且已经步入了关键期。世界传统汽车生产强国,如美国、日本、德国、英国、法国、韩国等都积极进行新能源汽车的研发、生产和推广。虽然新能源汽车大规模商用条件还有所欠缺,但是如果各国政府和企业继续加大投入和支持力度,新能源汽车的销量将以更快的速度增长,新能源汽车技术也将变得越来越商业化。

虽然大部分新能源汽车车型目前还停留在实验室测试阶段,面临种种技术瓶颈,但发展新能源汽车已经是大势所趋。到 2020 年年底,新能源汽车和其他"绿色"汽车在发达国家市场的销量将达到全球总销量的 1/3,而在新兴市场城市地区的销量则有望达到全球总销量的 1/5。

杜伊斯堡-埃森大学汽车研究中心的一份研究报告称:2015 年,世界新能源汽车的销量将达到 450 万辆,2025 年,这一数字将达 5 600 万辆。15 年后,新能源汽车的市场份额将达到 65%。该中心预测,2025 年,汽车工业具有高科技水平的储藏能装置市场销售额将达到 1 300 亿欧元,仅锂电池市场规模就可达 770 亿欧元。

肯锡公司的研究报告预测:2020 年,全球各种汽车销量约为 7 700 万辆,其中新能源汽车年销量约为 700 万辆,新能源汽车销售额有可能达到 4 700 亿欧元。

尽管各机构预测的数据不尽相同,但是由此也可以看出,新能源汽车的市场潜力巨大确是不争的事实。专家就此指出,预计未来几年,新能源汽车的销量将以更快的速度增长,新能源汽车也将变得越来越商业化。对消费者、汽车生产商、电池技术公司和电力公司来说,未来几年将是新能源汽车发展的关键时期,新能源汽车市场将面临新的机会。

新能源汽车包括混合动力汽车、纯电动汽车(PEV,包括太阳能汽车)、燃料电池电动汽车、氢发动机汽车、其他新能源(如高效储能器、二甲醚)汽车等各类别产品。电动汽车是指以车载电源为动力,用电机驱动车轮行驶。所以混合动力汽车、纯电动汽车、燃料电池电动汽车都被归为电动汽车。本篇主要介绍电动汽车的法规及标准。

1 国内外电动汽车战略政策及规划

美国、日本、德国、英国、法国、意大利和韩国等世界汽车工业强国为提高汽车产业竞争力都将发展新能源汽车作为重要国策。世界各国在新能源汽车发展历程中采用不同的技术发展路线,但近期都将纯电动汽车作为新能源汽车发展的重点。

全球至少有 13 个国家推出了政府项目鼓励发展新能源汽车,补贴和奖励金额高达 440 亿美元。其中美国的新能源汽车刺激计划将投入 274 亿美元资金。

随着环保意识的深入人心,各国政府的积极扶持,对充电基础设施的投入力度加大,电动汽车的前景看好,也许不久的将来电动汽车就会纵横世界。

1.1 欧盟

发展电动汽车抢占未来汽车市场的先机,关系到欧盟就业岗位问题。汽车及其相关产业大体占欧盟国内生产总值和就业市场的 1/5 到 1/4。为推广电动汽车,欧盟和各成员国出台了针对电动汽车和混合动力汽车买主的财政激励措施,例如返利和减免税收。

2008 年 10 月,欧洲议会在法国斯特拉斯堡通过一项有关鼓励清洁汽车发展的议案,该议案要求公共部门及从事公共客运服务的企业今后采购车辆时,把汽车的能耗、二氧化碳和其他污染物的排放指标列入筛选范围。

欧洲汽车工业协会(European Automobile Manufacturers Association)的报告显示:目前 17 个欧盟成员国在国内征收与汽车尾气中二氧化碳相关的税收。其中 15 个欧盟成员国对电动汽车推行二氧化碳相关税收的减免措施。

不论汽车是纯电动、混合动力、燃烧天然气或靠其他方式驱动,欧盟的财政补贴都基于汽车的碳排放量,并严格按照欧盟减排目标的标准实施。

欧盟委员会 2011 年发布的《面向 2020 年——新能源计划》中提出,欧盟将在 2050 年在欧洲大中城市彻底消灭燃油汽车。该计划旨在欧洲实现零排放交通,其目标包括:2030 年削减欧洲地区一半传统燃油车数量;大城市物流系统于 2030 年前实现零排放。计划将继续支持混合动力、纯电动、燃料电池等新能源技术,政府将对新能源车辆研发、生产到消费等各个环节进行补贴,同时将调整传统燃油车的税费政策。欧盟执行委员会预计该计划将耗资 1.5 万亿欧元(约合 14 万亿元人民币)。

1.1.1 德国

1.1.1.1 德国电动汽车发展战略

2009 年 1 月,德国联邦政府通过一项 500 亿欧元的经济刺激计划,其中很大一部分用于电动汽车研发、汽车充电站网络建设和可再生能源开发。

2011 年 5 月 18 日,德国联邦政府通过了鼓励电动汽车发展的《电动汽车政府方案》。方案的主要内容是:通过一系列优惠政策,力争在 2020 年让在德国大地上行驶的电动汽车达到 100 万辆,从而减少尾气排放,并降低对石油的依赖。2030 年前德国电动汽车保有量可望达到 600 万辆,并且成为电动汽车的主要市场和主要生产国。德国在电动汽车的研制和市场开发上,落在日本、美国和法国之后,排在世界第四位。德国现有汽车 4 200 万辆,电动汽车只有 2 300 辆左右。其中绝大部分还属于试验用车,并未推向市场。这就是德国政府日前推出《电动汽车政府方案》的背景。

2011 年,德国联邦政府通过一项提议,决定拨款 10.5 亿欧元用于电动汽车的研发,不包括返利所要求的金额。为维持德国在电动汽车领域的领先地位,此次追加补助金额将 2013 年以前德国用于电动汽车的研发经费提高了约一倍,政府奖励的研发经费由原来的 10 亿欧元增加到了 20 亿欧元。

德国政府还宣布,为了提高德国市场的电动汽车销量,电动汽车将在德国享受停车和行驶优先权。在堵车的情况下,电动汽车可使用公交车道。在城市停车场,为电动汽车设立专用停车位,以保障其停车,甚至享受免费停车的待遇。电动汽车作为家庭第 2 辆用车的,可颁发和使用同一个牌号的车牌,这样两辆车只交一份保险费就可以了。另外,2015 年之前购买电动汽车的消费者,可享受 10 年免缴行驶税的政策。从购买成本看,每辆电动车至少比传统汽车多出 9 000 欧元。欧盟国家一般是在购车时一次性补贴 5 000 欧元。德国专家委员会在给政府的报告中也要求政府在购车时给予 5 000 欧元的补贴。而德国官员称,一次性补贴有直接补贴汽车制造商的嫌疑,有违公平竞争的原则。所以德国采用了降低用车成本的政策,而不是采用减少购车成本的办法。

1.1.1.2　德国电动汽车的发展现状

目前能够上市和批量生产的电动汽车,充电一次的续航能力一般在 120 km～200 km 之间,被定位为"城市用车"。一旦跑出城市,将遇到充电难的问题。要想将充电桩或充电站普及到燃油汽车加油站的程度,不仅需要大笔资金,也需要时日,而且不能遍地开花,这样更将延迟电动车的普及。所以现行方案是在人口密集的城市或城市群先行普及电动汽车。德国将这一突破口选择在北威州,即原先的鲁尔工业区。那里有十几座城市,彼此之间的距离为 40 km～50 km,人口有 1 800 万。这样一旦解决了充电站或充电桩这一基础设施问题,投资就将发挥事半功倍的效果。

其实,德国早就认识到无污染交通工具对城市生活的重要性,并将研发的重点放在氢动力汽车上,并且氢动力发动机已经研制成功。德国宝马公司生产的氢动力样车也正在疾驰中检验其性能。只是由于这种汽车太超前,普及起来成本更高,更不宜被市场所接受,因此不得不后退一步,把研发重点转移到电动汽车上。德国为此而耽误了一些时间,但也说明德国看得更远,并为后电动汽车时代积累了丰富的知识和经验。

2009 年 8 月,德国联邦政府批准了由德国联邦经济部、交通部和环境部联合制定的"国家电动汽车发展计划"。2010 年 5 月又正式成立了由联邦政府和工业界共同组成的《电动汽车国家平台》,这是一个跨地区和跨行业的联邦级组织和协调机构。该机构每隔一段时间就向联邦政府提交一个进展方面的报告,包括一些政策和对策建议。该机构下设 7 个联合攻关小组,它们分别是驱动技术和工艺小组、电池技术及工艺小组、基础设施建设小组、标准化与认证、原材料和回收、人员与培训以及与此相配套的宏观政策小组。

妨碍电动汽车发展和普及的主要因素是电池技术,它的问题表现在:一是成本高;二是蓄电量有限,不足以支撑发动机像普通汽车那样长时间运行;三是充电时间太长。充电时间长可以通过更换电池来解决,但蓄电量有限和成本高目前还是难以逾越的障碍,为此德国投入了大量的人力和物力试图解决这些难题。比如德国科研部长宣布,将在德国南部城市乌尔姆设立锂离子电池生产试验基地。不久前德国一所大学的研究机构称,与纳米技术相结合,生产出来的锂离子电池不仅蓄电量增加,而且成本也有较大幅度的下降。但总的来看,短期内取得实质性进展的可能性不大,它很可能是一个逐渐演变的过程。

1.1.2　法国

为尽快走出金融危机和积极应对气候变化,法国政府出台新型产业发展政策,促使法国两大汽车产业集团标致雪铁龙(PSA)和雷诺(Renault)迅速推出各自的电动汽车产业发展规划和新型车型。

标志雪铁龙和雷诺在电动汽车的市场目标方面有所不同。标志雪铁龙计划未来五年使其两大品牌的混合动力汽车销售量达到 10 万辆,2020 年占欧洲市场的份额达到 4%～5%,

约 60 万~80 万辆。雷诺则希望成为纯电动汽车市场的领军人,到 2020 年占全球市场份额的 10%。雷诺联手日本尼桑计划在未来 2~3 年内,每年生产 50 万辆电动汽车。

2008 年 10 月,法国政府投入 4 亿欧元用于研发清洁能源汽车。除了为研发投入大笔资金外,法国还准备采取配套措施,保证电动汽车等环保汽车的顺利运行,如在工作场所、超市和住宅区增加充电站的数量,从而使充电如同加油一样便捷。对购买二氧化碳排量在每公里 60 g 以下的"超级环保车",政府将给予 7 000 欧元的高额补贴,这项政策一直持续到 2012 年,而高碳排放量汽车的车主需要交的罚款高达 2 700 欧元。法国认为自己将成为未来电动汽车业的领军国家,已经在国内着手建造 40 万个充电站,并有望在 2015 年前投入使用。

1.1.3 英国

英国已经从 2009 年开始着手新能源汽车的商用试验。未来英国政府计划投资 2.5 亿英镑用于促进新能源汽车的大规模商用。另外,英国政府还将为纯电动汽车或混合动力汽车买主提供 5000 英镑的补助;如果车主淘汰 10 年以上的旧车,并选择纯电动汽车或者混合动力汽车,还将获得政府 1 580 英镑的额外补贴。此外,英国政府将在大曼彻斯特、苏格兰和北爱尔兰等地区投资 2000 万英镑,建造 4 000 座充电站。以促进"电动汽车城市"网络的形成。此前,英国政府已经决定向伦敦、Milton Keynes 和英格兰东北部投资,到 2013 年,在这三个地区建设逾 1.1 万座充电站。

伦敦电动车车主免交道路拥堵费(每天约 8 英镑),并可以在某些场所免费停车。而且,每年电动车车主还可以免交高达 945 英镑的汽车碳排放税。

1.1.4 其他欧盟成员国

卢森堡:电动汽车或其他低碳汽车买主享有高达 4 200 美元的返利,但必须签署协议保证汽车的电力来自可再生能源。

挪威:电动汽车车主不享有返利,但他们可以使用世界最大的电动车停车场,并免费充电。早上,他们在赶往上班的途中可以使用出租车和公交车专用车道,免交道路通行费,并可以免费停车。

葡萄牙:全国拥有 1350 个充电站,极大地方便了电动汽车车主的出行。电动汽车和其他可再生能源汽车的买主将享有 7000 美元的返利,个人所得税最多减免 30% 或 1114 美元。如果他们愿意废弃自己不环保的旧车,那么还能获得 2 100 美元的补贴。

西班牙:一项联邦政府基金将为电动汽车买主支付 25% 的价钱。

奥地利:除了减税,混合动力汽车和其他低碳汽车车主还将受益于油耗税,获得额外奖励。例如拥有可替代燃料汽车(包括混合动力汽车)的车主每年享受的奖励多达 1 120 美元。

1.2 美国

1.2.1 美国电动汽车发展战略

2010 年,美国首次将电动汽车提到国家战略层面,明确提出到 2015 年实现美国道路上行驶的插电式电动汽车达到 100 万辆的目标。此类汽车每次充满电后行驶里程需达到 240 km,并确保在美国生产。在税收优惠与财政补贴方面,通过《能源政策法案》、《2008 紧急经济稳定法案》对电动汽车消费者提供税收优惠;通过"旧车换现金"计划,为新能源汽车消费者提供补贴;通过《2007能源独立与安全法案》,对汽车和零部件生产商提供贷款支持和税收减免。在研发支持方面,2009年8月,奥巴马政府宣布拨款24亿美元,用于补贴新型电动汽车及其电池、零部件的研发,截至目前已经有48个项目获得了这笔资金的补贴。美国逐渐形成了以税收优惠、财政补贴、研发支持、政府采购为主的新能源汽车扶持政策。

奥巴马提出,到2015年美国要成为全球第一个电动车数量过百万的国家。为此奥巴马政府准备出台一个包含三部分内容的新战略:

一是将目前给予购买电动汽车车主7 500美元的税收抵扣政策转变为直接的购车减免,这样车主可以在买车时直接享受价格减免,而无需等待退税。美国社会流行的是贷款消费,消费者购买车辆的主要方式为贷款购买或低息租用,而政府的补贴是在买卖完成后以支票的形式返还给消费者的,所以不管是贷款购买或低息租用,银行还是会按照原价来计算月供及利息。政府的补贴并不能减少消费者支付的高额利息,所以补贴的支付方式一定程度上削弱了补贴的作用。

二是加大对电动汽车各项相关技术的研发投资。美国能源部将为美国电池制造商生产高效电池及其部件提供15亿美元资助;为美国制造商生产电动汽车其他零部件,如电机等提供5亿美元资助;提供4亿美元,用于插电式混合动力汽车及其他电气设施的示范运行和评估——比如卡车停车场充电站、电气轨道、培训电动汽车装配与维修技师;能源部还会支持先进电动汽车市场化促进项目,如示范运行、技术评估与教育项目;2009年4月,美国能源部下属国家实验室以及电池制造业联盟在肯塔基州设立了研发和制造中心,目标是为充电式混合动力汽车提供高性能的锂电池组。

三是对支持电动汽车发展的社区给予奖励,以鼓励社区投资电动汽车基础设施建设。美国政府和汽车企业推广电动汽车的共识:要想开拓市场,必须首先扫清充电障碍。电动汽车需要密集的充电站和电池更换站的系统支持。据估计,每10万辆电动汽车需投资3亿美元的基础设施。

1.2.2　美国电动汽车的发展现状

有几个因素正推动人们对电动汽车产生浓厚兴趣。当然,美国政府对能源安全的关注以及对越来越不稳定的外国市场进口石油的依赖是一个主要的推动力,电动汽车为这个问题提供了一个解决方案。减少温室气体排放,并且新技术促进经济增长和创造就业机会。这些都促使美国政府对电动汽车研究和基础设施建设大量投资。同时,也有越来越多消费者需要通过低排放、省油和实惠的车辆实现对环境保护的承诺。

电动汽车目前正处于前所未有的兴盛期。近年来,人们在能源储存技术(尤其是基于锂离子的技术)上取得了重大进展,在明显提高能源和电能密度的同时也降低了成本。混合动力总成、电力电子和电机方面也在稳定发展。对2016年及以后的企业提出的平均燃油经济性法规(CAFE)的要求也成为电动汽车的一个推动力。汽车产业史无前例的广泛的兴趣和承诺促成了电动汽车的成功。

尽管电动汽车看起来很有前途,但是电动汽车确实面临着广泛应用的严峻挑战。电动汽车要能够广泛成功,就必须解决以下挑战:安全性、经济性、互操作性、性能以及对环境的影响。这些可以看作是会直接影响消费者对电动汽车的接受度的核心价值。标准、法规、规定和相关的符合性和培训计划是顺利解决这些问题的关键因素。

美国电动汽车车主每天的活动范围多在方圆160 km以内。大部分电动汽车车主会选择在自己的车库给电动汽车充电。电动汽车一般有两种充电方式,一种是用120 V的三相普通插座,但是这种充电方式很慢,一般需要14 h才能给一辆电动汽车充满电。另一种是用240 V的电源充电,时间也较120 V的充电方式节省一半,这成为大多数电动汽车车主的选择。目前美国最畅销的沃蓝达,其动力电池通过120 V充电需要10 h左右,通过240 V充电则只需充电4 h。当前,美国全国的平均电价是11美分,按照这个价格,电动汽车充满电的成本大约为2.75美元。可是,用240 V的电源充电需要得到电力公司的准许和当地建筑督查部门的许可。因为电力公司担心,如果一个小区有多台电动车同时充电,将给电力设施带来过大压力。目前已经有专门的服务公司负责跑审批和电路改动设计,用户只要支付设备、人工等成本2200美元,就可以坐享在家充电的便利。

电动汽车进入主流消费群体还有漫长的路要走。电动汽车的许多核心技术掌握在关键零部件供应商手中。以电池为例,目前各个汽车公司纷纷与电池厂商结盟,其目的之一就是希望这些新的核心供应商,能从产品研发阶段就参与进来,以求促进电池关键技术的突破,以及提供更符合汽车需求的电池零部件产品。

很多消费者怀疑电动汽车使用寿命中节省下来的油费是否能弥补整车售价的差距。还有一些消费者担心未来更换车内昂贵的电池将是一笔巨大的开销。一些次要的因素如外观、质量、动力、行程等也制约了电动汽车未来的发展。

调查发现:63%的美国消费者表示环保是购买电动汽车重要因素,70%表示节省油费是购买电动汽车的主要因素,24%的消费者表示愿意为电动汽车付更高的价钱,只有10%的消费者愿意购买比传统汽车贵5 000美元以内的电动汽车。

驾驶过电动汽车的消费者都赞扬电动汽车性能卓越,并表示有购买的欲望,但高昂的价格让购买者敬而远之。调查显示:影响消费者购买电动汽车三个因素:

——充电设施是否普及;

——电动汽车车价偏高;

——政府提供更多的停车或保险倾斜政策。

由此可见,虽然消费者普遍对电动汽车表示关注,但是电动车整车价格偏高会成为其进入主流社会的障碍。

1.3 日本

1.3.1 日本电动汽车发展战略

2010年4月,日本公布《新一代汽车战略2010》,计划到2020年在日本销售的新车中,实现电动汽车和混合动力汽车等“新一代汽车”总销量比例达到50%的目标,并计划在2020年前在全国建成200万个普通充电站、5 000个快速充电站。“两条腿走路”是日本电动汽车战略的重要特征,日本政府既将提升内燃机汽车性能作为日本汽车产业的生命线,又下大力气推动新一代汽车及零部件的研发和生产。日本逐渐形成一种以“新一代汽车战略”为主线,以税收优惠、购车补贴、贷款支持等财税政策为支撑的电动汽车发展体系。

日本经济产业省产业结构审议会下属的研究开发分委员会于2010年8月初发布了“新能源30年发展计划”提案,这一史无前例的长期计划将致力于研发新一代大容量蓄电池和提高用电效率,并力争在未来20～30年后实现产业化。该提案认为,应积极研发大容量、高性能蓄电池,提高产业用发动机的用电效率。

到 2015 年,油电混合动力和纯电动汽车的数量将超过 300 万台,占全球轻型汽车销量的 3.4%。但此后,电动汽车的发展很大程度上还将取决于政府政策、汽油价格、电池与再充电基础设施的建设速度等因素。

1.3.2　日本新能源汽车的发展现状

油电混合动力车、插电式混合动力车、纯电动车和燃料电池汽车,谁将最终成为市场的主宰尚未可知。大型汽车制造商似乎也不愿意将赌注押在某一种技术上。

日本现在希望大力普及混合动力车和纯电动车,中央和地方政府一直向购买环保车的人提供补贴,虽然取得了一些成果,但目前中央政府的相关财政支出已颇感吃紧。尽管电动汽车在行驶时不排放二氧化碳,但在生产电力阶段依然要排放二氧化碳。如无法解决"发电排放"问题,在可预见的将来,电动汽车的普及率可能只适宜停留在占全部车辆百分之几的水平。

电动汽车时代的到来意味着传统汽车核心零部件将在未来慢慢消失。以内燃机技术闻名的滨松地区,其产业利润的 48% 将受到强大的冲击。滨松地区总共有两千多家零配件企业,提供了 10 万个就业机会,占当地 3 万亿日元年经济总量的三分之二。滨松除了要解决产业内部结构问题,还要面对海外厂商及电子产业的威胁。产业格局的地图在被重新划分,由于电动汽车时代的来临,汽车厂商不得不与电池企业合作。总部位于滨松市的铃木汽车公司 2010 年 10 月在当地促成了配件商之间的区域联盟,帮助这些企业开发针对电动汽车和其他产业的新汽车技术。

1.4　中国

1.4.1　中国电动汽车发展战略

2012 年国务院印发《节能与新能源汽车产业发展规划(2012—2020 年)》。规划指出:加快培育和发展节能与新能源汽车产业,对于缓解能源和环境压力,推动汽车产业转型升级,培育新的经济增长点,具有重要意义。要以纯电驱动为汽车工业转型的主要战略取向,当前重点推进纯电动汽车和插电式混合动力汽车产业化,推广普及非插电式混合动力汽车、节能内燃机汽车,提升我国汽车产业整体技术水平。争取到 2015 年,纯电动汽车和插电式混合动力汽车累计产销量达到 50 万辆,到 2020 年超过 500 万辆;2015 年当年生产的乘用车平均燃料消耗量降至每百公里 6.9 L,到 2020 年降至 5.0 L;新能源汽车、动力电池及关键零部件技术整体上达到国际先进水平。

规划强调,发展节能与新能源汽车产业,要依托现有产业基础,科学规划产业布局,防止低水平盲目投资和重复建设。对新能源汽车及其关键零部件的研发和生产开出了包括免征营业税、所得税优惠以及优先获得银行信贷支持、优先支持其上市融资等相当丰富的政策优惠。很显然,规划旨在实现新能源产业和企业投资方的双赢。

为此,一要实施技术创新工程,建立研发体系,突破关键核心技术,大幅提高汽车燃料经济性水平和动力电池系统安全性、可靠性、轻量化水平;二要加快推广应用和试点示范,实施鼓励购买和使用节能汽车政策,开展私人购买新能源汽车补贴试点;三要因地制宜建设慢速充电桩和公共快速充换电设施,制定动力电池回收利用管理办法,建立动力电池梯级利用和回收管理体系;四要完善标准体系和准入管理制度,加大财税金融政策支持,营造有利于产业发展的市场环境,加强科研和人才保障,积极开展国际合作。

另外,由科技部牵头制定了《电动汽车科技发展"十二五"专项规划》,根据该规划,小型化和汽车电气化是中国汽车未来发展的两大方向,2015年中国电动汽车保有量计划达到100万辆,动力电池产能约达100亿W·h。为此,我国计划推动电动汽车产业链发展,动力电池、电机、电控成为未来发展的核心。鉴于电池技术及产能成为制约电动汽车普及的关键,"十二五"期间,中国将大力发展电力电池模块化,汽车电池成本将降低一半。

《节能与新能源汽车产业发展规划》确定以纯电动汽车为主要战略方向,未来新能源汽车将采用全充电形式,因此电动汽车充换电站是新能源汽车发展的基础条件。充换电站网络的形成更有利于推进电动汽车的发展。国家电网计划"十二五"规划期间将新建充电桩54万个,充换电站2 900座,预计总投资超过600亿元,充换电设施市场空间巨大。

2011年5月31日,国家四部委联合发文《关于开展私人购买新能源汽车补贴试点的通知》(以下简称《补贴试点通知》)。对新能源汽车最高补贴将达到6万元。

1.4.2 中国新能源汽车的发展现状

从"十五"到"十一五",我国持续鼓励自主研发电动汽车等新能源汽车技术。"十五"期间,我国在"863"计划中启动了电动汽车专项,确定发展混合动力汽车、纯电动汽车和燃料电池汽车三项整车技术,以及多能源动力总成、驱动电机系统和动力蓄电池三项关键零部件技术。"十一五"期间,我国在"863"计划中设立节能与新能源汽车重大项目,推动节能与新能源汽车整车和关键零部件的研发和产业化。

目前,国内自主品牌汽车企业在混合动力汽车方面发展较为成熟。混合动力一般指油电混合动力,即燃料(汽油、柴油)和电能的混合,相比传统燃料汽车能够节油10%～40%。与纯电动汽车和燃料电池汽车相比,混合动力汽车不需要建设配套的基础设施,技术复杂程度也相对较低,因而是新能源汽车可行性较高的近期发展方向。经过两个五年计划的发展,我国已自主研发出一系列混合动力汽车产品,实现了小批量整车生产,开展了小规模示范应用,部分产品进入商业化运营。2005年,东风电动车公司自主研发的混合动力公交车交付武汉市公交集团投入运行;2007年,长安汽车集团自主研发的国内首款量产混合动力轿车杰勋HEV下线;2008年,30辆福田欧V混合动力客车交付广州一汽巴士使用。同年,北京公交集团与北汽福田汽车公司签订800辆混合动力客车整车及底盘的采购协议,为国内最大的新能源汽车交易合同。

尽管国内发展电动汽车与国外在同一个起跑线上,但其实国内目前水平与国外先进水平相比还有一定的差距。以大中型客车动力总成为例,国内产品的稳定性、耐久性、生产一致性还不够。一些专家提倡的电动汽车采用更换电池方式或租赁电池方式(像换煤气罐那样,没电后更换整个电池,而不是充电),若电池规格大小不一,放置电池的固定装置大小不一,就难以将电池以租赁、更换的方式投入运营。

我国电动汽车产业刚刚起步,并没有具备明显优势的技术方向,所以国家有关部委在选择具体的电动汽车道路时采取了多管齐下的策略,对各种可行的技术都予以一定的支持。但这并不意味着国家在新能源汽车开发上没有侧重点,相关权威人士都表示混合动力是比较合适的过渡方案。我国新能源汽车战略道路已逐渐走向清晰,而混合动力车将成为下一步开发重点。而且插电式混合动力车是混合动力向纯电动的过渡,将成为混合动力汽车的重点。

2　国内外电动汽车市场准入法规研究

尽管国外较早就开始研究电动汽车技术,但直到最近几年才开始较大量的商用化。因此目前各国没有单独的一套专门针对电动汽车的市场准入法规,大多情况是在现行的传统汽车市场准入法规的基础上,逐渐针对电动汽车特有的特性,增加一些特殊的要求,也就是说,电动汽车的市场准入,首先也要满足相应的传统汽车的法规要求,而且还要满足针对电动汽车的增加要求。为了帮助读者系统了解电动汽车的市场准入法规,本部分也介绍了传统汽车的市场准入法规。

2.1　欧盟

在欧盟市场上并行存在两大汽车法规体系,强制性的欧盟机动车型式批准指令和自愿性的联合国欧洲经济委员会 UNECE 技术规范。

欧盟的电动汽车市场准入法规沿用了欧盟传统汽车产品的法规体系,也就是说现行的欧盟机动车法规也适用于电动汽车。但由于电动汽车具有一些不同于传统汽车的安全问题,欧盟委员会正在研究如何在现行机动车法规中增加新的电动汽车安全相关的技术法规。

联合国欧洲经济委员会(UNECE)作为全球汽车技术标准互认体系的管理者和执行者,其技术标准具有全球影响力,UNECE WP29 率先开展了电动汽车的标准化工作,并领先发布了一系列电动汽车技术规范。

2.1.1　欧盟电动汽车技术法规

2.1.1.1　欧盟强制性的电动汽车法规

欧盟的电动汽车市场准入法规沿用了欧盟传统汽车产品的法规体系,现行的欧盟机动车指令是 2007/46/EC"关于机动车辆、系统及零部件的型式批准的技术要求"。

欧盟于 1970 年首次发布机动车型式批准指令,即 70/156/EEC 指令(Council Directive 70/156/EEC of 6 February 1970 on the approximation of the laws of the Member States relating to the type-approval of motor vehicles and their trailers),目的是在欧盟范围内对汽车产品制定和实施统一型式批准制度。后经过数十次的修订,形成了较完善的机动车、系统及零部件的型式批准法规,即 2007/46/EC 指令(Establishing a framework for the approval of motor vehicles and their trailers, and of systems, components and separate technical units intended for such vehicles),近几年欧盟也一直在修订该指令。欧盟机动车型式批准指令历次修订清单见表 1-1。

表 1-1　现行的汽车欧盟指令一览表

序号	指令内容	指令编号	备　注
1	整车型式批准认证框架指令	2007/46/EC(于 2009 年 4 月 29 日正式取代 70/156/EEC)	
2	机动车辆允许声级和排气系统	70/157/EEC	
3	机动车辆气体污染物	2007/715/EC（取代 70/220/EEC）；692/2008/692/EC	

续表1-1

序号	指令内容	指令编号	备　注
4	机动车及其挂车液体燃料箱和后保护装置	70/221/EEC	于2014年11月1日起作废
5	机动车辆及其挂车后牌照板的固定及其安装空间位置	70/222/EEC	于2014年11月1日起作废
6	机动车辆及其挂车转向装置	70/311/EEC	于2014年11月1日起作废
7	机动车辆车门及其门铰链	70/387/EEC	于2014年11月1日起作废
8	机动车辆音响报警装置	70/388/EEC	于2014年11月1日起作废
9	机动车辆后视镜和后视镜安装	2003/97/EC（取代71/127/EEC）	于2014年11月1日起作废
10	机动车辆及其挂车制动	71/320/EEC	于2014年11月1日起作废
11	机动车辆无线电骚扰	72/245/EEC	于2014年11月1日起作废
12	机动车辆用柴油发动机污染物（烟度）	2007/715/EC（取代72/306/EEC）；2008/692/EC	
13	机动车辆内饰件（除车后视镜、操纵件、车顶或滑动车顶、座椅靠背及其后部部件以外的乘客舱内部部件）	74/60/EEC	于2014年11月1日起作废
14	机动车辆防盗装置	74/61/EEC	于2014年11月1日起作废
15	机动车辆发生碰撞时转向机构防驾驶员伤害性能	74/297/EEC	于2014年11月1日起作废
16	机动车辆座椅及其固定装置强度	74/408/EEC	于2014年11月1日起作废
17	机动车辆外部凸出物	74/483/EEC	于2014年11月1日起作废
18	机动车辆车速表及倒车装置	75/443/EEC	于2014年11月1日起作废
19	机动车辆及其挂车铭牌	76/114/EEC	于2014年11月1日起作废
20	机动车辆安全带固定点	76/115/EEC	于2014年11月1日起作废
21	机动车辆及其挂车照明和光信号装置的安装	76/756/EEC	于2014年11月1日起作废
22	机动车辆及其挂车的回复反射器	76/757/EEC	于2014年11月1日起作废
23	机动车辆及其挂车示阔灯、前位置灯（侧）、后位置灯（侧）、制动灯、侧标志灯、昼间行车灯	76/758/EEC	于2014年11月1日起作废
24	机动车辆及其挂车转向指示灯	76/759/EEC	于2014年11月1日起作废
25	机动车辆及其挂车后照灯	76/760/EEC	于2014年11月1日起作废
26	机动车辆前照灯及其白炽灯泡	76/761/EEC	于2014年11月1日起作废
27	机动车辆前雾灯及其灯丝灯泡	76/762/EEC	于2014年11月1日起作废
28	机动车牵引装置	77/389/EEC	于2014年11月1日起作废

续表 1-1

序号	指令内容	指令编号	备　注
29	机动车及其挂车后雾灯	77/538/EEC	于 2014 年 11 月 1 日起作废
30	机动车辆及其挂车倒车灯	77/539/EEC	于 2014 年 11 月 1 日起作废
31	机动车辆驻车灯	77/540/EEC	于 2014 年 11 月 1 日起作废
32	机动车辆安全带及其约束系统	77/541/EEC	于 2014 年 11 月 1 日起作废
33	机动车辆驾驶员前方视野	77/649/EEC	于 2014 年 11 月 1 日起作废
34	机动车辆操纵件、信号装置和指示器标志	78/316/EEC	于 2014 年 11 月 1 日起作废
35	机动车辆除霜和除雾系统	78/317/EEC	于 2014 年 11 月 1 日起作废
36	机动车辆洗涤器和刮水器系统	78/318/EEC	于 2014 年 11 月 1 日起作废
37	机动车辆及其挂车加热系统	78/548/EEC 2001/56/EC	
38	机动车辆护轮板	78/549/EEC	于 2014 年 11 月 1 日起作废
39	机动车辆座椅头枕	78/932/EEC	于 2014 年 11 月 1 日起作废
40	机动车辆 CO_2 排放及燃料消耗	2007/715/EC （取代 80/1268/EEC）； 2008/692/EC	
41	机动车辆发动机功率	80/1269/EEC	
42	机动车辆用柴油发动机气体和颗粒污染物、点燃式天然气和液化石油气发动机气体污染物	88/77/EEC 2005/55/EC	
43	机动车辆及其挂车侧面保护	89/297/EEC	于 2014 年 11 月 1 日起作废
44	机动车辆及其挂车防飞溅系统	91/226/EEC	于 2014 年 11 月 1 日起作废
45	M_1 类机动车辆质量及尺寸	92/21/EEC	于 2014 年 11 月 1 日起作废
46	机动车辆及其挂车安全玻璃及玻璃材料	92/22/EEC	于 2014 年 11 月 1 日起作废
47	机动车辆及其挂车轮胎及其安装	92/23/EEC	于 2017 年 11 月 1 日起作废
48	机动车辆限速装置或类似的车载限速系统	92/24/EEC	于 2014 年 11 月 1 日起作废
49	N 类机动车辆驾驶室外部突出物	92/114/EEC(R61)	于 2014 年 11 月 1 日起作废
50	机动车辆及其挂车的机械连接装置及其这些装置在车辆上的连接	94/20/EC	于 2014 年 11 月 1 日起作废
51	机动车辆内部结构所用材料的燃烧特性	95/28/EC	于 2014 年 11 月 1 日起作废
52	机动车辆在发生侧面碰撞时的乘员保护	96/27/EC	于 2014 年 11 月 1 日起作废

续表 1-1

序号	指令内容	指令编号	备　注
53	机动车辆在发生正面碰撞时的乘员保护	96/79/EC	于 2014 年 11 月 1 日起作废
54	M₁ 类以外机动车辆及其挂车质量及尺寸	97/27/EC	于 2014 年 11 月 1 日起作废
55	危险物品道路运输机动车辆及其挂车	98/91/EC	于 2014 年 11 月 1 日起作废
56	机动车辆前下部防护装置	2000/40/EC	于 2014 年 11 月 1 日起作废
57	机动车辆及其挂车的热系统	2001/56/EC	于 2014 年 11 月 1 日起作废
58	8 座以上(驾驶员除外)车辆的结构安全	2001/85/EC	于 2014 年 11 月 1 日起作废
59	对行人及其他易受伤害的道路使用者的保护	2003/102/EC	
60	机动车辆的再使用性、再利用性和回收利用性	2005/64/EC	
61	车辆前保护系统	2005/66/EC	
62	机动车辆空调系统排放	2006/40/EC	

　　欧盟机动车指令 2007/46/EC,发布于 2007 年 1 月 1 日,是在欧盟范围内强制实施的法规,旨在统一欧盟机动车型式批准程序,该指令适用于所有类别的 M 类车、N 类车、O 类车,包括大篷车和移动式起重机。在 2007/46/EC 指令中列出了整车、系统及零部件应符合的所有技术法规要求,这些法规不仅包括系列独立的欧盟(EC)技术指令,而且也包括等效的 UNECE 法规,可以任选 UNECE 法规和 EC 指令之一作为型式试验的依据。欧盟要求各成员国必须在 2009 年 4 月 29 日前将 2007/46/EC 指令转化成本国法律进行实施,而原指令 70/156/EEC 则于 2009 年 4 月 29 日被 2007/46/EC 指令所取代。

　　欧盟又于 2009 年 7 月 13 日发布欧盟指令 2009/661/EC"关于机动车辆和其挂车,以及所使用的系统、部件和单独技术单元的通用安全的型式批准要求",该指令是对 2007/46/EC 指令的修改、补充和完善,针对整车、零部件及系统的通用安全提出了具体要求,因此 2009/661/EC 指令与 2007/46/EC 指令是并行存在的。在 2009/661/EC 指令中明确要求制造商应确保车辆及其系统、部件应满足电气安全的有关要求。2009/661/EC 法规之后发布的所有相关的修订和补充汽车指令清单,见表 1-2。

表 1-2　2009/661/EC 法规之后发布的所有相关的修订和补充汽车指令清单

序号	年份	法规编号	法规名称
1	2013	2013/195/EU	减少轻型客车和商用车 CO_2 排放的创新技术(修订 2007/46/EC 和 2008/692/EC)
2	2013	2013/171/EU	机动车辆的型式批准,关于轻型客车和商用车(欧 5 和欧 6)排放,以及车辆维修和保养信息的准入(修订 2007/46/EC 附录 Ⅰ 和 Ⅸ 并替代 2007/46/EC 的附录 Ⅷ,修订 2008/692/EC 的附录 Ⅰ 和 Ⅻ,修订 2007/715/EC)
3	2013	2013/143/EU	提交进行多阶段式型式批准车辆的 CO_2 排放量的测定(修订 2007/46/EC 和 2008/629/EC)

续表 1-2

序号	年份	法规编号	法 规 名 称
4	2012	2012/1230/EU	机动车辆及其挂车质量和尺寸的型式批准要求(实施2009/661/EC,修订2007/46/EC)
5	2012	2012/1229/EU	机动车辆及其挂车以及打算用于这类车辆的系统、零件和独立技术单元的批准(修订2007/46/EC 的附录Ⅳ和Ⅻ)
6	2012	2012/630/EU	使用氢及氢和天然气混合物的机动车辆关于排放的型式批准要求,包括装有电动力总成的车辆EC型式批准所需提交的信息(修订2008/692/EC)
7	2012	2012/523/EU	电动车辆及其挂车以及打算用于这类车辆的系统、零件和独立技术单元的型式批准(修订2009/661/EC)
8	2012	2012/459/EU	轻型客车和商务车(欧6)的排放(修订2007/715/EC和2008/692/EC)
9	2012	2012/351/EU	安装机动车辆车道偏离警告系统的型式批准要求(实施2009/661/EC)
10	2012	2012/347/EU	特定类别机动车辆先进紧急制动系统的型式批准要求(实施2009/661/EC)
11	2012	2012/249/EU	机动车辆及其挂车制造商的法定铭牌的型式批准要求(修订2011/19/EU)
12	2012	2012/130/EU	机动车辆的车辆接近和可操作性的型式批准要求(实施2009/661/EC)
13	2012	2012/65/EU	换挡指示器(实施2009/661/EC和修订2007/46/EC)
14	2012	2012/64/EU	重型车辆的排放(修订2011/582/EU和修订2009/595/EC)
15	2011	2011/415/EU	特定类别机动车辆及其挂车喷雾灭火系统(修改2010/19/EU,修订91/226/EEC、2007/46/EC及其附录)
16	2011	2011/678/EU	机动车辆及其挂车以及打算用于这类车辆的系统、零件和独立技术单元的型式批准(替代2007/46/EC附录Ⅱ,修订2007/46/EC附录Ⅳ,Ⅸ和Ⅺ)
17	2011	2011/566/EU	车辆维修和保养信息的提供要求(修订2007/715/EC和2008/692/EC)
18	2011	2011/582/EU	重型车辆的排放(欧Ⅵ)(实施和修订2009/595/EC,修订2007/46/EC的附录Ⅰ和Ⅲ)
19	2011	2011/459/EU	关于保护行人和其他弱势道路使用者的机动车辆型式批准(修订2009/631/EC的附录,实施2009/78/EC附录Ⅰ)
20	2011	2011/458/EU	机动车辆及其挂车轮胎安装的型式批准要求(实施2009/661/EC)

续表 1-2

序号	年份	法规编号	法 规 名 称
21	2011	2011/407/EU	机动车辆及其挂车以及打算用于这类车辆的系统、零件和独立技术单元的型式批准(修订 2009/661/EC)
22	2011	2011/183/EU	机动车辆及其挂车以及打算用于这类车辆的系统、零件和独立技术单元的型式批准(修订 2007/46/EC 附录Ⅳ和Ⅵ)
23	2011	2011/109/EU	特定类别机动车辆及其挂车的喷雾灭火系统的型式批准要求(实施 2009/661/EC)
24	2011	2011/19/EU	机动车辆及其挂车的车辆识别号和制造商法定铭牌的型式批准要求(实施 2009/661/EC)
25	2010	2010/1009/EU	特定类别机动车辆轮轮毂的型式批准要求(实施 2009/661/EC)
26	2010	2010/1008/EU	特定类别机动车辆挡风玻璃雨刷器和清洗系统的型式批准要求(实施 2009/661/EC)
27	2010	2010/1005/EU	机动车辆牵引装置的型式批准要求(实施 2009/661/EC)
28	2010	2010/1003/EU	在机动车辆及其挂车上安装和固定后方法定铭牌的空间的型式批准要求(实施 2009/661/EC)
29	2010	2010/672/EU	特定类别机动车辆挡风玻璃除霜和除雾系统的型式批准要求(实施 2009/661/EC)
30	2010	2010/406/EU	氢氢动力汽车的型式批准要求(实施 2009/79/EC)
31	2010	2010/371/EU	机动车辆及其挂车以及打算用于这类车辆的系统、零件和独立技术单元的型式批准(替代 2007/46/EC 附录 V、X、XV 和 XVI)
32	2010	2010/19/EU	特定类别机动车辆及其挂车的喷雾灭火系统(修订 91/226/EEC 和 2007/46/EC)

2009/661/EC 法规的核心内容具体体现在以下两个方面:

(1)简化现行的欧盟车辆型式批准体系,撤消现行的欧盟汽车产品型式批准制度中 50 项安全和环保零部件单项技术指令,直接用相应的 UNECE 汽车技术规范代替,以适应欧盟进一步融入国际化的进程。

(2)进一步提高车辆的安全要求,增加具有先进安全技术的部件和装备,对车辆提出新的技术要求。

2009/661/EC 指令的制定和发布意味着欧盟对其汽车产品技术指令体系和型式批准制度的又一次重大的变革。在未来相当长的一段时期内,对汽车产品进入欧洲联盟市场将产生巨大的影响。

考虑到 2009/661/EC 指令对新车辆、新零部件提出的相关要求,而且 2007/46/EC 指令原来引用的一些实施措施(EC 指令)已不适用了,所以 2009/661/EC 指令取消了对 50 个基本 EC 指令的引用(见表 1-1 中注释),这些 EC 指令,于在 2014 年 11 月 1 日起正式作废(其中 92/23/EC 于 2017 年 11 月 1 日起作废),在此过渡期间欧委会将组织制定相应的欧盟

EC 指令,来代替被作废的 EC 指令。在没有制定出新的基本 EC 指令前,可引用相关的 UNECE 技术规范,或者欧委会不制定基本 EC 指令,通过研究 UNECE 技术规范的适用性,在 2009/661/EC 指令中直接引用 UNECE 技术规范即可,即 2009/661/EC 的附录Ⅳ"强制性应用的UNECE技术规范清单"(2009/661/EC 指令发布时,这个清单还是空的,拟在欧盟研究了UNECE技术规范的适用性之后,会把适用的那些 UNECE 技术规范列入到这个清单中)。同时 2009/661/EC 指令的第 4 条中明确说明按照附录Ⅳ 中列出的 UNECE 技术规范进行的型式批准应被认为是按照本欧盟指令及其实施措施进行的 EC 型式批准。

注:2009/661/EC 指令取消了 50 个实施措施(EC 指令),欧委会将会制定相应的新 EC 指令来覆盖这些被作废指令的内容,但不会是一一对应的。

欧盟于 2011 年 4 月和 2012 年 6 月分别发布 2011/407/EU 和 2012/523/EU 指令规定以下 63 个 UNECE 技术规范被列入到 2009/661/EC 指令的附录Ⅳ 清单中,意味着 EC 指令引用了这 63 个 UNECE 技术规范,因而在欧盟内,这 63 个 UNECE 技术规范成为强制性的了。2011/407/EU 要求,从 2014 年 11 月 1 日起下述 62 个 UNECE 技术规范(R1、R3、R4、R6、R7、R8、R10、R11、R12、R13、R13H、R14、R16、R17、R18、R19、R20、R21、R23、R25、R26、R28、R31、R34、R37、R38、R39、R43、R44、R46、R48、R55、R58、R61、R66、R67、R73、R77、R79、R80、R87、R89、R90、R91、R93、R94、R95、R97、R98、R99、R100、R102、R105、R107、R110、R112、R116、R118、R121、R122、R123 和 R125)适用于 2009/661/EC,并作为强制性的要求。2012/523/EU 要求,从 2014 年 11 月 1 日起,UNECE 技术规范 R64 适用于 2009/661/EC,并作为强制性的要求。有关这 63 个 UNECE 技术规范的名称见表 1-4。

尽管这些基于传统机动车的法规也适用于电动汽车,但是针对电动汽车的安全问题,2007/46/EC 指令中没有涉及,2009/661/EC 也没有专门针对电动汽车的特殊要求。但欧盟已有相关计划,1997 年 11 月 27 日欧盟理事会针对欧盟加入联合国欧洲经济委员会(UN/ECE)1958 年协定的决议——即 97/836/EC 指令,欧盟理事会计划在现行的整车认证指令 2007/46/EC 中增加车辆电力安全的要求。因此,随后欧委会通过研究电动汽车的电气安全相关的技术法规,经过欧委会批准后被列入到 2009/661/EC 指令中;同时,还通过部分引用 UNECE 技术规范来解决电动汽车的潜在安全问题。2011 年,UNECE WP29 已完成了 ECE R100 法规《关于就结构和功能安全性的特殊要求方面批准蓄电池电动车辆的统一规定》的第一次修订,并且欧委会在 2011/407/EU 指令中将 ECE R100 纳入到欧盟的整车型式批准 EC 指令中。

经分析,目前绝大部分的 EC 基本指令都适用于电动汽车,但识别出以下欧盟指令中应针对电动汽车增加特殊的要求(见表 1-3)或者欧盟不制定 EC 指令而直接采用 UNECE 技术规范。

表 1-3　针对电动汽车应增加的特殊要求的欧盟指令清单

内　容	欧盟 EC 指令	针对电动汽车应增加的特殊要求
机动车型式批准框架指令	2007/46/EC	适用于电动汽车
欧盟通用安全要求	2009/661/EC	适用于电动汽车
噪声要求	70/157/EC(2007/34/EC)	纯电动汽车的电动马达以及混合电动汽车的发动机和电动马达

续表 1-3

内 容	欧盟 EC 指令	针对电动汽车应增加的特殊要求
排放与能耗要求	2007/715/EC	纯电动汽车的电能耗量和充电里程测定,行驶周期测试
燃料箱和后防护装置	70/221/EC[a]	燃料箱翻倒泄漏测试
刹车系统	71/320/EC[a](2002/78/EC)	更多性能要求,制动灯和刹车灯信号测试
电磁兼容性	72/245/EC[a](2009/19/EC)	电动车辆整车测试条件不同,时速限制
乘员保护系统	74/297/EC[a](91/662/EC)	电动汽车整车测试条件不同,与助力电池开关情况、安装位置有关以及与碰撞电解液泄漏情况有关
操纵件识别和指示器	78/316/EC[a](94/53/EC)	动力电池充电、故障和激活的标识控制器或指示器,辅助电池规范
发动机功率	80/1269/EC(1999/99/EC)	电助力驱动器有效功率的测量须在满载情况测试
电动汽车动力电池要求	2006/66/EC(2010/1103/EC)	电动汽车动力电池要求

　　[a] 这些指令将于 2014 年 11 月被废止。欧盟将会制定新的 EC 指令来覆盖相应内容,或者直接引用 UNECE 的法规。

2.1.1.2 欧盟电动汽车用动力电池适用的电池指令

在电动汽车中使用的动力电池方面,欧盟已有相应的法规 2006/66/EC,2010 年欧盟又发布一项法规 2010/1103/EC 作为对 2006/66/EC 指令的补充和完善。

(1) 2006/66/EC——电池和蓄电池以及报废电池和蓄电池指令

该指令主要针对各类电池的环保要求,不含有毒有害物质,以及回收处理处置的要求。

——电池或蓄电池中汞的质量分数不超过 0.000 5%,包括已安装到设备上的电池;

——便携式电池或蓄电池中镉的质量分数不超过 0.002%,包括已安装到设备上的电池;

——应考虑运输对环境的影响,并采取必要措施使废电池和蓄电池分类回收最大化。且尽量减少电池和蓄电池作为内部混合垃圾丢弃,使所有废电池和蓄电池达到高回收率。

(2) 2010/1103/EC——关于便携式可充电电池、汽车电池和汽车蓄电池的容量标识指令

汽车电池和蓄电池的容量应根据 IEC 60095-1/EN50342-1 标准进行测定,且汽车电池和蓄电池的容量应用"安培小时"(Ah)和"冷启动安培数"(A)来表示。

所有汽车电池和蓄电池的标签应包含如下信息:(1)根据 IEC 60095-1/EN 50342-1 标准而确定的额定容量和冷启动性能;(2)额定容量和冷启动电流的数值应用整数表示,且达到公称值的±10%精度水平。

汽车电池和蓄电池的标签应符合下述要求:(1)标签应至少覆盖汽车电池和蓄电池的最大侧面面积的 3%,但不超过 20 mm×150 mm(高×长);(2)标签应放置在电池或蓄电池本

体的一个侧面上,但不能放在底面上。

2.1.1.3　欧盟发布的包含电动汽车要求的新指令

(1) 2013/171/EU——关于轻型客车和商用车(欧Ⅴ和欧Ⅵ)排放的机动车型式批准,以及车辆维修和保养信息提供指令。

这是欧盟 2013 年 2 月发布的指令(修订 2007/46/EC 附录Ⅰ和Ⅸ并替代 2007/46/EC 的附录Ⅷ,修订 2008/692/EC 的附录Ⅰ和ⅩⅢ,修订 2007/715/EC),针对电动汽车方面增加的要求如下:

附录Ⅱ在提供 CO_2 排放、电能消耗和电里程试验结果时,增加提供如下信息:

① 混合电动汽车:

CO_2 排放量(g/km);

燃料消耗量(L/100 km);

电能消耗(W·h/km);

续航里程(km)。

② 纯电动汽车:

电能消耗(W·h/km);

续航里程(km)。

(2) 2012/630/EU——使用氢及氢和天然气混合物的机动车辆关于排放的型式批准要求,包括装有电动力总成的车辆 EC 型式批准所需提交的信息指令。

这是欧盟 2012 年 7 月发布的指令(修订 2008/692/EC)。修订 2008/692/EC 是为了增加以氢气和氢气/天然气混合物为燃料的汽车的排放要求。同时还增加了针对电动汽车的要求,也需要制造商在型式批准申请时提交汽车修理和维护方面的相关信息。对电动汽车,增加提供的信息还包括:

① 电动马达

——型号(线阻、励磁):

——最大每小时输出:kW

——工作电压:V

② 电池

——电池个数:个

——电池重量:kg

——电池容量:Ah(安培小时)

——位置:

③ 能量消耗的信息

——纯电动汽车的电能消耗:W·h/km

——外部充电的混合电动汽车的电能消耗:W·h/km

2.1.1.4　UNECE(联合国欧洲经济委员会)技术规范

UNECE 技术规范是联合国欧洲经济委员会车辆结构工作组(WP29)负责制定的法规,它基于《1958 协定书》(1958 年签订的关于采用统一条件批准机动车和部件互认批准的协定书)。目前《1958 协定书》的缔约国共有 48 个,包括欧洲绝大多数国家以及日本、澳大利亚、南非、新西兰等非欧洲国家。WP29 工作组长期致力于全球汽车技术法规的协调和互认工

战略性新兴产业国内外标准法规解析

作,其制定的 UNECE 技术规范和建立的自愿性互认体系在全球汽车市场具有极大的影响力。UNECE WP29 率先开展了电动汽车的标准化工作,并领先发布了一系列电动汽车技术规范。现行的 UNECE 技术规范的清单见表 1-4。

表 1-4　现行的 UNECE 法规一览表

UNECE 编号	技 术 规 范 名 称	备注
UNECE R1	关于批准发射不对称近光和/或远光并装有 R₂或 HS1 类白炽灯的机动车前照灯的统一规定	※
UNECE R3	关于批准机动车辆及其挂车后反射装置的统一规定	※
UNECE R4	关于批准机动车辆(摩托车除外)及其挂车后牌照板照明装置的统一规定	※
UNECE R5	关于批准发射欧洲型不对称近光和/或远光机动车封闭式前照灯(SB)的统一规定	
UNECE R6	关于批准机动车及其挂车转向指示器的统一规定	※
UNECE R7	关于批准机动车(不含摩托车)及其挂车前后位置(侧边)灯、制动灯和示廓灯的统一规定	※
UNECE R8	关于批准发射不对称近光和/或远光并装有卤素灯(H₁、H₂、H₃、HB₃、HB₄、H₇、H₈、H₉、HIR1、HIR2 和/或 H₁₁)的机动车前照灯的统一规定	※
UNECE R9	关于就噪声方面批准 L₂、L₄ 和 L₅ 类车辆的统一规定	
UNECE R10	关于就电磁兼容性方面批准车辆的统一规定	※
UNECE R11	关于就门锁和车门保持件方面批准车辆的统一规定	※
UNECE R12	关于就碰撞中防止转向机构伤害乘员方面批准车辆的统一规定	※
UNECE R13	关于就制动方面批准 M 类、N 类和 O 类车辆的统一规定	※
UNECE R13H	关于就制动方面批准乘用车的统一规定(欧美日协调版)	※
UNECE R14	关于就安全带固定点方面批准车辆的统一规定	※
UNECE R16	关于批准机动车成年乘客用安全带和约束系统的统一规定	※
UNECE R17	关于就座椅、座椅固定点和头枕方面批准车辆的统一规定	※
UNECE R18	关于就防盗方面批准机动车的统一规定	※
UNECE R19	关于批准机动车前雾灯的统一规定	※
UNECE R20	关于批准发射非对称近光和/或远光并装有卤素灯(H4)的机动车前照灯的统一规定	※
UNECE R21	关于就内饰件方面批准机动车辆的统一规定	※
UNECE R22	关于批准摩托车轻便摩托车驾驶员及乘客用头盔和面罩的统一规定	
UNECE R23	关于批准机动车辆及其挂车的倒车灯的统一规定	※
UNECE R24	关于 1.就可见污染物排放方面批准压燃式(C.I)发动机 2.就安装已批准型式的 C.I.发动机方面批准机动车 3.C.I.发动机的功率测量的统一规定	
UNECE R25	关于批准与车辆座椅一体或非一体的头枕的统一规定	※

续表1-4

UNECE 编号	技 术 规 范 名 称	备注
UNECE R26	关于就外部突出物方面批准车辆的统一规定	※
UNECE R27	关于批准提前警告三角板的统一规定	
UNECE R28	关于就声响信号方面批准声音报警装置和机动车辆的统一规定	※
UNECE R29	关于就商用车辆驾驶室乘员防护方面批准车辆的统一规定	
UNECE R30	关于批准机动车及其挂车气压轮胎的统一规定	
UNECE R31	关于批准发射非对称近光和/或远光的卤素封闭式(HSB)机动车前照灯的统一规定	※
UNECE R32	关于就追尾碰撞中被撞车辆的结构特性方面批准车辆的统一规定	
UNECE R33	关于就正面冲撞中被撞的结构特性方面批准车辆的统一规定	
UNECE R34	关于就火灾预防方面批准车辆的统一规定	※
UNECE R35	关于就脚控制件的布置方面批准车辆的统一规定	
UNECE R36	关于就一般结构方面批准大型客车的统一规定	
UNECE R37	关于批准用于已经批准的机动车和挂车灯具中的白炽灯的统一规定	※
UNECE R38	关于批准机动车和挂车后雾灯的统一规定	※
UNECE R39	关于就车速表及其安装方面批准车辆的统一规定	※
UNECE R40	关于就发动机气体污染物的排放方面批准装有点火式发动机的摩托车的统一规定	
UNECE R41	关于就噪声方面批准摩托车的统一规定	
UNECE R42	关于就车辆前、后保护装置(保险杠等)批准车辆的统一规定	
UNECE R43	关于批准安全玻璃和玻璃材料的统一规定	※
UNECE R44	关于批准机动车儿童乘客约束装置(儿童约束系统)的统一规定	※
UNECE R45	关于就前照灯清洗器方面批准机动车辆和批准前照灯清洗器的统一规定	
UNECE R46	关于就批准后视镜和就后视镜的安装方面批准机动车辆的统一规定	※
UNECE R47	关于就发动机的气体污染物排放方面批准装有点火发动机的轻便摩托车的统一规定	
UNECE R48	关于就灯光和光信号装置的安装方面批准车辆的统一规定	※
UNECE R49	关于就发动机污染物排放方面批准压燃式发动机和装有压燃式发动机的车辆的统一规定	
UNECE R50	关于批准轻便摩托车、摩托车及其类似车辆前后位置灯、制动灯、转向信号灯和后牌照板照明装置的统一规定	
UNECE R51	关于就噪声排放方面批准四轮及四轮以上机动车的统一规定	
UNECE R52	关于小型公共运输车辆的结构的统一规定	

续表 1-4

UNECE 编号	技 术 规 范 名 称	备注
UNECE R53	关于就灯光及光信号装置的安装方面批准 L_3 类车辆(摩托车)的统一规定	
UNECE R54	关于批准商用车辆及其气压轮胎的统一规定	
UNECE R55	关于批准汽车列车机械联结件的统一规定	※
UNECE R56	关于批准轻便摩托车以及类似车辆前照灯的统一规定	
UNECE R57	关于批准摩托车以及类似车辆前照灯的统一规定	
UNECE R58	关于 1.批准后下部防护装置 2.就已批准的后下部防护装置的安装方面批准车辆 3.就后下部防护装置方面批准车辆的统一规定	※
UNECE R59	关于批准备用消声系统的统一规定	
UNECE R60	关于就驾驶员操纵的控制件(包括控制件的识别、信号装置和指示器)方面批准两轮摩托车的统一规定	
UNECE R61	关于就驾驶室后挡板的前外部突出物方面批准商用车的统一规定	※
UNECE R62	关于就防盗方面批准带有操纵柄的机动车的统一规定	
UNECE R63	关于就噪声方面批准摩托车的统一规定	
UNECE R64	关于批准装有应急备用车轮/轮胎的车辆的统一规定	※
UNECE R65	关于批准机动车特别警告灯的统一规定	
UNECE R66	关于就上部结构强度方面批准大型乘客车的统一规定	※
UNECE R67	关于批准在其驱动系统中使用液化石油气的机动车辆特殊装置的统一规定	※
UNECE R68	关于就最大车速的测量方面批准机动车的统一规定	
UNECE R69	关于批准低速车辆及其挂车后标志牌的统一规定	
UNECE R70	关于批准重、长型车辆后标志牌的统一规定	
UNECE R71	关于就驾驶员视野方面批准农用拖拉机的统一规定	
UNECE R72	关于批准发射非对称近光和远光并装有卤素灯(HS1 灯)的摩托车前大灯的统一规定	
UNECE R73	关于就侧碰撞方面批准货车、挂车和半挂车的统一规定	※
UNECE R74	关于就灯光和光信号装置方面批准轻便摩托车的统一规定	
UNECE R75	关于批准摩托车气压轮胎的统一规定	
UNECE R76	关于批准发射远光和近光的轻便摩托车前照灯的统一规定	
UNECE R77	关于批准机动车驻车灯的统一规定	※
UNECE R78	关于就制动方面批准 L 类车辆的统一规定	
UNECE R79	关于就转向装置方面批准车辆的统一规定	※
UNECE R80	关于就座椅及其固定点方面批准大型客车座椅和车辆的统一规定	※
UNECE R81	关于就车手柄把上后视镜的安装方面批准后视镜及带与不带边斗的二轮机动车的统一规定	

续表 1-4

UNECE 编号	技 术 规 范 名 称	备注
UNECE R82	关于批准装有白炽卤素灯（HS2）的轻便摩托车前照灯的统一规定	
UNECE R83	关于根据发动机燃油要求就污染物排放方面批准车辆的统一规定	
UNECE R84	关于就油耗测量方面批准装有内燃机的轿车的统一规定	
UNECE R85	关于就净功率测量方面批准用于驱动 M 类机动车辆的内燃机的统一规定	
UNECE R86	关于就灯光和光信号装置的安装方面批准农林拖拉机的统一规定	
UNECE R87	关于批准机动车白天行车灯的统一规定	※
UNECE R88	关于批准摩托车反光轮胎的统一规定	
UNECE R89	关于 1.就最高车速限制方面批准车辆 2.就已批准型式的最高车速限制装置的安装方面批准车辆 3.批准车速限制装置的统一规定	※
UNECE R90	关于批准机动车辆及其挂车用可更换制动衬片总成的统一规定	※
UNECE R91	关于批准机动车及其挂车侧标志灯的统一规定	
UNECE R92	关于批准摩托车可更换排气消声系统的统一规定	※
UNECE R93	关于 1.批准前下部防护装置 2.就已批准型式的前下部防护装置的安装方面批准车辆 3.就前下部防护方面批准车辆的统一规定	※
UNECE R94	关于就前碰撞中乘员防护方面批准车辆的统一规定	※
UNECE R95	关于就侧碰撞中乘员防护方面批准车辆的统一规定	※
UNECE R96	关于就发动机污染物排放方面批准拖拉机装用的压燃式发动机的统一规定	
UNECE R97	关于就其报警系统方面批准车辆报警系统和机动车辆的统一规定	※
UNECE R98	关于批准装用气体放电光源的机动车前照灯的统一规定	※
UNECE R99	关于批准用于已通过认证的机动车的气体放电灯具的气体放电光源的统一规定	※
UNECE R100	关于就结构和功能安全性的特殊要求方面批准蓄电池电动车辆的统一规定	※
UNECE R101	关于就 CO_2 和油耗的测量方面批准装有内燃机的乘用车和就电消耗量和电压范围的测量方面批准装有电传动系统的 M_1 和 N_1 类车辆的统一规定	
UNECE R102	关于 1.批准紧耦合装置 2.就已批准的紧耦合装置的安装方面批准车辆的统一规定	※
UNECE R103	关于批准机动车辆可更换催化转化器的统一规定	
UNECE R104	关于批准重、长型机动车及其挂车后反射标志的统一规定	
UNECE R105	关于就特殊结构特征方面批准用于运输危险货物的机动车的统一规定	※
UNECE R106	关于批准农用机动车及其挂车用充气轮胎的统一规定	
UNECE R107	关于就一般结构方面批准大型双层乘用车的统一规定	※
UNECE R108	关于批准机动车及其挂车用翻新轮胎的生产的统一规定	
UNECE R109	关于批准商用车及其挂车用翻新轮胎的生产的统一规定	

战略性新兴产业国内外标准法规解析

续表 1-4

UNECE 编号	技 术 规 范 名 称	备注
UNECE R110	关于:I. 批准在其驱动系统使用压缩天然气(CNG)的机动车的特殊部件 II. 就已批准的特殊部件的安装方面批准在其驱动系统使用压缩天然气(CNG)的机动车的统一规定	※
UNECE R111	关于就倾翻稳定性方面批准 N 类和 O 类罐式机动车的统一规定	
UNECE R112	关于批准发射不对称远光和/或近光和装有白炽灯泡的机动车前照灯的统一规定	※
UNECE R113	关于批准发射对称远光和/或近光和装有白炽灯泡的机动车前照灯的统一规定	
UNECE R114	关于批准:1.可换性气囊系统用气囊组件;2.装有已经批准的气囊组件的可换性转向轮;3.安装在转向轮以外的可换性气囊系统的统一规定	
UNECE R115	关于批准:1.在其驱动系统中使用液化石油气的机动车辆上安装的特殊液化石油气加注系统;2.在其驱动系统中使用压缩天然气的机动车辆上安装的特殊压缩天然气加注系统的统一规定	
UNECE R116	关于机动车辆防盗保护的统一规定	※
UNECE R117	关于在滚动噪声方面批准轮胎的统一规定	
UNECE R118	关于批准用于某些类型机动车辆内部结构的材料的燃烧特性的统一规定	※
UNECE R119	关于批准机动车辆转弯灯(弯道照明灯)的统一规定	
UNECE R120	关于就净功率的测量批准农林拖拉机和非道路机动机械装用的内燃机的统一规定	
UNECE R121	关于就手操纵件、信号装置、指示器的位置和识别批准机动车辆的统一规定	※
UNECE R122	关于就加热系统批准 M、N 和 O 类车辆的统一规定	※
UNECE R123	关于批准机动车辆适应性前照灯(AFS)的统一规定	※
UNECE R124	关于批准轿车车轮的统一规定	
UNECE R125	关于就驾驶员前视野批准机动车辆的统一规定	※
UNECE R126	关于批准用于保护乘员免受移位行李伤害、作为非原始车辆装备供应的隔离系统的统一规定	
UNECE R127	关于行人安全性能方面机动车辆批准的统一规定	
UNECE R128	关于批准用于动力驱动车辆及其挂车灯具的发光二极管(LED)光源的统一规定	
UNECE R129	关于批准用于机动车辆的加强儿童安全系统的统一规定	
UNECE R130	关于就车道偏离警告系统方面批准机动车辆的统一规定	
UNECE R131	关于就紧急制动系统方面批准机动车辆的统一规定	
※ 表示已列入欧盟指令 2009/661/EC 中,成为强制性要求了。		

在针对电动汽车的技术规范方面,UNECE 的工作走在了前面。为了进一步减少重复

性工作,欧盟在规划中提出了未来将 UNECE 技术规范与 EC 指令合为一体的发展方向,部分适用的 UNECE 技术规范将被纳入到欧盟 2009/661/EC 指令中。将来,在电动汽车型式批准中,不仅要符合被引用的 EC 指令也要符合被引用的 UNECE 技术规范。UNECE 技术规范针对电动汽车需要修订的法规清单见下表 1-5。

表 1-5　UNECE 技术规范针对电动汽车需要修订的法规清单

UNECE 编号	技术规范内容	完成情况
R10	电磁兼容性	2012 年最新版,已包含对电动汽车的特殊要求
R12	碰撞中防止转向机构伤害乘员	2012 年最新版,已包含对电动汽车的特殊要求
R13	刹车系统	
R13H	关于就刹车系统批准乘用车的统一规定(欧美日协调版)	
R51	噪声要求	
R83	排放要求	
R85	内燃机或电动力总成的动力测量	2006 年版本,已包含了对电动汽车的要求
R94	前方碰撞乘员保护	2012 年最新版,已包含了对电动汽车的特殊要求
R95	侧方碰撞乘员保护	
R100	针对电动车的结构、功能安全和氢气排放的特殊要求	2011 年最新版,是专门针对电动汽车安全的一项法规。 注:在欧盟 2011/407/EU 指令中,将 UNECE R100 引入到欧盟机动车型式批准指令 2009/661/EC 中
R101	耗能要求	

注:UNECE R100 的主要安全要求包括:
—汽车结构要求(如防止气体聚集和正确额定值的断路器);
—防触电保护(通过评估与高压部件相关的外壳和外罩);
—根据防护等级来评估与高压部件的触及等。

2.1.1.5　欧盟强制性电动汽车法规与 UNECE 技术规范的协调发展

强制性的欧盟 EC 型式批准指令和自愿性的 UNECE 技术规范构成了欧盟两大汽车法规体系。欧盟 EC 指令是强制的,有 62 个;UN/ECE 是自愿的,有 122 个,其中有 58 个技术规范与欧盟 EC 指令的技术内容是等效的。

欧盟针对电动汽车的立法体系中,混合动力车的技术要求主要基于传统汽车的技术法规,相对成熟;纯电动汽车涉及许多新的技术安全要求,欧盟委员会制定了相关法规和标准的修订计划;燃料电池汽车处于研制阶段,相关技术法规的建立还未提上议程。

电动汽车的 UNECE 技术规范内容与欧盟 EC 指令基本相同,但部分内容领先于 EC 指令,尤其是在一些关键条款修改和制定方面,UNECE技术规范已针对电动汽车的特性进行了相应的修改,而EC指令更新相对滞后。UNECE R100是针对电动汽车制定的具体要求,涵盖电动汽车必须满足的最低安全风险要求,主要包括:防触电,充电能源储存系统,功能安全和氢气排放等。

2.1.2 欧洲电动汽车认证制度——型式认证

目前,在欧洲电动汽车的认证仍然采用传统汽车的认证制度,只是在适用的测试标准中,增加了针对电动汽车的特殊要求。欧洲各国的汽车认证都是由本国的独立认证机构进行的,是由独立的第三方认证机构进行认证,但标准则是全欧洲统一的,依据欧盟EC指令或UNECE技术规范,因而主要有e标志认证和E标志认证两类。

E标志认证的依据是UNECE技术规范,UNECE技术规范是推荐性的,不是强制标准。也就是说,欧洲各国可以根据本国的具体情况决定是否采用。E标志证书涉及的产品是零部件及系统部件,不包括整车认证。获得E标志认证的产品,是被市场所接受的。

e标志是欧盟委员会依据EC指令强制成员国使用的整车、零部件及系统的认证标志。测试机构必须是欧盟成员国内的技术服务机构,比如德国的TUV、荷兰的TNO、法国的UTAC、意大利的CPA等。发证机构是欧盟成员国政府交通部门,如德国的交通管理委员会(KBA)。根据欧盟EC指令要求,获得e标志认证的产品在各欧盟成员国均被认可并在欧盟成员国自由流通。

要获得E标志或e标志,首先产品要通过测试,生产企业的质量保证体系至少要达到ISO 9000标准的要求。

欧洲实行缺陷产品召回制度,实行企业自愿召回,企业发现车辆有问题,就可自行召回,但要向国家主管机关上报备案。如果企业隐瞒重大质量隐患或藏匿用户投诉,一经核实将面临处罚。

欧洲各国实行的认证制度,与美国有较大的区别在于美国是由企业自己进行认证,欧洲则是由独立的第三方认证机构进行认证。另外欧洲对流通过程中车辆质量的管理没有美国那样严格,他们是通过检查企业的生产一致性来确保产品质量的。因此可以说,美国对汽车的管理是推动式的,政府推着企业走;而欧洲则是拉动式的,政府拉着企业走。

2.2 美国

美国对电动汽车的安全监管延续了其对燃油汽车产品的市场准入管理体系。政府将汽车产品的设计与制造纳入社会管理的法律体系中,对汽车产品的设计和制造专门立法,授权汽车安全、环保和节能的主管部门制定汽车技术法规,并按照汽车技术法规对汽车产品实施法制化的管理制度——自我认证和产品召回,实现政府对汽车产品在安全、环保、节能方面的有效控制。美国政府根据国会通过的有关法律,分别授权美国运输部(DOT)和美国环境保护署(EPA)制定并实施有关汽车安全、环保和节能等方面的汽车法规。

由于电动汽车的使用需要配套的充电设施,适用电动汽车充电设施的法规是NEC Article 625(美国国家电气安全法规第625条)——电动汽车充电系统的安装要求。

由于电动汽车使用了锂离子电池,而在美国的一些州(包括加利福尼亚州、新奥尔良州和佛罗里达州)已立法对锂电池的回收进行要求。由于缺乏明确的生产者责任要求(而在欧洲却已有明确的要求和规定),因而限制了美国电池回收体系的建立。然而,美国联邦政府已拨款鼓励开发电池回收技术并满足电动汽车的需求。

在美国,对于汽车的规范分为两个层面:技术法规和技术标准。技术法规是强制性的,而技术标准是推荐性的。技术法规主要是针对汽车的安全和环保(污染控制)性能,这些是汽车进入美国市场的准入条件。美国的机动车技术法规收集在美国联邦法规(CFR)全集中,安全方面和油耗方面的法规收集在美国联邦法规第 49 篇里(即 FMVSS),污染控制方面的法规收集在美国联邦法规第 40 篇里。安全法规是由美国运输部国家公路交通安全管理局(NHTSA)制定实施的美国联邦机动车安全技术法规 FMVSS,而环保法规是由美国环保署(EPA)制定实施的。

美国汽车的准入要求:《国家交通及机动车安全法》要求,用于在美国销售的受管制的汽车及零部件必须证明符合所有适用的 FMVSS 标准。而不受 FMVSS 管制的汽车零部件不需要认证。然而,这些零部件可能会被 NHSTA 或制造商发现存在安全缺陷,如果是这样,制造商有责任通知零部件的拥有者有关补救或缺陷的情况,不应向消费者收费。

对于电动汽车,美国运输部国家公路交通安全管理局(NHTSA)和美国环保署(EPA)正在研究和分析现有法规的适用性并识别出新的要求,通过修订现有法规以及制定新法规的形式,使法规覆盖到电动汽车的各方面要求。

2.2.1　美国电动汽车相关的技术法规

2.2.1.1　美国机动车安全技术法规

(1) 美国联邦机动车安全技术法规 FMVSS

1966 年 9 月,美国颁布实施《国家交通及机动车安全法》,授权美国运输部(DOT)对乘用车、多用途乘用车、载货车、挂车、大客车、学校客车、摩托车,以及这些车辆的装备和部件制定并实施联邦机动车安全标准(Federal Motor Vehicle Safety Standards,简称 FMVSS)。任何车辆或装备部件如果与 FMVSS 不符合,不得为销售的目的而生产,不得销售或引入美国州际商业系统,不得进口。根据目前《国家交通及机动车安全法》最新修订本的规定,对违反此法要求的制造商或个人,美国地区法院最高可以处以 1 500 万美元的罚款的民事处罚,对造成人员死亡或严重身体伤害的机动车或装备安全缺陷隐瞒不报,或制造虚假报告的制造商将追究刑事责任,最高刑事处罚为 15 年有期徒刑。

在美国《国家交通及机动车安全法》的授权下,由美国运输部国家公路交通安全管理局(NHTSA)具体负责制定、实施联邦机动车安全标准,它们都被收录在"联邦法规集"(Code of Federal Regulation,简称 CFR)第 49 篇第 571 部分。

FMVSS 法规目前共计 57 项,分为 5 大类:

FMVSS100 系列——避免车辆交通事故,即汽车主动安全,目前共计 26 项;

FMVSS200 系列——发生事故时减少驾驶员及乘员伤害,即汽车被动安全,目前共计 22 项;

FMVSS300 系列——防止火灾,5 项

FMVSS400 系列——3 项;

FMVSS500 系列——1 项。

FMVSS 技术法规清单见表 1-6

表 1-6　FMVSS 技术法规清单

序号	编号	名　称	针对电动汽车增加的特殊要求
1	FMVSS101	控制与显示装置	
2	FMVSS102	传动变速杆顺序、起动组合装置、传动制动装置效果	
3	FMVSS103	汽车挡风玻璃除霜除雾系统	
4	FMVSS104	汽车挡风玻璃雨刷及洗涤装置	
5	FMVSS105	液压电子制动系统	
6	FMVSS106	制动软管	
7	FMVSS108	车灯、反光装置及相关设备	
8	FMVSS109	新型充气轮胎	
9	FMVSS110	轮胎及轮辋的选用	
10	FMVSS111	后视镜	
11	FMVSS113	引擎盖锁定装置	
12	FMVSS114	防盗系统	
13	FMVSS116	机动车辆制动液	
14	FMVSS117	再生充气轮胎	
15	FMVSS118	电动窗、隔板及车顶板装置	
16	FMVSS119	除客车外的新型汽车充气轮胎	
17	FMVSS120	除客车外的汽车轮胎及轮辋选择	
18	FMVSS121	空压制动系统	
19	FMVSS122	摩托车制动系统	
20	FMVSS123	摩托车控制与显示装置	
21	FMVSS124	加速器控制系统	
22	FMVSS125	警告装置	
23	FMVSS129	新型非充气汽车轮胎	
24	FMVSS131	轿车行人安全装置	
25	FMVSS135	客车制动系统	
26	FMVSS139	小型车新型充气轮胎	
	FMVSS141		针对电动汽车的噪声限值（最小值）正在制定中
27	FMVSS201	乘员内部碰撞保护	
28	FMVSS202	头部保护装置	
29	FMVSS203	驾驶转向系统中驾驶人的碰撞保护	

续表 1-6

序号	编号	名　　称	针对电动汽车增加的特殊要求
30	FMVSS204	转向控制后移量	
31	FMVSS205	窗玻璃材料	
32	FMVSS206	车门锁及约束部件	
33	FMVSS207	座椅系统	
34	FMVSS208	乘员碰撞保护系统	针对电动汽车
35	FMVSS209	汽车安全带装置	
36	FMVSS210	汽车安全带固定装置	
37	FMVSS212	汽车挡风玻璃装置	
38	FMVSS213	儿童约束系统	
39	FMVSS214	侧面碰撞保护	针对电动汽车
40	FMVSS216	顶部碰撞保护	
41	FMVSS217	公共汽车紧急出口及车窗定位和开启	
42	FMVSS218	摩托车头盔	
43	FMVSS219	挡风玻璃区域的侵入	
44	FMVSS220	校车翻滚保护	
45	FMVSS221	校车车身连接点强度	
46	FMVSS222	校车乘员座椅和碰撞保护	
47	FMVSS223	后部碰撞防护装置	
48	FMVSS224	后部碰撞保护	针对电动汽车
49	FMVSS301	燃油系统完整性	
50	FMVSS302	内饰材料易燃性	
51	FMVSS303	压缩天然气汽车的燃料系统完整性	
52	FMVSS304	压缩天然气燃料容器完整性	
53	FMVSS305	电动车辆：电解液溢出和防触电保护	2011版,针对电动汽车
54	FMVSS401	车内行李箱开启按钮	
55	FMVSS403	机动车平板升降系统	
56	FMVSS404	机动车平板升降的安装	
57	FMVSS500	低速汽车	

　　在电动汽车安全的市场监管方面,每年 NHTSA 都执行两种监管:新汽车评估(NCAP)测试和符合性测试。新汽车评估(NCAP)测试是为了评定汽车碰撞性能和乘员保护,并给消费者提供可比较的信息。符合性测试是为了验证汽车满足适用的联邦车辆安全标准(FMVSS)。

　　2012 年 NHTSA 对 13 种电动汽车(BEVs,PHEVs 和 HEVs)进行了新车评估

（NCAP）测试和符合性测试。NHTSA 主要采用 FMVSS201、FMVSS208、FMVSS214 和 FMVSS224 对电动汽车的安全进行了测试，作为对电动汽车市场的监管。

目前，NHTSA 正在开展的电动车辆安全研究项目，以便制定新的安全法规。研究着重于以下四个方面：

——失效模式和影响分析；

——试验程序开发；

——电子可靠性（报警和指示、功能安全）；

——灭火方法。

（2）与 FMVSS 配套的管理性汽车技术法规

美国汽车技术法规只包含技术内容，如：限值指标、试验方法的技术法规，而不包括管理性的内容。美国运输部专门制定了一系列的管理性技术法规，以保证 FMVSS 的制修订工作和有效的实施。这些法规同样都收录在 CFR 第 49 篇中，分别以该篇不同部分的形式出现，具体有：

◆ CFR 第 49 篇第 510 部分：信息收集权

该法规明确规定了美国运输部国家公路交通安全管理局（NHTSA）在信息收集方面的权限，NHTSA 可以采用下列任何方式进行调查、检验或询问：①使用传票传唤；②召开听证会；③进行行政托管；④签发一般或特别命令；⑤签发书面要求。

◆ CFR 第 49 篇第 552 部分：申请制定有关法规，申请发布确定缺陷与不符的命令

该法规规定了社会各有关方面就某项法规的制定工作，或确定某机动车辆或装备部件与 FMVSS 不符或带有安全缺陷向 NHTSA 提出申请的程序，以及 NHTSA 如何处理和回复这些申请的程序。

◆ CFR 第 49 篇第 553 部分：法规制定程序

该法规规定了依据《国家交通及机动车安全法》和《机动车情报和成本节约法》发布、修订、撤消有关技术法规的程序。

◆ CFR 第 49 篇第 555 部分：对 FMVSS 的暂时豁免

该法规规定某些机动车辆可以暂时性地豁免满足一项或多项 FMVSS，这样就使得机动车辆制造商在遇到严重的经济困境，或为了促进某些机动车辆安全或环保新技术的发展等情况时，可以应用该法规获得对 FMVSS 的暂时豁免。

◆ CFR 第 49 篇第 565 部分：车辆识别代号（VIN）

该法规规定了车辆识别代号（VIN）的格式、内容和外观要求，以及 VIN 在车辆上的安装要求，以便利获取有关的车辆识别信息，提高车辆产品召回的准确性和效率。

◆ CFR 第 49 篇第 566 部分：制造商识别

该法规要求机动车辆应满足 FMVSS 要求的装备部件的制造商向 NHTSA 上报有关的识别信息，以及对所生产的装备部件的描述。其目的是便于对制造商的管理，并对所有的受控制造商建立编码系统。

◆ CFR 第 49 篇第 567 部分：认证

该法规规定了固定在机动车辆上的认证标签或标志的内容、位置和其他要求，以使消费者通过认证标签或标志就能确定该车辆满足了哪些 FMVSS 和联邦防盗技术法规。

◆ CFR 第 49 篇第 568 部分：两阶段或多阶段制造的车辆

该法规规定了使用两阶段或多阶段制造的车辆的制造商确保车辆满足 FMVSS 和其他法规的方法。

◆ CFR 第 49 篇第 575 部分：消费者信息法规

该部分为消费者信息法规，要求向消费者提供包括车辆制动距离、载货车、旅游车厢载荷、统一的轮胎质量分等、多用途车辆的操纵性和运行特性等在内的信息。

◆ CFR 第 49 篇第 576 部分：记录的保存

该法规规定机动车辆制造商要保存针对可能涉及机动车安全性的故障的各种投诉、报告和其他记录，因为在对可能存在的机动车辆安全缺陷和与 FMVSS 和其他相关法规不符进行调查、裁决或其他处理时需要用到这些记录。

◆ CFR 第 49 篇第 580 部分：里程表披露要求

该法规要求机动车辆的转让者和承租人应分别向受让人和出租人以书面形式告知里程数和精度。目的是向机动车辆购买者提供有关里程表和车辆行驶里程的信息，有助于他们了解车辆的状况和价值，同时明确告知车辆已行驶里程也是车辆产权转让的条件之一。此外该法规的另一目的是保有这些记录，以便用于可能出现的违反《机动车情报和成本节约法》的调查工作，以及随之而来的起诉、裁决或其他行为。

◆ CFR 第 49 篇第 581 部分：保险杠标准

该法规规定了车辆低速前后碰撞的抗碰撞性，以减少乘用机动车辆在低速碰撞中对车辆前后端形体损伤。

◆ CFR 第 49 篇第 591 部分：应满足 FMVSS、保险杠标准和防盗标准的车辆和装备的进口

该法规规定了对应满足 FMVSS、保险杠标准和防盗标准的车辆和装备的进口进行管理的程序，目的是确保进口到美国的机动车辆和装备部件符合（或使其符合）防盗标准、所有 FMVSS 和保险杠标准。该法规同时规定不符合上述技术法规的机动车辆和装备部件，如果其最终目的是出口到其他国家，或交由美国政府任意处置，可以暂时性地进口到美国。

◆ CFR 第 49 篇第 596 部分：分阶段引入儿童约束固定系统的报告要求

该法规规定乘用车、总重量不超过 3 855 kg 的载货车和多用途乘用车辆，以及总重量不超过 4 563 kg 的大客车制造商必须报告已经满足 FMVSS 213（儿童约束固定系统）的上述车辆数量，同时要保有与上述报告相关的记录。

（3）美国汽车产品安全召回法规

NHTSA 根据《国家交通及机动车安全法》的授权和具体要求，制定并实施了一系列有关汽车产品安全召回的法规：

◆ CFR 第 49 篇第 554 部分：安全法规实施和缺陷调查

该法规规定了 FMVSS 及其相关法规的实施程序；调查可能存在的安全缺陷，并确定存在与法规不符和缺陷的程序。

◆ CFR 第 49 篇第 556 部分：轻微缺陷与不符的豁免

该法规规定了在确定某一缺陷或不符对于机动车辆的安全性来说影响不大时，豁免机动车辆和可更换装备部件的制造商应满足通知和纠正要求的程序。

◆ CFR 第 49 篇第 557 部分：申请召开缺陷通知与纠正的听证会

该法规规定了社会各有关方面就制造商是否对安全缺陷或与 FMVSS 不符尽到了通知

车主、购买者和零售商,或者就这些缺陷或不符进行纠正的义务提出召开听证会的申请提交和处理程序。该法规同时规定了就上述问题举行听证会的程序。

◆ CFR 第 49 篇第 573 部分:缺陷与不符的报告

该法规规定制造商必须:①保有就缺陷或不符机动车辆或装备部件已通知购买者和车主的名单;②报告机动车辆或装备部件中的缺陷;③报告与 FMVSS 不符的情况;④就缺陷与不符的通知情况每季度报告一次;⑤提供就缺陷与不符与分销商、零售商和购买者通信函件的副本。

◆ CFR 第 49 篇第 577 部分:缺陷与不符的通知

该法规规定应就可能出现的安全性缺陷或与 FMVSS 不符通知机动车辆或可更换装备部件拥有者,使他们获得这方面足够的信息,使车辆或装备部件能尽快得到检验,必要时缺陷或不符得到纠正。

◆ CFR 第 49 篇第 579 部分:缺陷与不符的责任

该法规规定就机动车辆或装备部件安全缺陷和与 FMVSS 不符,制造商应负的责任。主要责任包括:1. 通知缺陷或不符机动车辆或装备部件的拥有者;2. 纠正缺陷或不符机动车辆或装备部件。

(4) 美国联邦机动运载车安全法规 FMCSR

美国运输部联邦机动运载车安全管理局依据《1999 年机动运载车安全提高法》(原为《机动运载车法》)制定美国联邦机动运载车安全法规(Federal Motor Carrier Safety Regulations,简称 FMCSRs),该法规主要针对运输公司,即车辆的使用者,而非制造商、分销商或零售商制定的,适用于在用商用车(包括载货车和大客车),规定了车辆的安全、检查与保养要求,以及有关的安全规划。这些法规同样被收录在美国联邦法规集(CFR)第 49 篇中。美国联邦及州政府对运输公司进行现场审查,以确保车辆符合 FMCSRs 的要求。

2.2.1.2 美国机动车环保技术法规

在美国《噪声控制法》及《清洁空气法》的授权下,美国联邦环境保护署,即 EPA,制定了汽车的尾气排放和噪声方面的汽车技术法规。美国联邦环境保护署成立于 1970 年 12 月,是由 5 个部门和独立政府部门的 15 个单位合并而成,直属联邦政府,它既是美国政府控制污染措施的执行机构,也是制定环保法规(包括大气、水质、噪声、放射性污染等方面法规)的主要机构,其制定的这些法规都收录在美国联邦法规集(CFR)第 40 篇中,其中专门针对汽车(包括新车、在用车及发动机)排放控制的环保技术法规收录在 CFR 第 40 篇第 86 部分中。这些法规体系主要按照各种不同的车型及不同年份的车辆分为不同的法规分部,目前共有 6 个分部,各分部规定了限值要求、试验方法及认证程序等内容。

◆ CFR 第 40 篇第 86 部分:新型和在用高速车辆及引擎的排放控制

——分部 A:1977 年及以后新轻型机动车、轻型卡车及重型引擎,及 1985 年及以后新型汽油燃料、天然气燃料、液化气燃料及甲醇燃料的重型机动车排放的一般规定;

——分部 B:1977 年及以后新轻型机动车、新轻型卡车及新型重型机动车的排放法规,试验规程;

——分部 C:1994 年及以后燃烧汽油的新型轻型机动车、新型轻型卡车及新型中型客车的排放法规,低温试验规程;

——分部 D:新型汽油和柴油燃料的重型引擎的排放法规,排气试验规程;

——分部 E:1978 年及以后新型摩托车的排放法规,一般规定;

——分部 F:1978 年及以后新型摩托车的排放法规,试验规程。

2.2.1.3　美国机动车节能技术法规

根据《机动车情报和成本节约法》的授权,美国运输部国家公路交通安全管理局以法规的形式制定美国汽车燃油经济性标准,主要规定了制造厂商在各不同年份(model year)内必须遵守的公司汽车平均燃料经济性指标,即各公司在各车型年内所生产的所有车型的最高平均燃油经济性水平,简称 CAFE,单位为英里/加仑,这部分法规同样收录在 CFR 第 49 篇中。此外,美国 EPA(联邦环境保护署)也根据《机动车情报和成本节约法》制定了一系列有关节能的汽车技术法规,这些法规主要规定了燃料经济性的试验规程、计算规程、标识等方面的内容,它们都收录在 CFR 第 40 篇中的第 600 部分。美国汽车燃油经济性标准同样采取自我认证的实施方式。

◆ CFR 第 49 篇第 523 部分　车辆分类

◆ CFR 第 49 篇第 525 部分　豁免满足平均燃油经济性标准

◆ CFR 第 49 篇第 526 部分　放宽执行美国 1980 年汽车燃油节约法的申请和计划

◆ CFR 第 49 篇第 529 部分　多阶段汽车制造商

◆ CFR 第 49 篇第 531 部分　乘用车(passenger automobile)平均燃油经济性标准

◆ CFR 第 49 篇第 533 部分　轻型载货车燃油经济性标准

◆ CFR 第 49 篇第 535 部分　轻型载货车 CAFE 值前三年和后三年的使用

◆ CFR 第 49 篇第 537 部分　汽车燃油经济性的报告

◆ CFR 第 49 篇第 538 部分　替代燃料车辆的生产鼓励措施

◆ CFR 第 40 篇第 600 部分 A 分部 1977 年及以后年型汽车的燃料经济性法规——一般规定

◆ CFR 第 40 篇第 600 部分 B 分部 1978 年及以后年型汽车的燃料经济性法规——试验规程

◆ CFR 第 40 篇第 600 部分 C 分部 1977 年及以后年型汽车的燃料经济性法规——计算燃料经济性值的规程

◆ CFR 第 40 篇第 600 部分 D 分部 1977 年及以后年型汽车的燃料经济性法规——标识

◆ CFR 第 40 篇第 600 部分 E 分部 1977 年及以后年型汽车的燃料经济性法规——销售商对燃料经济性信息的获取

◆ CFR 第 40 篇第 600 部分 F 分部 1978 年年型的乘用车、1979 年年型或以后年型的汽车(轻型载货车和乘用车)的燃料经济性法规——确定制造商平均燃料经济性的规程

2.2.1.4　美国机动车防盗技术法规

1984 年美国发布《机动车辆防盗法实施令》,根据该法令的规定,相应在美国《机动车辆信息及成本节约法》中增加新的篇章——第六篇:防盗。这些法律规定为了防止盗窃机动车辆后,非法拆解获取其零部件,要求乘用车辆(passenger cars)及其主要的可更换零部件必须带有车辆识别代号(VIN);要求美国运输部完成旨在减少和阻止机动车辆盗窃的法规制定工作,包括制定机动车辆防盗技术法规,选择确定哪些车辆及这些车辆中的哪些零部件具有较高被盗风险(定量地确定出车辆的被盗率),必须带有车辆识别代号(VIN);要求保险公

司向美国联邦政府提供有关车辆被盗及被找回的情况记录。

从 1985 年开始,美国运输部国家公路交通安全管理局(NHTSA)在上述法律的授权下,对机动车辆防盗发布了一系列技术法规:

◆ CFR 第 49 篇第 542 部分 选择应满足防盗标准的系列车型的规程
◆ CFR 第 49 篇第 541 部分 联邦机动车辆防盗标准
◆ CFR 第 49 篇第 544 部分 保险公司报告要求
◆ CFR 第 49 篇第 543 部分 对车辆防盗标准的豁免

1992 年,美国政府又公布《1992 年反轿车盗窃法》,进一步加强对车辆防盗的法制化管理。该法令规定拥有或开办"拆解场"、拆解被盗窃车辆都将被联邦政府视为严重的犯罪,将被处以严厉的惩罚;该法要求建立全国性的机动车辆产权证信息联网系统,并相应出台了专门的法律,这样当犯罪分子将被盗车辆拿到其他的州办理新的产权证时,就可以通过车辆 VIN 号码或其他数据在该信息联网系统中查到被盗车辆原有产权证的所有真实信息,杜绝犯罪分子重新获得合法的产权证,也使任何一个车辆购买者能通过此信息联网系统了解该车辆的真实来源和历史,避免买到被盗窃的车辆。《1992 年反轿车盗窃法》由美国运输部负责具体执行,1996 年国会对该法令进行了修订,并将该法令转交美国司法部执行。

2.2.2 针对电动汽车修改或新增的法规

对于电动汽车,美国运输部国家公路交通安全管理局(NHTSA)和美国环保署(EPA)正在研究和分析现有法规的适用性并识别出新的要求,通过修订现有法规以及制定新法规的形式,使法规覆盖到电动汽车的各方面。

2.2.2.1 FMVSS305 电动汽车电解质溢出及防触电保护法规

2011 年 7 月,经过一年多的研究,NHTSA 发布了新版 FMVSS 305"电动汽车:电解质溢出及防触电保护",以确保电动汽车的安全,并于 2011 年 9 月 1 日正式生效。FMVSS 305 规定了电解质溢出限制、电能储存/转换装置的保持和防触电保护的要求。该法规与其他碰撞试验一起使用,它并不评价碰撞后电池的状况或放电能力。本法规的目的是减少汽车发生碰撞过程中和之后由于电解质从电能储存装置中的溢出、电能储存/转换装置侵入到乘员而引起的伤亡。

FMVSS 305 适用于重量在 4 536 kg 或以下的乘用小汽车、多用途乘用汽车、卡车和巴士,且使用工作电压直流超过 60 V(VDC)或交流超过 30 V(VAC)的电力推进部件,在铺平道路表面上在行驶超过 1.6 km 距离后车速可达 40 km/h 以上的。

新版 FMVSS 305 修改了旧版的防触电保护的要求,以便适用于电动汽车及混合电动汽车的发展和推广。本次修订的内容包括法规的范围和适用性、定义、电能储存系统的电能保持要求、电气隔离要求、试验规范和电气隔离监控要求、在碰撞试验前电能储存装置的充电状态、为电气安全而提供的保护性隔阻符合性(可选项)、使用替代气体进行碰撞试验、为电气安全而提供的低电压符合性(可选项)。通过修订,使 FMVSS 305 与美国汽车工程师协会标准 SAE J1766(2005 年)"电动汽车和混合电动汽车电池系统碰撞完整性试验"保持一致。事实上,美国的 FMVSS 305 与 UNECE R100 的内容是相似的。

修订后的 FMVSS 305 提供了更大的灵活性,制造商可以通过下述两种设计方式,使电动汽车来满足本法规的要求:一是在碰撞情况下,电能储存、转换和推进系统与汽车底盘进行电气隔离；二是系统电压可以低于被认为可防止触电危险的规定值。由于直流电的生理学冲击低于交流电对人体的冲击，所以新版 FMVSS 305 为 DC 部件规定的电气隔离（100 Ω/V）要求比 AC 部件（500 Ω/V）的低。

2.2.2.2　FMVSS 141 电动汽车噪声最小值限制（草案）

由于电动汽车和混合动力车不依赖传统的燃气或燃油发动机，并以低速行驶，所以它们运行更安静，接近行人时很难被察觉，因此为了满足"2010 年行人安全增强法案（PSEA）"的要求，美国 NHTSA 目前针对电动汽车和混合动力车正在制定一项新法规 FMVSS 141，为混合动力车和纯电动汽车设定最小噪声要求，以便帮助行人意识到车辆的接近，保护行人安全。

FMVSS 141"混合动力车和电动汽车最小噪声要求"草案，规定混合动力和电动乘用车、轻型卡车、中型及重型卡车、巴士、低速汽车及摩托车要满足规定的最小噪声值要求。根据"2010 年行人安全增强法案"的要求，电动汽车和混合动力车必须发出警示声音，使盲人和其他行人能合理地感觉到附近有电动汽车或混合动力车在行驶。警示声音必须符合 FMVSS141 的要求。NHTSA 已于 2013 年 1 月发布 FMVSS 141 草案，向社会征求意见。

同时，NHTSA 还建议在 FMVSS 141 内引用美国汽车工程师学会标准 SAE J2889-1：2011"道路车辆发出的最小噪声测量"，并且在 NHTSA 的要求下，SAE 于 2012 年 5 月发布了 SAE J2889-1 的修正版，增加了对固有和合成的汽车声音的声调和音量的变化的度量和测量规程的内容。

在 FMVSS 141 草案中，对车辆的不同行驶状态规定了不同的声音大小（声压级），还规定了声调。在下述各种行驶状态下对汽车发出的噪声值进行了规定：

——起动和静止状态时（但发动机仍工作）时（包括车速低于 10 km/h 的情况）；

——车辆倒行时；

——恒速 10 km/h 通过时（包括大于 10 km/h 小于 20 km/h 车速的情况）；

——恒速 20 km/h 通过时（包括大于 20 km/h 小于 30 km/h 车速的情况）；

——恒速 30 km/h 通过时。

同时还要求，要有声调改变来警示加速和减速。车辆发出的声音的基础频率必须随车速变化而变化，变化至少为每公里/小时变化 1%。

例如：恒速 30 km/h 通过时，发出的声音至少为表 1-7 中的 A 权声压值（SPL）。

表 1-7　声压值

三分之一八音带中心频率/Hz	最小声压级（SPL）/dB(A)	三分之一八音带中心频率/Hz	最小声压级（SPL）/dB(A)
315	59	2 500	56
400	59	3 150	53
500	60	4 000	50
2 000	58	5 000	48

2.2.2.3　燃料经济和环境标签法

2011 年 7 月，美国 NHTSA 和 EPA 联合发布一项新的联邦法规，名称为"机动车燃料经济标签的修补法"。该法规已于 2011 年 9 月生效，法规要求在美国市场上销售的所有汽车（包括电动汽车）必须在车窗上粘贴燃料经济和环境标签。新标签要求适用于 2013 年及以后的所有车型。汽车制造商必须重新设计标签给美国消费者提供新的信息,包括燃料经济和消耗、燃料成本和与购买新车相关的环境影响。新法规将要求为进入美国市场的新能源车辆(特别是插拔式混合动力车和电动汽车)设计开发新的标签。该法规以每加仑汽油的里程数作为所有燃料和新能源汽车(包括插电式混合动力车、电动汽车、灵活燃料车、氢气燃料电池车和天然气车)的当量值。

在该法规中引用了 4 个美国汽车工程师学会 SAE 标准,分别为:

——SAE J1634,电动汽车能耗和里程试验规程;

——SAE J1711,测量混合动力——电动汽车(包括插拔式混合动力车)的气体排放和燃料经济的推荐实践;

——SAE J2572,测量燃料电池和由压缩气态氢气供能的混合燃料电池汽车的燃料消耗和里程的推荐实践;

——SAE J2841,利用行程调查数据确定插拔式混合电动汽车的电力因数。

美国已将该新标签法规提交给 UNECE,希望被 UNECE 采纳。WP29 已于 2012 年 3 月第 156 次会上讨论。

插电式混合动力车的燃料经济和环境标签示例如图 1-1 所示。

说明:

1——车辆技术及使用燃料(如:插电式混合动力车,使用电/汽油);

2——燃料经济性(如:使用电能时 98 MPGe,使用汽油时 38 MPG);

3——将燃料经济性与其他车辆相比(如:中等尺寸的汽车的燃料经济性范围为 10-99 MPG);

4——与平均车辆相比,5 年期间所节约或多花费的金钱(如:节约 8 100 美元);

5——燃料消耗率(如 34 kW·h/100 mile,或 2.6 gal/100 mile);

6——估算的每年燃料成本(如:900 美元);

7——燃料经济性和温室气体等级(如:在 1-10 级之间排在第 10 级);

8——二氧化碳排放信息(如:本车辆每英里排放 84 g 二氧化碳。市场上最好的排放为 0 g。生产和运输燃料和电力也产生排放);

图 1-1　插电式混合动力车燃料经济和环境标签

9——烟雾等级(如:在 1-10 级之间排在第 8 级);

10——用小字体详细给出说明(如:实际的结果由于许多原因而会有变化,包括道路驱驶状况、如何驾驶、如何维护等。平均新车辆的燃料经济性可达 22 MPG,5 年燃料可节约 12 600 美元。成本的估算是基于每年行驶 15 000 mile,汽油价格为 3.7 美元/gal、0.12 美元/(kW·h)。本车辆是燃料电力混合汽车,MPGe 是每加仑汽油等效的英里数。车辆排放是气候变化和烟雾的一个重要原因。);

11——QR 代码;

12——该标签的管理机构的网址(如:www.fueleconomy.gov);

13——行驶里程(如:30 mile);

14——充电时间(如:4 h/240 V)。

续图 1-1

电动汽车的燃料经济和环境标签示例如图 1-2 所示。

说明:

1——车辆技术及使用燃料;

2——燃料经济性;

3——将燃料经济性与其他车辆相比;

4——与平均车辆相比,5 年期间所节约或多花费的金钱;

5——燃料消耗率;

6——估算的每年燃料成本;

7——燃料经济和温室气体等级;

8——二氧化碳排放信息;

9——烟雾等级;

10——用小字体的详细说明;

11——QR 代码;

12——该标签的管理机构的网址;

13——行驶里程;

14——充电时间。

图 1-2　电动汽车的燃料经济和环境标签

2.2.3　NEC Article 625 电动汽车充电设施的技术法规

美国国家电气法规(NEC)第 625 章覆盖了电动汽车充电系统的安装要求。尽管 NEC 第 625 章"电动汽车充电系统的安装要求"的内容从 1996 年开始就已在被包含在 NEC 中,但是电动汽车充电系统却未被广泛使用或安装。但这种情况马上要发生变化,研究表明,到 2015 年将有约 100 万辆电动汽车在美国公路上,而到 2020 年这个数字将达到 500 万辆。预计,对于每台被销售的电动汽车将会安装至少 2 个电动汽车充电系统。

2.2.3.1　NEC Article 625 电动汽车充电设施的技术法规的适用范围

NEC 第 625 章法规覆盖了电动汽车外部的电气导体和设备,用于将电动汽车通过传导或感应的方式连接到电源,还包括了与电动汽车充电相关的设备和装置的安装。

NEC 第 625 章的预期范围是包括安装于服务点和电动汽车表面之间的所有电气布线和设备。NEC 第 625 章不适用于非道路车辆(叉车、高尔夫车、机场人员电瓶车等),摩托车也不在 NEC 第 625 章范围。

2.2.3.2　NEC Article 625 法规的内容目录

(1) 通则

625.1　范围

625.2　定义

625.3　其他条款

625.4　电压

625.5　列名标志

(2) 布线方法

625.9　电动汽车耦合器

(A)极化/(B)不可互换性/(C)结构和安装/(D)意外断接/(E)接地极/(F)接地极要求

(3) 设备结构

625.13　电动汽车供电设备

625.14　额定值

625.15　标志

(A)一般要求/(B)不要求通风/(C)要求通风

625.16　耦合方法

625.17　电缆

625.18　互锁

625.19　电缆的自动断电

(4) 控制和保护

625.21　过电流保护

625.22　人员保护系统

625.23　断开方法

625.25　一次源的损失

625.26　互动系统

（5）电动汽车供电设备的位置

625.28　被分类为有害设备的位置

625.29　室内场地

（A）位置/（B）高度/（C）不要求通风/（D）要求通风

625.30　室外场地

（A）位置/（B）高度

2.2.3.3　NEC 第 625 章法规的关键要求

（1）625.5——要求所有材料、器件、装配件和相关设备都必须被列名标志。

注释：美国法律要求在美国销售的产品的列名标志必须在美国职业安全与健康委员会（OSHA）指定的国家认可测试实验室（NRTL）进行。产品贴有列名标志，则标识其已经经过国家认可的测试实验室（NRTL）的独立测试，并达到了被广泛接受的产品安全标准规定的最基本要求，同时作为该测试制度的一部分，产品生产商同意进行定期跟踪检查以验证产品是否持续合格。

国家认可测试实验室（NRTL）是由美国职业安全与健康委员会（OSHA）认可的独立实验室，根据适用的产品安全标准（如 UL 和其他标准制定机构 ANSI 所制定的产品安全标准等）的要求对产品进行测试。NRTL 的职能就是为各种电动、燃气、燃油产品提供独立的评估、测试与认证服务。

（2）625.18——要求电动汽车供电设备必须包含一个互锁装置，每当接头被从电动汽车上断开连接时，都能够将电动汽车接头和其电缆断能。

（3）625.19——要求电动汽车供电装置必须提供一种方法，在出现可能导致电缆断裂或电缆与电气接头脱离并露出带电部件的应力时，能自动地将电缆接头和电动汽车接头断能。

（4）625.22——要求电动汽车供电设备必须装有一个列名的人员保护系统，保护用户防止触电。人员防护系统应由列名的人员防护装置构成。在使用软线插头连接的电动汽车供电设备时，应提供一个中断装置且应是连接插头的一个组成部分。

2.2.3.4　NEC 第 625 章的修订

NEC 2014 年版已正式发布，有关 NEC 第 625 章的修订内容主要有：

（1）条款编号进行一些调整。

（2）在适用范围中增加一个注。

注："UL 2594—2011 电动汽车供电设备"是电动汽车供电设备的安全标准；"UL 2202—2009 电动汽车充电系统设备"是电动汽车充电设备的安全标准。

增加这个注是为了明确电动汽车供电设备所适用的安全标准是 UL 2594—2011，而电动汽车充电设备所适用的安全标准是 UL 2202—2009。

（3）增加两个定义：

——电动汽车充电系统：提供直流输出供给车辆的部件系统，目的是给电动汽车储能电池充电；

——电动汽车供电设备系统：提供交流输出供给车辆的部件系统，目的是向车载充电器提供输入电能。

（4）在625.4的"AC电压"中，增加了"600 V以下的DC系统电压"。

（5）在625.10（E）中，修改相关内容，允许隔离电动汽车充电系统中使用没有接地的耦合器。

（6）在625.17中，对电动汽车电缆进行重新定义和分类。

（7）在625.29中，对室内安装的环境和布置重新定义和要求。

2.2.4 电动汽车锂电池回收的法规

由于电动汽车使用了锂离子电池，在美国的一些州（包括加利福尼亚州、新奥尔良州和佛罗里达州）已立法对锂电池的回收提出要求，由于法规缺乏明确的生产者责任要求（而在欧洲却已有明确的要求和规定），因而限制了美国电池回收体系的建立。然而，联邦政府已拨款鼓励开发电池回收技术并满足电动汽车的需求。这些电池法规虽不是新的，但却是适用的。

2.2.5 美国机动车认证制度——自我认证 强制召回

1953年，美国在世界上首先颁发《联邦车辆法》，政府由此开始对车辆进行有法可依的管理。与美国的政体一样，美国汽车法规有联邦法规，也有州法规。按照美国汽车联邦统一的汽车认证，主要分为两个部分认证：安全认证和环境保护认证。

美国汽车业实行的是"自我认证"，即汽车制造商按照联邦汽车法规的要求自己进行检查和验证。如果企业认为产品符合法规要求，即可投入生产和销售。因此说，"自我认证"体现了美国式的自由——汽车企业对自己的产品具有直接发言权。

那么，政府的作用如何发挥呢？美国政府主管部门的任务就是对产品进行抽查，以保证车辆的性能符合法规要求。在美国，汽车安全的最高主管机关是隶属于运输部的国家公路交通安全署（NHTSA）。为确保车辆符合联邦机动车安全法规的要求，NHTSA可随时在制造商不知情的情况下对市场中销售的车辆进行抽查，也有权调验厂家的鉴定实验室数据和其他证据资料。

如果抽查发现车辆不符合安全法规要求，主管机关将向制造商通报，责令其在限期内修正，并要求制造商召回故障车辆，这就是所谓的强制召回。同时，如果不符合法规的车辆造成了交通事故，厂家将面临高额惩罚性罚款。在这种严厉的处罚背景下，汽车企业对产品设计和生产过程中的质量控制不敢有丝毫懈怠，而且对召回非常"热心"，一旦发生车辆质量瑕疵，就主动召回，否则，被公路交通安全署查出，后果不堪设想。

因此美国的自我认证方式，尽管表面看来较宽松，实际上汽车企业要真正为自己的产品负责，所有制造商并不敢弄虚作假。

2.2.6 美国电动汽车相关技术标准

2.2.6.1 哪些机构制定了电动汽车方面的标准

（1）美国汽车工程师学会（SAE）。SAE制定的汽车标准不仅在美国国内被广泛采用，而且成为国际上许多国家工业部门和政府机构在编制标准时的依据。SAE标准制修订活动覆盖了电动汽车的各个方面,包括充电耦合器标准 SAE J1772(2012 年经过修订,包括了交流和直流充电能力);电能质量标准 SAE J2894;车辆与电网及车辆非车载充电机通讯标准 SAE J2836™和 SAE J2847 系列和 SAE J2931 和 SAE J2953 系列;无线充电标准 SAE J2954。SAE 还针对电动汽车方面特有的问题如电池设计、包装、标签、安全、运输、搬运、回收、二手使用、能量转移系统、术语等制定了标准。SAE 还负责管理 ISO/TC22/SC21 电动汽车的美国国内对口工作。

(2) UL 美国保险商实验室。UL 电动汽车方面的标准针对的是:电池的安全(UL 2271 和 UL 2580);电动汽车供电设备(EVSE)(UL 2594);人员保护系统(UL 2231-1 和 UL 2231-2);电动汽车充电设备(UL 2202);插头、插孔和连接器(UL 2251);车载电缆(UL 2733);与车载电动汽车充电系统一起使用的连接器(UL 2734);电智能表(UL 2735)等。UL 还出版了电动汽车电源要求的标准(UL 2747),正在研制电动汽车无线充电设备要求标准(UL 2750)。UL 还负责管理 IEC/TC 69 的美国国内对口工作。

(3) 国家消防协会 NFPA。NFPA 的标准化活动包括制定 NFPA70《国家电气规程 NEC》是国家的强制性法规,它统一了北美的电动汽车充电设备的住宅、商业及工业电气安装标准。NFPA 还积极开展电动汽车的安全培训。

(4) 国际电子电气工程师学会 IEEE。出版了 IEEE 1547"系列分布式能源与电能系统互连标准"和 IEEE P2030.1 "电能源运输基础设施导则"。IEEE 还制定了输电线通讯标准:IEEE 1901—2010 无线介质访问控制(MAC)和高速无线个人局域网络用物理层(PHY)规范和 IEEE P1901.2 智能电网用低频窄波输电线通讯标准。

(5) 国际法规协会 ICC。ICC 出版国际建筑法规(IBC)和国际住宅法规(IRC),是美国 50 个州使用的典型商用和住宅法规。对于与电动汽车或电动汽车供电设备相关的任何新规定或修订,ICC 需要对法规官员及消防检查员提供培训,检查是否满足标准。

(6) 国家电气承包商协会 NECA。NECA 已制定了 NECA 413 标准,用于电气承包工业。该标准规定了安装和维护电动汽车供电设备(包括交流的 1 级和 2 级以及直流快充)的程序。

(7) 国家电气制造商协会 NEMA。NEMA 的电动汽车供电设备事业部正推动全球的 EVSE 基础设施。NEMA 与 UL、加拿大 CSA 和墨西哥合作协调北美电动汽车供电设备的安全要求,正在制定一项标准,允许电动汽车司机能方便地定位到一个电动汽车充电点,并支持不同服务提供商之间的漫游。NEMA 还开展了电动汽车供电设备嵌入电表和通讯研究。

(8) 通讯工业联盟 ATIS。ATIS 正研究两种使用案例:从其他人家里给电动汽车充电、从公共充电点给电动汽车充电,并制定相关的标准。

2.2.6.2　美国电动汽车标准化的路线图

2012 年 4 月,为了更好地发展电动汽车行业,美国 ANSI(美国国家标准研究所)发布了美国电动汽车标准化路线图(第 1 版),并于 2013 年 5 月进行修订形成第 2 版。根据优先顺序,确定了三个阶段:优先级高(0 年～2 年);优先级中(2 年～5 年);优先级低(5 年以上)。

ANSI 识别出针对电动汽车产业发展相关的 58 个关键问题,其中 18 个问题已有标准覆盖,不缺失标准;而另外 40 个问题则部分或全部缺失标准。美国电动汽车产业标准制修订路线图见表 1-8。

表 1-8　美国电动汽车产业标准制修订路线图

序号	针对的问题	存在的缺失	建议开展工作	优先级	潜在研发机构	进展状态
1	术语	术语。电动汽车术语需要有一致性	完成对 SAE J 1715 的修订工作。 SAE J 1715：混合电动汽车和纯电动汽车术语	中期	SAE, ISO	已结束
2	电能分等方法	电能分等方法。电动汽车的电能分等方法标准仍在制定中	完成 SAE J 2907 和 SAE J 2908 的制定工作。 但由于资源问题，目前上述两项标准的制定工作已被取消，SAE 将重新启动有关电能分等方法标准的制定工作，但标准号不同	中期	SAE	停滞
3	充电系统的功能安全	充电系统的功能安全。车载和非车载充电系统的潜在故障项目是由 NHTSA 发起的研究，相关的问题可能需要在以后的法规和/或标准制定工作中给予考虑	未来 NHTSA 法规制定和/或对 SAE J 2929 的修订中应考虑充电系统的功能安全问题，法规和标准都应基于 DOT/NHTSA 资助的关于可能导致充电过量的充电系统故障的 SAE 合作研究项目的结果	近期	NHTSA, SAE	进展中
4	延迟电池过热问题	延迟电池过热事件。延迟电池过热的问题有待解决	延迟电池过热的问题将会在依据 DOT/NHTSA 资助的 SAE 合作研究项目的结果而制定的 NHTSA 法规和/或修订的 SAE J2929 标准中被解决。 注：尽管 SAE J 2929 的第 2 版已经正式出版，但是延迟电池过热的问题在这次修订中还没有解决，正在等待 NHTSA 资助研究项目的结果，以便考虑再一次修订 SAE J 2929	近期	NHTSA, SAE	工作延迟
5	电池试验——性能和耐久性	电池的性能参数和耐久性试验。需要进一步研发电动汽车电池性能参数和环境耐久性试验的要求	完成 SAE J 1798 的修订工作，如果可能的话考虑与 ISO 12405-2 保持一致。 但目前，SAE J 1798 的修订工作尚无大的改进	中期	SAE, ISO	工作延迟

续表 1-8

序号	针对的问题	存在的缺失	建议开展工作	优先级	潜在研发机构	进展状态
6	电池存储	锂离子电池的安全存储。目前尚无标准出版物专门解决锂离子电池安全存储的问题,无论是在仓库、汽修厂、回收车辆停车场、汽车拯救场还是在电池交换场	必须制定电动汽车电池安全存储实践的标准来解决新旧电池以及可能存在的各种存储情况,包括电池与其配套车辆分时的问题。 目前尚没有关于电池安全存储的标准出版物。 注:IEC/TC 69 有一个新工作项目 IEC 62840"电动汽车电池交换设施安全要求";NFPA 的着火防护研究基金也启动了一个新研究项目,研究与电动汽车电池燃烧相关的抑制技术	近期	SAE, NFPA, ICC, IEC/TC 69	进展中
7	废电池的包装、运输和搬运	废电池的包装和运输。现行的标准和法规没有充分包含废电池(损坏、老化、返修、用尽)的运输、包装、装载限制以及其他一起运输的危险物等	在确定一个电池何时报废在通讯、标签、包装限制和准则方面需要有统一的方法	近期	UN SCOE"危险物质的运输",ISO/TC 22/SC 21, SAE 或 UL	进展中
8	电池的包装、运输和搬运	电池包装及把电池运到车间或电池交换站。在电池交换站里把电池卸载是一件非常困难的事情,因为原包装是用于危险物品运输的。因此需要中间包装的标准来规范运输到电池交换站的情况	在电池的进口地和电池交换站之间需要有中间(过渡)包装,并且中间包装在几何尺寸、安全方面必须是标准化的且与 UN 包装要求相匹配	中期	ISO/TC 22/SC 21, SAE 或 UL	尚未开始
9	电池回收	电池回收。需要有关于电动汽车锂离子电池回收的标准	完成 SAE J 2974 的制定工作。SAE J 2984—2013 已正式发布(电池系统回收运输识别的推荐指南)。电动汽车锂离子电池回收标准想要根据统一的计量单位(可能是重量)和/或生命周期评估工具,包括能量回收,解决回收效率的计算方法和回收率的问题	近期	SAE, IEC	进展中

续表 1-8

序号	针对的问题	存在的缺失	建议开展工作	优先级	潜在研发机构	进展状态
10	电池的二次使用	电池的二次使用。需要有标准来解决电池的二次使用问题,用作电网电能存储或其他用途	开展电池二次使用的标准研制工作,标准涉及预期应用的安全和性能测试问题,电网连接/通讯界面,对不毁坏即可从电池组拆除的部件/组件的标识问题等	中期	SAE, UL	进展中
11	碰撞测试/安全	无缺失标准	—	—	—	—
12	内置高压电缆、车载配线、组件额定值和充电附件	无缺失标准	—	—	—	—
13	车辆诊断-排放	无缺失标准	—	—	—	—
14	警报系统	警报系统。制定 NHTSA 安全标准并符合该标准,将有效填补美国市场上销售的电动汽车的警报系统的空缺。SAE 和 ISO 以及 WP29 目前正在开展的标准工作将为全球在这一问题上达成统一提供一个途径	继续进行 NHTSA 安全标准的研制工作,以解决电动汽车声音发射和测量的问题	近期	SAE, ISO, NHTSA, WP29	进展中
15	图形符号	电动汽车的图形符号。需要电动汽车的图形符号标准将重要信息以便于理解的方式传达给司机,比如充电状态、故障或系统正常操作等,而不论司机会哪种语言	制定电动汽车图形符号标准以将信息传达给司机。 注:NHTSA 已资助了一项关于功能安全和故障模式的研究项目	长期	SAE, NHTSA, ISO, IEC	尚未开始
16	远程处理-司机分心	无缺失标准	—	—	—	—
17	燃料效率、排放和标签	无缺失标准	—	—	—	—

续表 1-8

序号	针对的问题	存在的缺失	建议开展工作	优先级	潜在研发机构	进展状态
18	无线充电	无线充电。无线充电的标准和导则仍在制定中	完成 SAE J 2954"电动汽车和插拔式混合动力车的无线充电"的制定工作;完成 UL 2750 的制定工作并与 SAE J 2954 协调;完成 IEEE 关于无线充电指南方面的出版物;完成 IEC/TC 69 开展的 IEC 69180-1"电动。汽车无线电力传输系统　第一部分:通用要求"制定工作	近期	SAE, UL, IEEE, IEC/TC 69	进展中
19	电池交换	电池交换——安全。目前,尚需制定对电池交换站安全操作的最低要求,因为电池交换系统正在世界上多个国家中批量开发	IEC/TC 69 启动了一个新工作项目 IEC 62840"电动汽车电池交换设施安全要求"。为电池交换站的安全操作制定最低要求。预计 2015 年完成	近期	IEC/TC 69	进展中
20	电池交换	电池交换——互操作性。目前需要有标准来促进市场上电池交换的推广。需要解决的有关可拆卸电池的问题包括电器接口、冷却一体化、数据传输一体化和公共的机械和尺寸接口	制定关于电池交换互操作性标准。注:目前 ISO/TC 22/SC21 中有关于电池组标准化的工作正在进行中。在 IEC/TC 69 的 IEC 62840 工作组启动会议中,表达了对关于电池交换互操作性工作的兴趣	近期	IEC/TC 69	尚未开始
21	电能质量	电能质量	SAE J 2894"插拔式电动汽车充电器的电能质量要求,第 1 部分:要求;第 2 部分:试验方法。" 第 1 部分是在 2011 年 12 月出版的,而 2013 年已完成 SAE J 2894 第 2 部分的制定	近期	SAE	已结束
22	EVSE 充电等级/模式	电动汽车供电设备(EVSE)充电等级	SAE 已通过对 SAE J 772 标准进行修订来填补标准缺失。 2012 年 10 月新版 SAE J1772 已正式发布。 SAE J 1772:2012"电动汽车和插电式混合电动汽车传导充电耦合器的推荐实践"	近期	SAE	已结束

续表 1-8

序号	针对的问题	存在的缺失	建议开展工作	优先级	潜在研发机构	进展状态
23	电动汽车供电设备和充电系统	北美非车载充电站和可移动式电动汽车软线组件的安全	UL 2594"非车载充电站和可移动式 EV 软线组件"。在 UL 2594 标准的基础上，完成北美三国(美国、加拿大和墨西哥)的协调安全标准，解决非车载充电站和可移动式 EV 软线装置安全。2012 年 9 月已完成了三国协调标准如下：—NMX-J-668/1-ANCE/CSA C22.2 No. 281.1/UL 2231-1 电动汽车供电电路的人员保护系统的安全:通用要求。—NMX-J-668/2-ANCE/CSA C22.2 No. 281.2/UL 2231-2 电动汽车供电电路的人员保护系统的安全:充电系统中使用的防护装置的特殊要求。这为 2014 年版的 NEC 第 625 章提供技术支持	近期	UL,CSA,ANCE(墨西哥),NEMA	已结束
24	电动汽车供电设备和充电系统	北美非车载充电机的安全。目前尚需统一的北美设备安全标准	美国、加拿大和墨西哥似乎需要非车载充电机的统一安全要求	中期	UL,CSA,ANCE(墨西哥),NEMA	尚未开始
25	电动汽车供电设备和充电系统	非车载充电机、非车载充电站和可移动式 EV 软线组件的全球性安全标准。IEC 61851 系列标准和北美标准有些差异。尽管美国市场上这方面的标准并不缺失，但如果完成了全球统一，那么基础设施设备的使用和规避风险的方法将有利于生产商	协调 IEC 61851 系列标准和北美标准	中期	UL,IEC	尚未开始

续表1-8

序号	针对的问题	存在的缺失	建议开展工作	优先级	潜在研发机构	进展状态
26	电动汽车耦合器:安全和北美统一	北美的电动汽车耦合器的统一安全标准	在UL 2251标准的基础上,完成北美耦合器安全标准的统一。 UL 2251"电动汽车用插头、插孔和耦合器" 注:北美三国协调标准已于2013年2月正式发布: —NMX-J-678-ANCE/CSA C22.2 No. 282-13/UL 2251,电动汽车用插头、插孔和耦合器	近期	UL,CSA,ANCE(墨西哥),NEMA	已结束
27	电动汽车耦合器:安全和全球统一	电动汽车耦合器的全球性安全标准。IEC 62196系列标准和北美电动汽车耦合器安全标准有些差异。虽然美国市场本身没有缺失,但国际统一化将有助于减少车辆生产商的成本	统一IEC 62196系列标准和北美电动汽车耦合器安全标准。 注: —IEC 62196-1,2.0版,插头、插座、车辆插头和车辆插孔——电动汽车的传导充电——第1部分:通用要求。 —IEC 62196-2,1.0,版,插头、插座、车辆插头和车辆插孔——电动汽车的传导充电——第2部分:AC插销和接头——管状附件尺寸兼容和互换性要求。 随着电动汽车耦合器和充电站技术的发展,2012年开始修订IEC 62196系列标准,计划于2014年发布	中期	UL,IEC	尚未开始
28	电动汽车耦合器:与EVSE的互操作性和全球统一	电动汽车耦合器与EVSE在全球的互操作性。 世界的不同地方使用不同的耦合器配置。全球性统一将有助于降低生产商成本	建议将新版SAE J1772中的AC/DC组合耦合器增加到IEC 62196-3;建设充电基础设施以适应特殊市场的不同耦合器配置,尤其是直流耦合器。 注:CHADEMO"车辆和充电站生产商",已经与SAE和IEC一起工作,促进标准的统一	近期	SAE,IEC,CHAdeMO	进展中

续表 1-8

序号	针对的问题	存在的缺失	建议开展工作	优先级	潜在研发机构	进展状态
29	EV 耦合器：与 EVSE 的互操作性-符合性体系	EV 耦合器互操作性在美国市场的符合性体系。美国市场目前还没有符合性体系来验证 EV 耦合器、基础设施和车辆之间的兼容性	完成 SAE J 2953 的制定工作。建立符合性体系来验证基础设施、设备，包括车辆连接器以及所有符合 SAE J 1772 协议的车辆的互操作性。注：SAE J 2953"插电式电动汽车与电动汽车供电设备的互操作性"	近期	SAE,UL	进展中
30	电磁兼容性	电磁兼容性。关于电动汽车充电 EMC 问题的标准仍在制定中	完成 IEC 61851-21-1 和 IEC 61851-21-2（涉及传导充电）的制定工作，以及 SAE J 2954（涉及感应充电）的制定工作，以解决有关电动汽车充电的 EMC 问题。注：—IEC 61851-21-1，1.0 版，电动汽车传导充电系统——电动汽车与 AC 电源传导连接的 EMC 要求 —IEC 61851-21-2，1.0 版，电动汽车传导充电系统——非车载电动汽车充电系统的 EMC 要求	近期	IEC/TC 69,SAE	进展中
31	电动汽车作为供电源	电动汽车作为供电源/反向充电。SAE J 2836/3、IEC/TR 61850-90-7、IEC/TR 61850-90-8 和 SEP 2.0 所定义的分布式电源（DER）之间存在着差异	统一 SAE J 2836、IEC/TR 61850-90-8 和 SEP2.0 有关电动汽车作为分布式电源的信息模型	近期	SAE,IEC/TC 57,Zibgee 联盟	进展中
32	替代能源的使用	替代能源的使用。国家电气规范 NEC 并未有专门针对 EV 和 EVSE 与高压直流配电系统并网的内容,不论是给电动车充电还是电动汽车反向充电	制定 NEC 关于高压直流配电系统的要求和分布式能源和直流负载与系统并网的要求	近期	NFPA	进展中

续表 1-8

序号	针对的问题	存在的缺失	建议开展工作	优先级	潜在研发机构	进展状态
33	公共充电站的定位和使用	公共充电站的定位和使用。目前需要信息标准使得电动汽车司机能定位到公共充电点而且事先预定充电位	制定信息标准以使得 EV 司机普遍能定位到公共充电点并预定充电位。注：NEMA 的 EVSE 部门组织了一个工作组（NEMA SEVSE 网络漫游工作组），拟制定一个标准，使电动汽车司机普遍能定位到公共充电点。该工作组认为预定公共充电位的优先级较低，并将该工作推迟到工作的后一阶段	中期	SAE, ISO/IEC JWG, NEMA	进展中
34	漫游	在 EVSP（电动汽车服务供应商）之间的 EV 充电。目前需要能让电动汽车漫游在附属于不同 EVSP 的充电点充电	制定支持在 EVSP（电动汽车服务提供商）之间的漫游 EV 充电的后端要求和接口标准。注：NEMA SEVSE 网络漫游工作组，拟制定一个支持漫游并允许在除了家用 EVSP 之外的其他供应商的充电服务的标准。该标准将包括运营商间的界面以解决充电计费的不同等级问题（如验证/授权、充电数据记录、记录交换账单）。NEMA 工作组还将制定一个无线射频认证协议说明，将能够根据规范读取 RFID 卡。IEC 也启动了 IEC 62831"电动汽车服务设备中使用智能卡的用户识别"的制定工作	近期	NEMA, IEC	进展中
35	访问控制	充电站的访问控制。目前需要制定关于充电站通讯访问的数据定义和信息标准	制定关于充电站通讯访问控制的数据定义和信息标准。注：NEMA SEVSE 网络漫游工作组决定离线访问控制列表为低优先级，并推迟离线访问控制的工作至下一阶段	近期	NEMA	延迟进展

续表1-8

序号	针对的问题	存在的缺失	建议开展工作	优先级	潜在研发机构	进展状态
36	标准化EV分电表数据的通讯	标准化EV分计量表数据的通讯。需要有第三方和服务提供商之间EV分电表数据通讯的标准	完成(例如)在第三方和账单收缴部门之(电力局)间标准化EV分电表数据通讯的ESPI(电能服务提供商界面)的绿色按钮分电表曲线图	近期	OpenADE/NAESB	进展中
37	EV分电表的标准化	EV分电表的标准化。EV分电表的标准,包括嵌入式分电表,需要进一步完善以解决性能、安全/隐私、访问和数据方面的问题	制定与即将推出的新型EV分电表(包括EVSE或EV嵌入式分电表)的功能和测量特性有关的标准或导则。这些标准应涉及不同形式因数、容量、装备和认证	近期	NEMA,USNWG EVF&S	进展中
38	EV分电表活动的协调	EV分电表活动的协调。需要尽可能协调现有的各种活动	对于制定与电动汽车分电表相关的标准、导则或使用案例的组织,应协调他们的活动,以避免做重复功,确保一致性和效率最大化	近期	NEMA,USNWG EVF&S,SGIP V2G DEWG	进展中
39	网络安全和数据保密	网络安全和数据保密。目前需要有关纯电动汽车和智能电网通信的网络安全和数据保密的导则和标准	完成制定SAE J 2931/7的工作,并修订ISO/IEC 15118-1和NIST/IR 7628,第2卷。注:SAE J 2931/7,插电式电动汽车通讯安全	近期	SAE,ISO/IEC JWG,NIST	进展中
40	远程信息处理智能电网通信	远程信息处理智能电网通信。目前需要开发与独立能量提供商集成控制和汽车信息相关的使用案例,以访问现有功能、确定在现行标准、能源服务提供商业务要求和远程信息处理网络的内容中缺少哪些要求,从而支持智能电网负荷管理	完成制定SAE J 2836/5的工作	近期	SAE	进展中
41	充电场地评估/电力容量评估	无标准缺失	—	—	—	—

续表 1-8

序号	针对的问题	存在的缺失	建议开展工作	优先级	潜在研发机构	进展状态
42	EV 充电-标牌和停车	无标准缺失	—	—	—	—
43	充电站许可	无标准缺失	—	—	—	—
44	环境和使用条件	无标准缺失	—	—	—	—
45	通风——给多个车充电	无标准缺失	—	—	—	—
46	电动汽车供电设备（EVSE）的防护	EVSE 的防护。目前缺少针对充电站设计中设备的物理和安全保护方面的标准	应制定关于 EVSE 防护方面的导则或标准。 注：NFPA 正在开展财产安全方面的工作。NHSTA 在该领域似乎没有司法权，它或美国州公路与运输官员协会（AASHTO）都没有制定 EVSE 防护相关的导则或标准。目前还没有发现其他机构或组织在做这个方面的工作	中期	NFPA	未知
47	残疾人士接近 EVSE（电动汽车供电设备）的无障碍性	残疾人士接近 EVSE（电动汽车供电设备）的无障碍性。目前缺少关于充电站设计中残疾人士接近 EVSE 的无障碍性的标准	应制定与残疾人士接近 EVSE 的无障碍性相关的导则或标准。 更新：在相关标准和法规（包括 ICC A117.1，IBC，IgCC 和 IZC）中有两步程序来涉及 EV 停车和充电的可接近性	中期	ICC（A117.1 和 IBC®，IgCC™ 或 IZC®）	延迟进展
48	电缆管理	电缆管理。目前缺少有关公共停车场中 EV 电缆的功能管理方面的标准或规范	应制定关于公共停车场中 EVSE 电缆管理方面的标准或导则	中期	UL，NFPA	进展中
49	EVSE 的维护	无标准缺失	—	—	—	—
50	工作场所的安全	无标准缺失	—	—	—	—

续表1-8

序号	针对的问题	存在的缺失	建议开展工作	优先级	潜在研发机构	进展状态
51	电动汽车紧急停止-高压电池、电力电缆、断开装置、着火抑制、灭火策略和人员保护设备	电动汽车紧急停止-高压电池、电力电缆、断开装置、着火抑制、灭火策略和人员保护设备。需要有标准/导则,使得应急响应人员能安全处理电动汽车的紧急事件	制定相关标准/导则,使应急响应人员能在事故发生后容易快速地发现高压电池和电力电缆,操作断开装置,避免电击危险,并给电动汽车安全断电。应在NFPA消防研究基金与其他组织共同发起的研究结果的基础上,考虑在着火抑制、灭火策略和人员保护设备方面进一步的标准化工作需要	近期	NFPA,SAE,ISO,IEC	进展中
52	EVSE和负载管理紧急断开的标签	EVSE和负载管理紧急切断的标签。目前需要制定关于EVSE和负载管理紧急切断的标签方面的标准	制定与EVSE的图形符号和警示标签以及紧急断开说明相关的标准。修订NEC第625章,以便包含负载管理设备和紧急切断的图形符号和颜色编码的要求	近期	UL,NEMA,NFPA,SAE,ISO,IEC	未知
53	OEM应急响应指南	无标准缺失	—	—	—	—
54	滞留在无法使用的可再补充式能量存储系统(RESS)中的电能	滞留在无法使用的RESS中的电能。目前需要能评估RESS状态和稳定性以及滞留在无法使用的RESS中的电能的去除的标准,以增加接触到在RESS的生命周期中由于各种原因和状况而处于无法使用状态中的装置的人员的安全裕度	开展研究,以便独立识别滞留于已损坏或无法使用的RESS中的电能的解决方案。完成SAE J 3009的制定工作,涉及相似的范围	近期	SAE,NHTSA/Argonne NL	进展中
55	紧急事故后的电池评估和安全放电	紧急事故后的电池评估和安全放电。目前没有关于电池稳定性评估和紧急事故后EV电池安全放电的标准	需要有紧急事故后评估电池稳定性和安全放电的标准和/或导则,以确定执行此类评估和放电的安全做法,以及可能需要一些培训、设备和人身安全保护设备。NHTSA/Argonne NL正在开展的关于滞留电能研究是制定此类导则的第一步	近期	SAE,NHTSA/Argonne NL,NFPA	尚未开始

续表 1-8

序号	针对的问题	存在的缺失	建议开展工作	优先级	潜在研发机构	进展状态
56	电动汽车的防灾计划/紧急疏散	无标准缺失	—	—	—	—
57	劳动力培训-充电站许可	劳动力培训-充电站许可。从培训的角度看,可能需要收集和推广与 EVSE 许可相关的"官方的法规工具包"	开发一个与 EVSE 许可相关的供主管官员使用的"官方的法规工具包",包含 DOE 许可模板、EVSE 101 视频和常见问题文件,用于解释(例如)安全的重要性和符合法规的 EV 充电站安装要求和相关安全培训计划。考虑撰写一篇强调这个问题和工具包的文章,作为资源在恰当和关联简讯中推广,增加安装者、观察员和其他有司法权的管理人员增加对该资源的意识	近期	DOE,ICC, NECA,IAEI, NFPA	进展中
58	劳动力培训＝学院和大学项目	劳动力培训＝学院和大学项目。目前认可的有关电动汽车的高等教育项目似乎未涵盖关于充电基础设施的开发的一些问题,比如土地利用、社区规划和建筑	从土地利用、社区规划和建筑方面出发,开发重点在电动汽车充电基础设施建设的高等教育项目	中期	学院和大学	进展中

注:优先级:近期(0 年～2 年);中期(2 年～5 年);长期(5 年以上)。

2.2.6.3　适合电动汽车的零部件标准——涉及内部高压电缆、车载布线、零部件额定值和充电附件等

美国已制定或采用了专门的电动汽车零部件标准,同时经过研究分析也识别出可以适用于电动汽车零部件环境的通用零部件标准。

(1) 专用的电动汽车零部件标准

——IEC/TR 60783,电动汽车用电缆布线和连接器。适用于电动汽车中使用的电缆布线和连接器。这些要求不适用于辅助和信号附件的低张力布线(如 12V),如喇叭、照明、信号灯等,也不适用于牵引电池之间的连接。该文件为能与牵引部件和分系统的互连用的所有外部布线和连接器提供了通用规则。目前,该文件还只是一份技术报告。

——SAE J2894/1,电动汽车充电机的插头电能质量要求。该标准的目的是编制一个插电式电动汽车充电机的建议实践,不论是车载的还是非车载的,使设备制造商、车辆制造商、电力部门及其他相关方能够在电能质量方面做出合理的设计决定。有三个主要目的：① 识别插电式电动汽车电池充电机的必须被控制的那些参数，以保护交流服务的质量；② 识别交流服务的可能影响充电机性能的那些特征；③ 识别基于现行美国及国际标准而得到的电能质量的数值和电能控制参数，这些数值应是合理的、成本有效的。

——SAE J2894/2，电动汽车充电机的插头电能质量要求——试验方法（计划于 2013 年 6 月发布，但已拖期，本书出版时仍未正式发布），该标准给出了用于测量 SAE J2894/1 中的参数/要求的方法。

——UL 62，软线和电缆，包括 NEC 列名要求的电动汽车的电缆，电缆用于在充电过程中向电动汽车提供电源、信号和控制。电动汽车电缆由两条或多条绝缘导线组成，有接地或无接地导线均可，有一个总外部护套。

——UL 458A，电动汽车用电力转换器/逆变器，适用于电动汽车中所用的电力转换器和电力逆变器，包括固定式和驻立式电力转换器和附件，其公称值为 600 V 或以下、直流或交流。还包括固定式、驻立式和便携式的电力逆变器，直流输入、120 V 或 240 V 交流输出。这些转换器/逆变器预期用在不直接暴露于户外环境的电动汽车中。

——UL 2202，电动汽车充电系统设备，包括传导式或感应式的预期与电动汽车一起使用的充电系统设备。

——UL 2733，电动汽车车载电缆，包括单导线或单、同轴电缆，预期用于电动汽车内部件的连接。电缆分等为 60 ℃、75 ℃、90 ℃ 或 105 ℃，300 V 或 600 V 交流或直流，−30 ℃，耐油、耐水，适合暴露于电池的酸。

——UL 2734，电动汽车车载充电系统用的连接器，包括预期用于将通讯和电力电路导线互连的部件连接器，额定值为 30 A 以下和 600 V 以下，交流或直流。

（2）适用于电动汽车零部件环境的通用标准：

——IEC 61316，工业电缆卷盘；

——SAE J1654，高压一次电缆；

——SAE J1673，高压汽车布线装配设计；

——SAE J1742，高压车载道路车辆电气线束的连接——试验方法和通用性能；

——UL 1004-1，牵引电机；

——USCAR-37，高压连接器性能。

2.3 日本

日本在汽车市场准入方面有一套成熟的管理体系，包括汽车技术法规、型式批准制度、型式认证制度和召回制度。目前，对于新兴的电动汽车产品，仍沿用了传统机动车准入法规管理体系，但通过识别电动汽车可能带来的安全及环境风险，日本逐渐增加针对电动汽车的特殊要求。

为此，下面简述日本汽车技术法规、型式批准制度、认证制度及召回制度，并介绍针对电动汽车新增的特殊要求。

2.3.1 日本汽车准入制度

2.3.1.1 日本汽车技术法规

为确保机动车交通安全、防止环境污染、合理有效地利用能源，日本制定了《道路车辆法》、《大气污染防治法》、《噪声控制法》及《能源合理消耗法》等法律要求，以这些法律为依据，日本政府有关部门制定、颁布了一系列的政令、省令、公告、通知，这其中就包括道路车辆安全、环保、节能方面的法规及相应的汽车产品试验和认证规程、汽车技术标准和结构标准。

日本的汽车技术法规体系与欧洲联盟和美国的汽车技术法规体系不同，其体系构成比较复杂。日本国土交通省（其全称英文名为：Ministry of Land，Infrastructure，Transport and Tourism）根据《道路车辆法》的授权，以省令形式发布日本汽车安全和环保方面的基本技术法规，内容涉及对机动车辆、摩托车、轻型车辆的安全、排放法规要求。但日本的汽车技术法规，即汽车安全基准（或称之为日本汽车保安基准）中只有基本的法规要求，而技术法规进一步细化的内容，以及如何判定汽车产品是否符合法规要求的技术标准和型式认证试验规程（即：TRIAS），以及与技术法规的实施相配套的管理性规定等则是由主管部门中的有关机构以公告的形式发布，或以各种通知的形式下达全国各地方的下属机构，如各地方运输局、日本自动车工业协会、日本自动车进口协会等，如以"交审"编号的文件表示日本国土交通省自动车交通局审查课发布的文件；以"技企"编号的文件表示日本国土交通省自动车交通局技术企划课发布的文件；以"自环"编号的文件表示日本环境省自动车环境对策课发布的文件。

具体而言，日本汽车法规体系中的技术标准的内容是为恰当而有效地判断汽车是否符合汽车安全基准而制定的详细的条款内容；型式认证试验规程（含补充的试验规程）为进行型式认证审查时所用的试验方法；型式认证审查法规（即：型式认证试验信息）是为了适当而有效地审查汽车产品新型式是否符合汽车安全法规要求而定的详细法规要求。此外日本汽车技术法规体系中还包括对装置和零部件的型式指定（type designation）技术法规，日本国产车及进口车申请和获取日本汽车型式认证批准的运作程序，以及车辆产品获得型式认证批准后的管理（包括对缺陷与不符的车辆产品的召回）等方面的规定。

日本汽车技术法规独特的体系构成和编排模式，使其很长一段时期内与欧洲联盟和美国共同构成国际典型的汽车技术法规体系，并为少数其他国家在建设其汽车技术法规体系时所借鉴，如韩国在其汽车技术法规体系的编排上更多地借鉴了日本汽车技术法规的编排式样，以政府部门法规的形式发布汽车技术法规，但将基本的法规要求和试验规程、试验方法分开进行编排。

日本汽车技术法规今后的发展总体上将继续其国际协调和统一的既定方针和政策，在WP29《1958 年协定书》的框架下采用 UNECE 汽车技术规范，使更多的汽车部件和系统既可以按照日本自身的汽车技术法规进行认证批准，也可以按照 UN ECE 汽车技术规范进行认证批准，两者实现互认。同时也应看到日本汽车技术法规体系中仍有许多自身非常独特的特点和内容，如独特的法规体系结构和编排；日本的汽车排放和燃料经济性的试验工况，以及与之相配套的限制要求，它们都有着自身的发展趋势，尽管日本积极在 WP29《1998 年协定书》的框架下开展全球范围内汽车技术法规的协调和统一，并已在各国差异相对比较小的重型车辆排放试验规程上取得较大的进展，制定出台了统一的法规：GTR 4，目前日本又积极推动各国差异较大的轿车和轻型车辆排放试验规程的协调和统一，但最终完成这些工作，并将这些全球技术规范协调的成果最终被日本采用到自身的技术法规体系中还需要一个过程。

2.3.1.2 日本汽车产品市场准入管理制度

（1）日本对汽车产品采取型式批准制度

日本在汽车产品市场准入管理上，即对汽车技术法规的实施上采取与欧洲相同的汽车产品型式批准制度，但它与欧洲的型式批准制度又有所不同，具有自己的许多特点。日本机动车型式认证制度包括型式指定制度（Type Designation）和型式通告制度（Type Notification），此外对有关排放、噪声、安全等控制装置和零部件还设立了单独的装置型式指定制度（Device Type Designation）。型式指定适用于批量生产，且质量均一的机动车辆，而对于生产批量较小，且要求多变的大型货车和客车（即以在现成底盘上进行改装为主要方式生产的车辆）则实施型式通告制度。对于符合优惠管理条件的进口机动车也实施型式通告制度。

型式指定的基本程序是由企业向国土交通省提出某一车型指定的申请，国土交通省接到申请后，对有关文件和车辆进行审查和试验，内容包括：车辆是否符合机动车辆安全基准（机动车参数、每种结构和装置的功能、排放物总量、噪声等）；机动车生产一致性控制；完成机动车辆检验的体系。如该车型通过审查和试验，即被指定，该车型的每一辆车在出厂时，厂家要对其进行出厂检验（或称完成检验），以确定其符合安全基准的要求，如通过检验即对每一辆车发放出厂检验证书（完成检验证书）。汽车用户在购买车辆后，只要向地方陆运署出具出厂检验证书，而不必再对车辆进行检验，即可获得注册。

型式通告制度的程序是国土交通省在接受厂家某一型式通告的申请后，对申请者提供的文件和该车型基本型样车进行审查，以确定该车型共有的结构和部件（如底盘）是否已经通过型式指定，即已符合日本汽车安全基准的要求，对于已通过型式指定的车辆结构和部件就无需再进行试验，而只对新增加的部分或改装的部分进行检查和试验，以确定其满足日本汽车安全基准的要求。

在日本的汽车产品型式指定和型式通告制度的具体运作中，日本政府的国土交通省作为主管机关负责相关的申请和批准，具体的技术审查和试验工作由国土交通省下属的日本交通安全和环境研究所进行。

（2）日本对汽车产品同时引入召回制度

日本对汽车产品的市场准入管理采取欧盟的型式批准制度，但同时在该制度中引入了美国的机动车辆召回制度，这也是日本汽车产品管理制度中的又一特点。日本的机动车辆召回制度于1969年通过修改部分省令建立，当时建立这一制度的背景是带有缺陷的机动车辆成为严重的社会问题并引起很大的关注。到1994年，车辆召回制度的有关条款被写入日本道路车辆法，这样就进一步明确了车辆制造厂商的责任。

当机动车辆制造厂商对某类型的机动车辆结构、装置或性能由于设计或生产造成的与安全基准不相符合或潜在的不相符合采取必要的纠正措施时，应事先将如下情况通知日本国土交通省省长：

——被确定与安全基准不相符合或潜在的不相符合的机动车辆结构、装置或性能的基本情况，以及造成不相符合的原因；

——纠正措施的内容；

——将上面第一项内容通知机动车辆使用者的措施，以及将上面两项内容通知机动车辆维修再组装行业经营人员的措施；

——作出以上通知的机动车辆制造厂商还要定期报告有关的纠正措施进展情况。

日本国土交通省对机动车辆制造厂商进行监督,以检查其召回工作是否正常进行。

任何人员如果在日本国土交通省省长要求时,不作报告,或作出虚假报告,或拒绝、阻止、逃避国土交通省省长的检查,或对国土交通省省长的询问不予回复或作出虚假回复,都应被处以 20 万日元以下的罚款。

任何人员未能履行召回通知义务,或作出虚假的通知,应处以 100 万日元以下的罚款。

如果车辆制造厂商不采取纠正措施,国土交通省省长可以建议制造厂商采取措施,如果车辆制造厂商不履行该建议,国土交通省省长可以发布公开通告,使制造厂商履行其建议。

（3）日本机动车辆召回制度的进一步发展

近年来日本政府对其机动车辆召回制度进行了复审,并修改道路车辆法的相关条款,进一步加大对车辆召回制度的实施力度,主要内容如下:

——在道路车辆法中新增加一条款:如果机动车辆制造厂商在国土交通省省长提出采取纠正措施的建议及发布公开通告后,仍然不采取纠正措施,国土交通省省长可以命令车辆制造厂商按照其建议采取纠正措施;

——加大处罚力度,原有的处罚标准都统一改为处以一年以下的有期徒刑,或处以 300 万日元的罚款,或者同时处以一年以下的有期徒刑及 300 万日元的罚款。而且,如果是公司的法人代表作出上述违法行为,该公司将被处以 2 亿日元以下的罚款。

对市场零配件引入召回制度,市场零配件限制在轮胎和儿童约束系统,上述对机动车辆召回制度的修改内容同样适用于市场零配件。

2.3.1.3　日本汽车型式认证制度

日本的汽车认证制度总体上来讲与欧洲一样,是型式认证制度,但也很有特色。之所以有特色,是因为它的认证体系由《汽车型式指定制度》、《新型汽车申报制度》、《进口汽车特别管理制度》三个认证制度组成。根据这些制度,汽车制造商在新型车的生产和销售之前要预先向运输省提出申请以接受检查。

其中,《汽车型式指定制度》对具有同一构造装置、性能,并且大量生产的汽车进行检查。《新型汽车申报制度》针对的是型式多样而生产数量不是特别多的车型,如大型卡车、公共汽车等。《进口汽车特别管理制度》针对的则是数量较少的进口车。

代表日本型式认证制度特点的应该是《汽车型式指定制度》,该制度审查的项目主要有:

——汽车是否符合安全基准(车辆的尺寸、重量、车体的强度、各装置的机能、排气量、噪声大小等);

——汽车的生产一致性(生产阶段的质量管理体制);

——汽车形成整车后的检查体制等。

以上的检验合格后,制造商才能拿到该车型的出厂检验合格证。但获得型式认证后,还要由运输省进行"初始检查",目的是保证每一辆在道路上行驶的车都要达标。达标后的车辆依法注册后就可以投入使用了。但如果投放市场的车辆与检验时的配备不同,顾客可以投诉。

日本实行的召回制度是由厂家将顾客投诉上报运输省,如果厂家隐瞒真相,将顾客的投诉束之高阁,造成安全问题后,政府主管部门会实行高额惩罚。

2.3.2　日本电动汽车技术法规发展动态

日本电动汽车准入法规,沿用了现行的机动车准入法规,并逐步增加针对电动汽车的特殊要求。

2.3.2.1 电动汽车安全相关的技术法规

2007 年日本发布了保护乘员在电动汽车正常使用中及碰撞发生后防止高压危险的技术法规：MLIT Attachment 110 和 MLIT Attachment 111。

（1）MLIT Attachment 110《保护乘员防止电动汽车和混合电动汽车正常使用过程中的高压危险》，该法规对以下几个方面提出要求：

——保护乘员防止电动力总成的高压产生触电危险；

——保护乘员免受与外部电源连接的装置产生的危险；

——在装有可能产生氢气的动力电池的情况下，要提供通风；

——要指示电动汽车运行就绪的状态。

（2）MLIT Attachment 111《保护乘员防止电动汽车和混合电动汽车碰撞发生后的高压危险》，对以下几个方面提出要求：

——保护乘员防止电动力总成的高压产生触电危险；

——动力电池产生电解质泄漏；

——动力电池的固定。

（3）随着联合国欧洲经济委员会 UNECE 在电动汽车的安全方面增加具体的要求并先后修订了 UNECE R100、R12、R94 和 R95，2011 年 6 月，日本电动汽车法规与 UN ECE 协调，引用了这 4 个 UNCEC 技术规范。因此，在电动汽车安全技术法规方面日本与 UNECE 技术规范是一致的。

2.3.2.2 电动汽车噪声相关的技术指南

日本陆地、基础设施和旅游部（MLIT）于 2010 年发布了电动汽车接近行人的声音系统的技术指南，这是一个自愿性的指南，MLIT 希望通过进一步的评估，将来可以形成一项强制性的技术法规。

适用范围：混合电动汽车和纯电动汽车。

主要要求：

——在电动汽车和燃料电池汽车上应安装符合要求的声音系统；

——声音激发条件：每当汽车以低于 20 km/h 速度向前行驶时以及汽车向后倒车时，系统应自动地发出声音，警示行人。当汽车发动机在工作但已停止行驶时（如在遇到交通灯时），MLIT 并不要求汽车发出警示声。允许制造商给汽车配置一个开关可暂时地取消警示声；

——声音的类型和强度：声音应是持续的与机动车相关联的声音，不允许采用警笛声、蜂鸣声、钟声、旋律、喇叭声等；发出的声音应自动根据汽车速度改变强度或音调；声音强度不应超过汽车由内燃机驱动并在 20 km/h 速度行驶时产生的声音。

2.3.2.3 电动汽车能效和排放相关的技术法规

混合电动重型车辆中测量燃料效率和排放的试验规程的通告（H19.3.16，KOKU-JI-KAN No.281）。

2.3.2.4 日本电动汽车技术法规的发展动态

日本在电动汽车技术法规方面与在联合国欧洲经济委员会《1958 年协定书》和《1998 年协定书》下制定的 UNECE 技术规范保持一致，并积极参与及主导制定相关的技术法规，并计划直接采用 UNECE 技术规范，如 UNECE R100、R12、R94 和 R95。

为加快电动汽车在全球的发展,2011 年 11 月日本与美国和欧盟在《1998 年协定书》下签署了一项新的非正式协议,协议主要内容是成立两个非正式的电动汽车工作组,一个工作组是针对电动汽车及其零部件(包括电池)的安全,包括电动汽车使用和充电过程中以及事故发生后乘员的防触电安全;另一个工作组是针对电动汽车的环境方面。这两个工作组的目的是交流电动汽车安全和环境方面的立法信息,避免各国立法存在的不必要的差异,并以国际技术法规(GTR)的形式起草通用要求。

2.3.3　日本技术法规涉及的电动汽车标准

1971 年～1976 年间,日本通产省向政府提出发展新能源汽车的建议,因此创建了日本电动汽车协会(JEVA),专门负责电动汽车标准化的研究与标准的制定。该协会是由汽车、蓄电池、充电器、电机及控制器的制造厂商和其他相关组织组成。协会下设 3 个分委会:整车分委会、基础设施分委会、蓄电池分委会。在标准制定过程中,对因缺少必要的技术信息而暂不适宜作为标准的项目则先将其确定为指导性技术文件——技术导则(加 TG 来表示)。这些指导性技术文件待以后条件成熟时再修订为标准。

从 20 世纪 80 年代至今,日本电动车辆协会先后发布了有关新能源汽车的五十多项标准,从电动车辆术语、整车的各类试验方法与要求,到各种蓄电池、电机等关键零部件和充电系统的技术要求与试验方法,分门别类制定了标准或技术导则达 51 项(见表 1-9),形成了比较完整的纯电动汽车与混合动力汽车标准法规体系。JEVA 也在不断完善其标准体系,特别是电动汽车用锂离子蓄电池性能试验方法的制定。

在日本,日本电动汽车协会(JEVA)负责电动汽车标准的制定,制定的标准包括 JEVS 标准和 TG 技术导则。日本电动汽车协会制定的标准一览表见表 1-9。

表 1-9　现行的日本电动汽车协会标准一览表

标准号	标准名称
JEVS C601—2001	电动车辆充电用插头插座
JEVS Z101—1987	电动车辆试验方法通则
JEVS Z102—1987	电动汽车最高速度试验方法
JEVS Z103—1987	电动汽车续驶里程试验方法
JEVS Z104—1987	电动汽车爬坡能力试验方法
JEVS Z105—1988	电动汽车能量消耗量工况试验方法
JEVS Z106—1988	电动汽车能量消耗量等速试验方法
JEVS Z107—1988	电动汽车电机及控制器联合试验方法
JEVS Z108—1994	电动汽车　续驶里程及能量消耗的测量(充电器充电)
JEVS Z109—1995	电动汽车　加速性能的测试
JEVS Z110—1995	电动汽车　最大巡航速度的测量
JEVS Z111—1995	电动汽车　参考能量消耗的测量(电池输出)
JEVS Z112—1996	电动汽车　爬坡试验方法
JEVS Z901—1984	电动汽车　技术参数标准格式

续表 1-9

标准号	标准名称
JEVS Z804—1993	电动汽车 控制器、指示器和信号装置标志
JEVS Z805—1998	电动汽车 车辆
JEVS Z806—1998	电动汽车术语 电机和控制装置
JEVS Z802—1988	电动汽车术语 电池和充电器
JEVS Z807—1988	电动汽车术语 电池
JEVS Z808—1988	电动汽车术语 充电器
JEVS Z901—1995	电动汽车 技术参数标准格式(主要技术参数表)
JEVS Z701—1994	电动汽车 电动机及控制器联合驱动测量
JEVS E702—1994	电动汽车 车上使用的等效电机的动力测量(扭矩和速度测量)
JEVS D001—1995	电动汽车铅酸蓄电池尺寸和构造要求
JEVS D002—1999	电动汽车用镍金属混合密封蓄电池尺寸和构造
JEVS D701—1994	电动汽车铅酸蓄电池的容量试验方法
JEVS D702—1994	电动汽车铅酸蓄电池的能量密度试验方法
JEVS D703—1994	电动汽车铅酸蓄电池的功率密度试验方法
JEVS D704—1994	电动汽车铅酸蓄电池的工况寿命试验方法
JEVS D705—1999	电动汽车用镍金属混合密封蓄电池容量试验方法
JEVS D706—1999	电动汽车用镍金属混合密封蓄电池能量密度试验方法
JEVS D707—1999	电动汽车用镍金属混合密封蓄电池特殊功率和峰值功率密度试验方法
JEVS D708—1999	电动汽车用镍金属混合密封蓄电池特殊功率寿命试验方法
JEVS D709—1999	电动汽车用镍金属混合密封蓄电池放电容量试验方法
JEVS D710—2002	电动汽车电池充电效率试验方法
JEVS D711—2003	混合动力汽车用密封型 Ni—MH 电池容量试验方法
JEVS D712—2003	混合动力汽车用密封型 Ni—MH 电池能量密度试验方法
JEVS D713—2002	混合动力汽车用密封型 Ni—MH 电池输出及输入密度试验方法
JEVS G101—1993	电动汽车 在经济充电站快速充电系统的充电能力
JEVS G102—1993	电动汽车 在经济充电站快速充电系统使用的铅酸蓄电池
JEVS G103—1993	电动汽车 在经济充电站快速充电系统使用的充电接头
JEVS G104—1993	电动汽车 在经济充电站快速充电系统使用的通讯协议
JEVS G105—1993	电动汽车 在经济充电站快速充电系统使用的连接器
JEVS G106—2000	电动车辆感应充电系统一般要求
JEVS G107—2000	电动车辆感应充电系统人工连接器
TG G101—1997	电动汽车用 AC220V 充电系统

续表1-9

标准号	标准名称
TG G102—2001	电动汽车充电设备安装要求
TG D001—1999	电动汽车用VRL蓄电池安全导则
TG Z001—1999	电动汽车充电信息安全显示导则
TG Z002—1999	电动汽车高电压部件安全显示导则
TG Z101—1999	电动汽车电能量测量方法

日本汽车研究所(JARI)与国际标准化组织(ISO)和国际电工委员会标准(IEC)合作组建工作组,进行混合动力车和纯电动车电池性能标准IEC 62660-1以及电池安全方面的测试标准IEC 62660-2的制定工作,包括容量、功率、功效、存储、周期、冲击测试、高温性能、外部短路和过充电等。日本METI负责制定充电电池的标准。

2.4　中国新能源汽车市场准入法规及认证

2.4.1　中国新能源汽车市场准入法规

我国汽车产品的市场准入大致包括三部分内容:公告、CCC、环保(国家环保和地方环保)。不过随着中国汽车准入制度的发展和不断完善,准入流程也发生了一些变化,例如新增了生产一致性证书、轻型汽车燃油消耗量标识、道路运输车辆燃料消耗量达标车型车。

在新能源汽车方面,我国对汽车企业准入和汽车产品准入都提出了新的要求。我国工业和信息化部于2009年6月17日发布了关于《新能源汽车生产企业及产品准入管理规则》的公告(工产业[2009]第44号),2009年7月1日实施。该管理规则对拟进入新能源汽车市场的企业提出了具体要求,同时,也对新能源汽车产品的市场准入提出了要求,如在《规则》第三章第十条中提出新能源汽车产品的基本准入条件:

(一)产品符合安全、环保、节能、防盗等有关标准、规定。

(二)产品经工业和信息化部指定的检测机构(以下简称检测机构)检测合格。

(三)产品未侵犯他人知识产权。

《规则》第三章第十二条要求,申请新能源汽车产品市场准入的,应当提交以下材料:

(一)生产企业基本情况的说明,包括企业名称、股东、法定代表人、注册商标、注册地址和生产地址等。

(二)新能源汽车产品情况简介,包括对采用的新技术、新结构的原理的说明并附有关佐证材料。

(三)《车辆生产企业及产品公告》参数。

(四)《车辆主要技术参数及主要配置备案表》。

(五)《车辆产品强制性检测项目方案表》。

(六)检测机构出具的新能源汽车产品检测报告。

(七)新能源汽车产品(包括整车及动力、驱动、控制系统)的企业标准或技术规范,以及检验规范(至少包括试验方法、判定准则、检验项目与样车对应表、路况及里程分配等)。

(八)其他需要说明的情况。

2.4.2 中国新能源汽车符合性认证

现阶段,我国新能源汽车产品符合性认证管理依然沿用传统汽车的认证管理模式。

当前汽车产品认证管理分强制性认证和自愿性认证两种方式。强制性认证有 4 种:国家公告、环保目录、3C 认证、地方环保目录,分别属于国家发展和改革委员会、国家环境保护部、国家认证认可监督管理委员会和地方环保总局管理。自愿性认证有两种:节能环保认证和中国环境标志认证,分别属于国家认证认可监督管理委员会和国家环境保护部,从理论上来说,企业可自主选择这两种认证,但事实并非如此,因为这两种认证是国家认证认可监督管理委员会和国家环境保护部与财政部联合下发的,是政府采购和政府工程推荐产品的技术指导,企业不进行这样的认证就不能上政府的采购清单,所以企业不得不进行认证。

尽管目前新能源汽车产品暂时采用传统汽车的认证管理模式,但有关部门正积极研究针对新能源汽车的认证管理模式。

2.4.3 中国新能源汽车相关技术标准

近年来,我国已制修订了大量的新能源汽车国家标准和行业标准,用于保证新能源汽车的安全性能和使用性能,也用于实施新能源汽车产品的检验和认证。已发布的电动汽车标准见表 1-10。

表 1-10　已发布的电动汽车标准

序号	类别	标准编号	标准名称	状态
1	纯电动	GB/T 28382—2012	纯电动乘用车　技术条件	现行有效
2		GB/T 18384.1—2001	电动汽车　安全要求　第 1 部分:车载储能装置	现行有效(正在修订中)
3		GB/T 18384.2—2001	电动汽车　安全要求　第 2 部分:功能安全和故障防护	现行有效(正在修订中)
4		GB/T 18384.3—2001	电动汽车　安全要求　第 3 部分:人员触电防护	现行有效(正在修订中)
5		GB/T 4094.2—2005	电动汽车操纵件、指示器及信号装置的标志	现行有效
6		GB/T 19596—2004	电动汽车术语	现行有效
7		GB/T 18385—2005	电动汽车　动力性能　试验方法	现行有效
8		GB/T 18386—2005	电动汽车　能量消耗率和续驶里程试验方法	现行有效
9		GB/T 18387—2008	电动车辆的电磁场发射强度的限值和测量方法,宽带,9 kHz~30 MHz	现行有效
10		GB 14023—2011	车辆、船和内燃机　无线电骚扰特性用于保护车外接收机的限值和测量方法	现行有效
11		GB/T 18388—2005	电动汽车　定型试验规程	现行有效
12		GB/T 24552—2009	电动汽车风窗玻璃除霜除雾系统的性能要求及试验方法	现行有效

续表 1-10

序号	类别	标准编号	标准名称	状态
13	纯电动	GB/T 19836—2005	电动汽车用仪表	现行有效
14		QC/T 838—2010	超级电容电动城市客车	现行有效
15	混合动力	GB/T 19750—2005	混合动力电动汽车　定型试验规程	现行有效
16		GB/T 19751—2005	混合动力电动汽车　安全要求	现行有效
17		GB/T 19752—2005	混合动力电动汽车　动力性能　试验方法	现行有效
18		GB/T 19753—2013	轻型混合动力电动汽车能量消耗量试验方法	现行有效（修订,已通过审查）
19		GB/T 19754—2005	重型混合动力电动汽车　能量消耗量试验方法	现行有效（正在修订中）
20		GB/T 19755—2005	轻型混合动力电动汽车　污染物排放测量方法	现行有效（正在修订中）
21		QC/T 837—2010	混合动力电动汽车类型	现行有效
22	燃料电池汽车	GB/T 24554—2009	燃料电池发动机性能试验方法	现行有效
23		GB/T 24549—2009	燃料电池电动汽车　安全要求	现行有效
24		GB/T 24548—2009	燃料电池电动汽车　术语	现行有效
25		QC/T 816—2009	加氢车技术条件	现行有效
26	储能装置	GB/T 18332.1—2009	电动道路车辆用铅酸蓄电池	现行有效
27		GB/T 18332.2—2001	电动道路车辆用金属氢化物镍蓄电池	现行有效
28		GB/Z 18333.1—2001	电动道路车辆用锂离子蓄电池	现行有效
29		GB/Z 18333.2—2001	电动道路车辆用锌空气蓄电池	现行有效
30		QC/T 741—2006	车用超级电容器	现行有效,计划修订
31		QC/T 742—2006	电动汽车用铅酸蓄电池	现行有效
32		QC/T 743—2006	电动汽车用锂离子蓄电池	现行有效,计划修订
33		QC/T 744—2006	电动汽车用金属氢化物镍蓄电池	现行有效,计划修订
34	电机及控制系统	GB/T 18488.1—2006	电动汽车用电机及其控制器　第1部分:技术条件	现行有效（正在修订中）
35		GB/T 18488.2—2006	电动汽车用电机及其控制器　第2部分:试验方法	现行有效（正在修订中）
36		GB/T 24347—2009	电动汽车 DC/DC 变换器	现行有效

续表 1-10

序号	类别	标准编号	标准名称	状态
37	能源供给和充电相关	GB/T 18487.1—2001	电动车辆传导充电系统 一般要求	现行有效
38		GB/T 18487.2—2001	电动车辆传导充电系统 电动车辆与交流/直流电源的连接要求	现行有效
39		GB/T 18487.3—2001	电动车辆传导充电系统 电动车辆交流/直流充电机(站)	现行有效
40		GB/T 20234.1—2011	电动汽车传导充电用连接装置 第1部分:通用要求	现行有效
41		GB/T 20234.2—2011	电动汽车传导充电用连接装置 第2部分:交流充电接口	现行有效
42		GB/T 20234.3—2011	电动汽车传导充电用连接装置 第3部分:直流充电接口	现行有效
43		GB/T 27930—2011	电动汽车非车载传导式充电机与电池管理系统之间的通信协议	现行有效
44		QC/T 839—2010	超级电容电动城市客车供电系统	现行有效
45		QC/T 840—2010	电动汽车用动力蓄电池产品规格尺寸	现行有效
46		QC/T 841—2010	电动汽车传导式充电接口	现行有效
47		QC/T 842—2010	电动汽车电池管理系统与非车载充电机之间的通信协议	现行有效

已通过审查、正在报批等待发布的标准见表 1-11。

表 1-11 等待发布的标准

序号	类别	标准分类	标准名称	状态
1	纯电动	国标	电动汽车安全要求 第1部分:车载可充电储能装置	修订 GB/T 18384.1—2001
2		国标	电动汽车安全要求 第2部分:功能安全和故障防护	修订 GB/T 18384.2—2001
3		国标	电动汽车安全要求 第3部分:人员触电防护	修订 GB/T 18384.3—2001
4		国标	电动汽车正面碰撞安全要求	制定
5		行标	低速纯电动汽车技术条件	制定
6	混合动力	行标	重型混合动力电动汽车污染物排放车载测量方法	制定
7		国标	轻型混合动力电动汽车能量消耗量试验方法	修订 GB/T 19753—2013

续表 1-11

序号	类别	标准分类	标准名称	状态
8	燃料电池	国标	燃料电池电动汽车　车载氢系统　技术要求	制定
9		国标	燃料电池电动汽车　加氢口	制定
10		国标	燃料电池电动汽车　最高车速　试验方法	制定
11	储能装置	国标	电动汽车用锂离子电池测试规程	制定
12		行标	电动汽车用电池管理系统技术条件	制定
13		行标	电动汽车用动力蓄电池的安全性能要求	制定
14		行标	电动汽车用动力蓄电池的循环性能要求	制定
15	电机及控制系统	国标	电动汽车用电机及其控制器　第1部分:技术条件	修订 GB/T 18488.1—2006
16		国标	电动汽车用电机及其控制器　第2部分:试验方法	修订 GB/T 18488.2—2006
17		行标	电动汽车用驱动电机及其控制系统的故障模式、分类及判定	制定
18		行标	电动汽车用电机及其控制器接口	制定
19		国标	电动汽车用驱动电机系统可靠性试验方法	制定
20		行标	混合动力汽车动力总成系统性能试验方法	制定
21	能源供给和充电相关	国标	电动汽车充电站通用要求	上报待批
22		行标	电动汽车车载充电机技术条件	制定
23		行标	电动汽车充电站监控管理系统通用技术要求	制定
24		行标	电动汽车充电桩技术要求	制定
25		行标	电动汽车非车载充电机技术条件	制定
26	其他	国标	示范运行燃料电池汽车运行要求(车辆要求、使用、维修要求等)	制定
27		国标	燃料电池汽车示范运行配套规范要求	制定

2.4.4　中国新能源汽车充电装置的符合性认证及标准

2011 年 5 月 24 日,中国质量认证中心推出了对电动汽车非车载充电机、车载充电机和交流充电桩的自愿性认证业务,检测依据的标准有能源局行业标准、国家标准,必要时补充使用深圳地方标准和南方电网标准。自愿认证情况见表 1-12。

表 1-12　电动汽车充电设备领域 CQC 自愿性认证情况

序号	产品名称	实施规则	依据标准	必要时增加的要求
1	电动汽车非车载充电机	CQC14—464232—2014《电动汽车非车载充电机认证规则》	NB/T 33001—2010《电动汽车非车载传导式充电机　技术条件》；NB/T 33008.2—2013《电动汽车充电设备检验试验规范　第 1 部分：非车载充电机》	无
2	电动汽车车载充电机	CQC 14—464233—2014《电动汽车用车载充电机～含线缆控制盒 ICCB 认证规则》	GB/T 18487.1—2001《电动车辆传导充电系统　一般要求》；GB/T 18487.3—2001《电动车辆传导充电系统电动车辆交流直流充电机(站)》	GB 20044—2012《电气附件家用和类似用途的不带过电流保护的移动式剩余电流装置（PRCD）》9.9.2，9.9.3，9.9.4；QC/T 895—2011《电动汽车用传导式车载充电机》
3	电动汽车交流充电桩	CQC 14—464234—2014《电动汽车交流充电桩认证规则》	NB/T 33002—2010《电动汽车交流充电桩技术条件》；NB/T 33008.2—2013《电动汽车充电设备检验试验规范　第 2 部分：交流充电桩》	无

注：NB/T 是国家能源局推荐标准，QC/T 是汽车行业标准。

2012 年 6 月，中国质量认证中心（CQC）又推出了电动汽车传导充电用连接装置（充电接口）安全认证，其自愿认证情况见表 1-13。

表 1-13　电动汽车传导充电用连接装置（充电接口）CQC 自愿性认证情况

序号	产品名称	实施规则	依据标准
1	电动汽车传导充电用连接装置（充电接口）	CQC11—462196—2012《电动汽车传导充电用连接装置（充电接口）安全认证规则》	GB/T 20234.1—2011《电动汽车传导充电用连接装置　第 1 部分：通用要求》；GB/T 20234.2—2011《电动汽车传导充电用连接装置　第 2 部分：交流充电接口》；GB/T 20234.3—2011《电动汽车传导充电用连接装置　第 3 部分：直流充电接口》

3　国内外电动汽车充电设施技术及标准分析

电动汽车充电设施是电动汽车产业链的重要组成部分，充电技术的发展是电动汽车发展的关键因素，本部分的内容重点围绕新能源汽车的充电技术、充电设施及标准要求进行阐述。

3.1　国内外充电技术分析

3.1.1　技术总述

电动汽车是全部或部分由电能驱动电机作为动力系统的汽车。按照目前技术的发展方向或车辆驱动原理，可划分为纯电动汽车、混合动力电动汽车和燃料电池电动汽车三种类型。

电动汽车充电设施是电动汽车产业链的重要组成部分,因此在电动汽车产业发展中除了关注电动汽车本身外,还应该充分考虑充电设施的发展。

3.1.1.1　电动汽车充电需求分析

（1）电动汽车充电量的总体需求

电动汽车充电量与电动汽车保有量及车辆的日均行驶里程、单位里程能耗水平等相关。以上海市为例,根据有关资料分析显示,到2020年电动汽车市场预计达到7万多辆,日均电量总消耗达到1 840万kW·h。

（2）电动汽车运行模式

在不同的运行模式下,电动汽车对其续驶能力和充电时间要求也不同,直接影响充电站的建设方式和功率需求。电动汽车运行模式主要有三种:公交运行模式、出租车运行模式、公务车或社会车辆运行模式。

（3）动力电池特性

不同种类动力电池具有不同的充电特性,最佳充电率在12 C～210 C之间变化。电池系统额定电压相同的情况下,最高充电电压由于电池种类、结构型式上的区别也体现出一定的差别。对于不同种类的电池,充电方法及充电控制策略也不同。应根据其电池特性不同而采用不同的充电方法。

（4）充电时间

不同运行模式的电动汽车对充电时间提出了不同的要求,而充电时间的不同也需要不同的充电方式来满足。在电动汽车对充电时间要求不高的情况下,可在停运时间利用电力低谷进行常规充电,延长车辆的续驶里程;在充电时间较为紧迫的情况下,需要采用快速充电或电池组快速更换及时实现电能补充。

（5）充电场所及其他环境条件

动力电池充放电工作效率受充电场所及其他环境条件的影响,尤其是受环境温度的影响。在常温下,电池充电接受能力较强,随着环境温度的降低,其充电接受能力逐渐降低。因此,随环境温度降低,充电站功率需求将增加。因而,建设充电站时应尽可能保证其环境不受人为温度条件的影响。

3.1.1.2　电动汽车充电的基本方式

目前常用的电动汽车充电方式有慢充、快充和快换三种:

（1）慢充方式

慢充方式一般是以较小交流电流进行充电,充电时间通常为6 h～10 h,慢充方式一般利用晚间进行充电。充电时可以采用晚间低谷电价,有利于降低充电成本。慢充一般采用单相220 V/16 A交流电源。通过车载充电器对电动汽车进行充电,车载充电器可采用国标三口插座,基本不存在接口标准的问题。电动汽车慢充一般通过交流充电桩进行。但是慢充方式难以满足使用者紧急或者长距离行驶需求。

（2）快充方式

快充方式又称应急充电,以较大直流电流在20 min～1 h内,为电动汽车提供短时充电服务。快充方式可以解决续航里程不足时电能补给问题,但是对电池寿命有影响,因充电电流较大,对技术及安全性要求也较高。快充的特点是高电压、大电流,充电时间短(约1 h)。

目前,这种充电方式的充电插口的针脚定义、电压、电流值、控制协议等均没有国家标准,也没有国际标准。已投入使用的充电机和电动车电池充电插口均由各生产厂家自定。世界各国都在积极争取标准的制定权,各大电动汽车厂家也纷纷抢先投放产品,抢占市场,提高占有率,试图使多数充电站不得不采用其充电设备,从而成为事实标准。快充方式一般通过专门的直流充电桩进行。

（3）快换方式

快换方式则是通过直接更换车载电池的方式补充电能,换电时间与燃油汽车加油时间相近,大约需要 5 min～10 min。快换方式最为便捷,但是需要电动汽车和车载电池实现标准化,而且快换过程中需要专业人员进行操作。快换可以在充电站也可在专用电池更换站完成。这种方式的优点是电动汽车电池不需现场充电,更换电池时间较短,但要求电池的外形、容量等参数完全统一,同时,还要求电动汽车的构造设计能满足更换电池的方便性、快捷性。

3.1.1.3 三种充电方式的比较

三种充电方式的比较情况见表 1-14。

表 1-14 三种充电方式的比较

项目	慢充方式	快充方式	快换方式
适用性	设计电动汽车的续驶里程尽可能大,必须满足车辆运行一天的需要,仅仅在晚间的停运时间充电;由于慢充的电流为蓄电池充电,因此在家里停车场都可以进行充电	电动汽车的续驶里程适中,在车辆运行的间隙进行快速充电,满足车辆安全运行需要;大电流快充使充电时间大为缩短;由于相应的大电流需求会对公用电网产生有害影响,因此快速充电模式只适用于标准的充电站	电动车辆电池组设计标准化,易更换;车辆运行中需要及时的更换电池,充电站可以对电池和车辆实现专业化、快速化的分离;由于电池组快速更换专业化要求高,因而电池组快速更换模式只适用于标准的充电站

3.1.1.4 充电桩、充电站、换电站

根据电动汽车充电方式的不同,电动汽车充电设施可以分为充电桩、充电站、换电站三种类型。

充电桩对具有车载充电机的电动乘用车辆提供交流充电电源,具有占地面积较小,布点灵活的特点。

充电站由多台充电机、充电桩组成,占地面积较大,采取快充、慢充和换电池等多种方式为电动汽车提供电能,并能够对充电机、动力电池、电池更换设备进行状态监控。

换电站为用户提供更换电池和电池维护服务。电池更换站的主要设备是电池拆卸、安装设备,换电站具有操作专业性强、更换电池时间短、占用场地面积比充电站小等特点。

3.1.2 欧盟

欧盟地区通用充电接口标准陷入了"难产"的尴尬境地。除了利益集团之间的博弈,争论还聚焦在安全问题上。目前充电设备供应商只能与各个汽车厂商合作,并为每个厂商提供不同的接口。

欧盟与美国充电设备的根本区别在于美国的充电设备是包括接口和连接电缆一体的设计;而欧盟的充电设备并不包括连接车辆的充电接口和连接电缆,车主需要自带各自的转换

接口,将车辆和充电桩连接起来。

各国家(地区)可用的接口类型见图1-3。

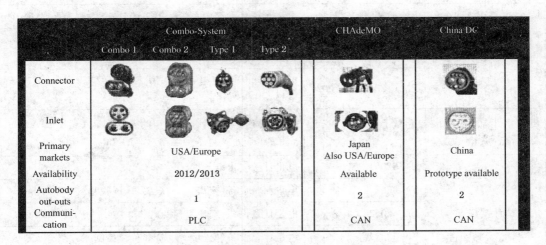

	Combo-System				CHAdeMO	China DC
	Combo 1	Combo 2	Type 1	Type 2		
Connector						
Inlet						
Primary markets	USA/Europe				Japan Also USA/Europe	China
Availability	2012/2013				Available	Prototype available
Autobody out-outs	1				2	2
Communi-cation	PLC				CAN	CAN

图 1-3 各国家(地区)可用的接口类型

IEC 国际电工委员会多年致力于插电式充电标准的研究(目前所知的为 IEC 62196-2),该标准中的插头可以为单相也可为三相,功率达 43.5 kW。针对快速直流充电,尽管在运用中需安装一个大型的直流充电连接器,给消费者的安全操作会带来不便,德国仍希望能够制定一项专门的快速直流充电标准。

ACEA(欧洲汽车制造协会)建议,未来电动汽车需要支持直流和交流充电,并且满足慢充和快充两种模式。2011 年 10 月,ACEA 向欧委会正式递交了一份电动汽车充电接口标准化建议书,标志着欧盟电动汽车终于迈出了统一标准化的第一步,也是关键一步。电动汽车充电接口在欧盟及成员国范围内的统一标准化,意味着电动汽车产业的规模化生产及加速融入消费市场,终结成员国在电动汽车发展上的各自为政和市场分隔,一定意义上促进世界电动汽车行业的标准化建设。此次 ACEA 提出的命名为《2 型 Combo》的电动汽车充电接口单一类型标准,排除了各成员国及电力生产企业或充电供应商的干预,从而相对容易达成一致。ACEA 正积极督促欧委会、标准化机构及充电设施企业尽快接受该项标准,以便欧洲汽车工业能引入统一的标准,批量生产电动汽车。

在欧盟,电动汽车使用的电池的充电系统的标准化工作正在进行中。欧委会已于 2010 年 6 月 29 日命令欧洲标准化机构(CENELEC)采纳欧洲协调标准的方法来解决电动汽车使用的电池的充电系统问题,从而使充电系统与所有类型的电动汽车电池兼容并给其充电,使充电系统能够在所有欧盟国家运行。这项命令的另一个目的是确认要求欧洲标准化机构开发或更新现有欧洲标准的可能性,为了解决电动汽车电池的充电系统的安全风险和电磁干扰问题。这些标准的目的是提供符合低电压指令(LVD)和电磁兼容指令(EMC)要求的依据。

就插头和插座使用方法和注意事项,欧洲电工标准化委员会(CENELEC)和欧洲电信标准协会(ETSI)签署了一项协议。根据该协议,它们将共同推进充电标准的应用,同时将确保所有类型电动汽车和高效节能车的安全性和适用性。

欧盟电动汽车充电相关的标准见表 1-15。

表 1-15　欧盟电动汽车充电相关标准

领域	标准编号	标准名称
电动汽车电池充电站	EN 61851-1—2011	电动车辆传导充电系统—第 1 部分：一般要求
	EN 61851-21—2002	电动汽车传导充电系统—第 21 部分：电动汽车与交流/直流电源进行传导连接的要求
	EN 61851-22—2002	电动汽车传导充电系统—第 22 部分：交流电动汽车充电站
电动汽车插头、连接器和耦合器	EN 62196-1—2003	插头、插座、车辆耦合器和车辆插孔—第 1 部分：250A a. c. 和 400A d. c. 以下的电动汽车的充电
充电站计量仪表	EN 62051	电量计量—术语
	EN 62052	电量测量设备（交流）——一般要求、试验和试验条件
	EN 62053	电量计量设备（交流）—特殊要求
	EN 62054	电量计量设备（交流）—电费和负荷控制
	EN 62055	电量计量—付费系统

3.1.3　美国

目前，在美国，电动汽车、插电式混合动力汽车的充电标准有国际电工委员会（IEC）的国际标准和美国汽车工程师协会（SAE）标准。在传统汽车领域，美国汽车工程师协会（SAE）标准事实上就是美国标准。在新能源汽车领域，美国汽车工程师协会（SAE）标准还将对美国国家标准产生重大影响。

（1）直流快充设备标准的空缺

美国在未来几年将在主要城市内兴建大量直流快充设备。目前美国汽车工程师学会（SAE）尚未制定美国的直流快充设备标准，而美国的直流快充设备目前主要使用的是日本的 CHAdeMO 标准和欧美的 Combo 方式。但 2012 年 10 月，美国汽车工程师学会确定了电动汽车的快速充电规范，将采用欧美汽车商主张的"Combo"方式，而日本国内早已采用的"CHAdeMO"方式或被全球孤立。日本汽车商采用的"CHAdeMO"方式具体分为普通充电和快速充电两种模式，而"Combo"方式则将两种充电模式一体化，德国大众以及美国通用汽车均决定采用后者，尽管"Combo"方式还需要经过数年内才能实用化。

美国采用的直流快充设备能以 50 kW～80 kW 的功率为电动汽车充电，充电速度高达美国现有 2 级充电设备的 10 倍。

（2）充电接口标准的研究

由于日本汽车商采用的"CHAdeMO"方式具体分为普通充电和快速充电两种模式，因此日本的交流电充电接口标准在美国称为等级 1 和等级 2，包含在 IEC 62196 标准中。在欧洲，德国曼奈柯斯电器生产的 7 引脚型连接器占据主流，欧洲各充电器厂商已经推出了多种充电器，IEC 62196 标准还包含了 SAE J1772 标准的内容。SAE J1772 标准于 2010 年1 月正式出台，在日本、美国上市的三菱汽车 i-Miev 和日产聆风就采用其作为普通充电用连接器，连接器为 5 引脚型。

快速充电方面，IEC 62196-3 标准工作组正在协商制定全球接口标准，其中同时审议的包括日本的 CHAdeMO 接口标准、美国推荐的交流和直流引脚并存的 Combo 接口标准以及欧洲使用的交流一体化充电接口标准。

各类接口充电时间的比较见图 1-4。

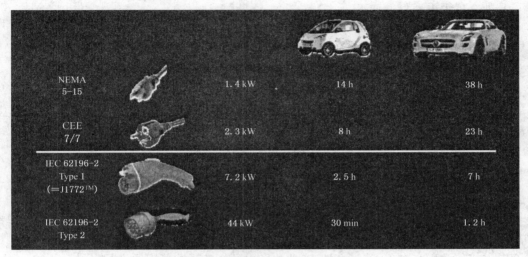

图 1-4　各类接口充电时间的比较

现有产品的不同类型接口见图 1-5。

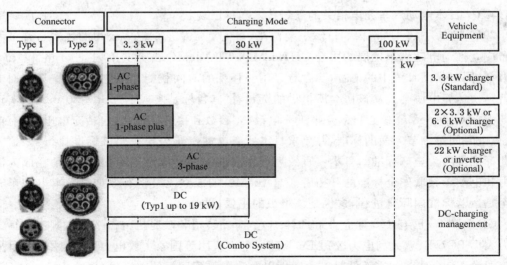

图 1-5　现有产品的不同类型接口

（3）动力电池标准

美国汽车工程师学会国际电池标准委员会（SAE International′s Battery Standards Committee）近日制定了锂电池系统的安全标准 SAE J2929。SAE J2929 标准全称"纯电动及混合动力电池系统安全标准"，是电池组需要达到的最低安全标准，整车厂商可以以此标准为基础来生产安全的动力电池系统。为确保美国的车辆动力总成符合消费者的安全需求，动力电池技术在车辆上的广泛应用要求整个汽车行业要接受新的标准，委员会已经在着手起草该标准的补充内容，以完善温升、可燃性、毒性、电磁兼容性和防撞性能等方面的安全要求。

UL2580"电动汽车中使用的电池",适用范围:电动汽车中使用的可充电电池、电池模块、电池组和电池系统;标准用于评价:基于制造商规定的充电和放电参数,对安全承受模拟滥用情况的能力的评价;不用于评价与电动汽车内的其他控制系统相互作用的情况。

其他全球大电池标准如下:

——SAE J2464,电动汽车电池滥用测试

——SAE J2380,电动汽车标准振动测试

——ISO/IEC 技术委员会尚在开发电池及电池组件的安全要求标准

——UN 有关电池运输的法规

——FREEDM(未来再生电能输送与管理)/EUCAR(欧盟汽车研发委员会)/USABC(美国先进电池联盟)等机构的标准及要求

——中国有关电池性能标准 QC/T 742"电动汽车用铅酸蓄电池"

——日本 METI 正在开发可充电电池的安全标准

(4)其他标准研究

与此同时,美国 SAE J2953 工作组正在探讨插电式混合动力汽车和电动汽车用充电基础设施的通用性。在非接触充电方面,SAE J2954 工作组正在以电磁感应型和磁共振型两种充电方式作为研究对象,就安全性、产业化和对环境的影响等问题进行审议。

3.1.4　日本

3.1.4.1　日本电动汽车充电相关的最新技术和标准现状

2010 年 3 月 15 日,丰田、日产、三菱汽车、富士重工及东京电力公司的代表召开记者会宣布成立推动电动汽车发展的协会 CHAdeMO,CHAdeMO 由英文单词"charge"和"move"相结合,同时借助日语中的谐音,隐含着只用一杯茶的时间就能充好电的意思,从字面上理解就是快速充电协会。从该协会所提供的资料看,其目标是实现 15 min～30 min 内实现充电 80%。CHAdeMO 核心目的是推进充电设施、参数和接口标准化,包括充电电压、充电插座、充电时间等细节方面的标准,并要求日本所有电动汽车公司按照该标准执行,并致力于将此标准推广为全球标准。日本一直致力于将本国的安全标准国际化,并且已经成为混合动力和电动车领域安全标准的开拓者,CHAdeMO 的成立无疑将有效推进日本电动车充电甚至是运营标准国际化进程,这也是该组织的主要目标。

CHAdeMO 已有 158 家企业和团体加入,海外公司和政府机关占 20 家,其中包括美国电力大厂 PG&E、意大利电力公司 Enel、韩国电力集团等国家主要电力集团、欧洲的重型电器公司 ABB、全球著名零部件供应商博世以及法国整车厂标致雪铁龙(PSA Peugeot Citroen)等,日本电机大厂东芝、电信业者 KDDI、日立制作所、关西电力和三菱商事、Lawson(日本便利店巨头)等汽车产业上下游相关公司均成为该协会正式会员,共涉及重型电器、电力、物流、零售等多家公司,另外日本经济产业省、国土交通省、环境省等日本政府机构也参与了该协会。

目前日本已有 1 000 辆电动车以及 150 座快速充电站,与此同时日本政府为推广电动车正在积极建设基础设施,普及家用以及公共充电设备。

(1)超快速充电技术

日本一家能源技术公司 JFE Engineering 发明了一种只需 3 min 的电动汽车充电技术,

把现有的充电速度提高 5 倍。该技术适用于电动车超快速充电系统,3 min 电池可以完成充电 50％,5 min 充电率可达到 80％。图 1-6 是 0～30 min 的充电过程线性图,显示充电率与时间是成比例的关系。细线是传统的充电技术的充电过程;粗线是 JFE 开发的新充电方式。全新方式的充电就是在前 5 min 尽可能的充最多的电。

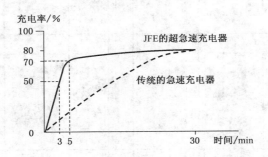

图 1-6　新旧充电方式 0～30 min 充电过程线性图

新充电系统只用现行一般充电系统 1/5 的充电时间,几乎相当于一般汽油车加油所需的时间。这种新型的充电技术的成本相较传统整体节省了 40％,如果能够成熟运用,电动汽车将成为极具优势的新型环保交通工具。

(2)日本动力电池标准化现状

目前电动车研发的当务之急是实现电池标准化并降低其价格。不少日本公司都在竞相开发用于电动车的锂离子蓄电池。如果不能在日本经济产业省的统管下,协调这些公司的研发活动,制定日本的标准模式并向国际社会推广,日本的充电电池研发有可能无法在国际竞争中胜出。

3.1.4.2　日本认可的充电设备

图 1-7 是已经过日本认可的充电设备。

3.1.5　中国

3.1.5.1　充电系统技术标准现状

我国根据国内电动汽车的发展状况,于 2001 年制定了 3 个标准,这 3 个国家标准分别等同(或等效)采用了 IEC 61851 的 3 个部分。近年来,电动汽车以及电力技术的快速发展,这些标准已不能满足当前的发展需求,而且这些标准中缺乏通信协议、监控系统等方面的内容。能源行业发布了 3 个有关电动汽车充电设备的行业标准。国家电网公司为了规范内部电动汽车的应用,已经颁布了 6 项与电动汽车充电站相关的企业标准。南方电网也发布了自己的内部技术规范。广东省、北京市也率先在国内发布了有关电动汽车行业的相关地方标准。

目前供电、充电和电池系统应用集成技术和相关标准及规范研究的缺乏,仍然是电动汽车推广应用的主要薄弱环节,给电动汽车下一步的发展和充电设施的统一规划带来了很大的困难。能够保证大规模充电站正常运营的充电站监控系统尚无成熟产品,充电站监控系统和充电机间的通信协议和通信接口尚无统一的标准可以遵循,各充电站之间也无信息联系。

图 1-7 已获得日本认证的各类充电设备

3.1.5.2 国内充电技术的关键技术

（1）计费

目前国内充电站充电计费方式均以 IC 卡计费为主。国内计费系统的硬件配置主要包括彩色触摸屏、IC 卡读写装置、票据打印机、CAN 总线通信接口等。充电操作及计费系统的系统流程如图 1-8 所示。

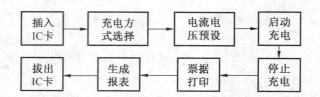

图 1-8 IC 卡计费系统流程图

（2）电动汽车充电站谐波污染抑制

目前，国内充电机应达到的功率因数及谐波电流控制值为：

——功率因数大于 90%；

——按照 GB/T 14549—1993 采用专用线路供电的充电站向公用电网注入的谐波电流分量（方均根值）不应超过标准的规定值。

电动汽车充电机为模块化设计，单个充电模块的输出功率为 5 kW。5 kW 以上的充电机采用 2 个或以上的充电模块并联工作，满足整机输出功率需求。如，SDV33015 充电模块输入采用有源功率因数校正电路，因此整机功率因数大于 90%，总谐波畸变小于 30%，符合电力系统对功率因数及谐波电流控制的要求。

（3）充电站监控系统

电动汽车充电站是保障电动汽车正常使用的能源基础服务设施，电动汽车充电站监控系统作为充电站站内设备的集中监控系统，研究开发电动汽车充电站监控系统非常有必要。目前国内开发的充电站监控系统基本具备以下几大功能：

——充电监控功能：①对充电桩的监控：监视充电桩的交流输出接口的状态，如电流、电压、开关状态、保护状态等，采集与充电桩相连接的电动汽车的基本信息，控制充电桩交流输出接口的开断；②对充电机的监控：充电机作为被监控对象，主要传送给监控系统两类数据，充电机状态信息和电池状态信息。

——配电监控功能：实现对电动汽车充电站配电设备的监控，方便统一管理和数据共享。可实现对整站的总功率、总电流、总电量、功率因数、主变状态、开关状态、无功补偿及谐波治理设备的监视和控制。

——电池维护监控功能：在大型综合充电站中，当电池使用了一段时间之后，由于电池包中的电池模块可能存在一致性的问题，需要通过专门的电池维护设备对电池进行维护、评估，来决定是否对电池进行重新配组。

——快速更换设备监控功能：在具备电池快速更换设备的充电站中，充电站监控系统可采集快速更换设备当前轨道位置、设备状态等信息，可通过充电站监控系统对电池快速更换设备下发具体电池更换命令：快速更换电池架上指定位置的电池包。

3.2 国内外主要充电商业模式分析

目前国内外电动汽车充电设施的建设、运营主要有三种商业模式：一是公用充电站模式；二是停车场（或路边）充电桩模式；三是电池更换站模式。

3.2.1 公用充电站模式

主要特征：公用充电站类似于加油站，通常建在城市道路或高速公路两旁。充电站由多台充电设施组成，可以采取快充、慢充和换电池等多种方式为各种电动汽车提供电能。规模较小的充电站一般可供 10 辆汽车同时充电，规模较大的充电站可供 40 辆汽车同时充电。

优点：充电站可以为社会汽车提供多种服务，既可以快充，也可以慢充。有些充电站还可以提供换电池服务；充电速度快，采用快充方式一般可在几十分钟内将电池基本充满；充电站由于具有公用性质，设备利用率高于停车场的充电桩。

缺点：充电站占地面积大。规模较大的充电站占地超过一般加油站，甚至可与停车场相比；由于需要配备多种充电设备，建设难度较大，一次性投入多。

主要障碍：由于占地面积大，在城市土地日益紧缺的情况下，充电站在大城市布点数量受限，网点密度低，充电站最大的优势在于快充，但目前快充技术还有待完善，以期进一步缩短充电时间,减小对电池寿命的损害。

3.2.2 停车场(或路边)充电桩模式

主要特征:充电桩通常建在公用停车场、住宅小区停车场、商场停车场内,或建在公路边,也可以建在私人车库中。充电桩具有功率较小、布点灵活的特点,以慢充方式为主。具备人机操作界面和自助功能。

优点:充电桩建在停车场或路边,占地面积小,建在车库和住宅小区内的充电桩完全不占公共用地;建设难度小,一次性投资少,单个充电桩的建设成本在 2 万～3 万元。

缺点:充电速度慢,充电桩采用慢充方式,充电时间要 5 h～10 h;由于充电时间长,且部分充电桩具有专用性质,充电桩的设备利用率要低于充电站;不能满足应急、长距离行驶的充电需求。

主要障碍:虽然建设单个充电桩很容易,但充电桩要形成网络才能满足电动汽车普及的需要,完善整个充电网络需要较长时间。

3.2.3 电池更换站模式

主要特征:用户从电池租赁公司租用电池,更换站为用户提供更换电池和电池维护等服务,电池在充电中心集中充电。由于电池组重量较大,更换电池的专业化要求较强,需配备专业人员借助专业机械来快速完成电池的更换、充电和维护。

优点:对电池更换门店要求很低。只需要 2 个～3 个停车位,占地面积较充电站小;电池更换站的主要设备是电池拆卸及安装设备。电气设备少,建设难度小,一次性投资也比充电站要少;更换电池速度快,更换电池的时间一般为 5 min～10 min,未来随着技术的进步,更换电池需时将少于快充;更换电池模式对门店要求低,易于在城市大面积布点。

缺点:须建设专业的电池配送体系。

主要障碍:要求国家建立统一的电池标准,电动汽车安装的动力电池必须可拆卸、可更换,对汽车工业标准化体系要求非常高。我国目前电动汽车标准体系还很不健全。各汽车生产厂家和电池生产厂家基本上各自为战,电池规格差别很大;更换电池模式涉及电池租赁、充电、配送、计量、更换等多个环节,由多家企业分工完成,运作复杂。

3.2.4 综合分析

三种充电商业模式的比较见表 1-16。

表 1-16 三种充电商业模式的比较

项目	公用充电站	停车场、路边充电桩	电池更换站
主要特征	提供慢充、快充、更换电池多种服务	提供慢充服务、自动式	提供更换电池服务、集中充电
优点	可以提供多种服务充电速度快、设备利用率较高	占地面积小、建设难度小、一次性投资少、网点密度大	占地面积小、建设难度小、更换电池快、网点密度较大、设备利用率高
缺点	占地面积大、建设难度较大、网点密度小、一次性投资大	充电速度慢、设备利用率低、不能满足应急、长距离行驶的充电需求	一次性投资较大、需要建设专业的配送体系

续表 1-16

项目	公用充电站	停车场、路边充电桩	电池更换站
障碍	在大城市布点数量受限、快充技术有待完善	网络完善需要较长时间	需要电池标准统一,电池必须可拆卸、可更换,对汽车工业标准化体系要求高,涉及电池租赁、配送、计量等多个环节,运作复杂
适用性	应急充电	常规充电	常规或应急更换电池

（1）以上三种模式不是非此即彼、互相排斥的关系,而是既互相竞争又互为补充的关系。未来应由充电站、充电桩和电池更换站共同组成一个完整的充电网络体系,为电动汽车用户提供便捷、高效的服务。

（2）短期看,在电动汽车发展的初级阶段,建设一批功能完备的充电站是十分必要的。可以产生良好的示范效应和广告效应,推动电动汽车的尽快普及。但是,如果电动汽车大规模普及,仅靠充电站是无法解决充电问题的,还会耗用过多的土地资源。公用充电站应定位于主要满足各种社会车辆的应急充电需求,以提供快充服务为主。

（3）从使用便利性和节约资源角度考虑,未来在我国占据主导地位的常规充电方式应为慢充。停车场和路边的充电桩将成为占主导地位的充电设施。随着电动汽车数量迅速增长,应形成以"充电桩为主、充电站为辅"的充电网络,充电桩用于常规慢充,充电站满足应急快充的需求。因此,我国目前应加强对充电桩规划、建设、运营等有关问题的研究,加快充电桩的布点和建设。

（4）从商业运营的角度来看,电池更换站模式属于能源新物流模式,有利于电池生产企业的规模化、标准化生产,有利于能源供给企业的规模化采购与集约化管理。理论上是一种比较理想的商业模式。但是这种模式目前存在管理、技术和商业上的困难。短期内难以大规模推广。当我国电动汽车工业发展到较为成熟的阶段,电池更换站模式将可能成为更成熟、更高效的商业模式,而近期可在个别具备条件的城市开展电池更换站模式的试点。

3.3　新能源汽车充电设备标准分析

3.3.1　国内标准情况

电动汽车充电设备,一般应该包括充电机（车载和非车载）、充电桩（站）、充电接口等部分。

由于电动汽车近几年发展较快,IEC 标准和国家标准均未及时跟上发展的需求,因此各地方和各部委均制定并发布了相关标准,使标准体系有些复杂,具体情况见表 1-17。

表 1-17　国内电动汽车充电设备领域现行有效的标准

序号	标准性质	标准编号	标准名称
1	国家标准	GB/T 18487.1—2001	电动车辆传导充电系统　一般要求
2		GB/T 18487.2—2001	电动车辆传导充电系统　电动车辆与交流/直流电源的连接要求
3		GB/T 18487.3—2001	电动车辆传导充电系统　电动车辆交流/直流充电机(站)
4		GB/T 20234.1—2011	电动汽车传导充电用连接装置　第1部分:通用要求

战略性新兴产业国内外标准法规解析

续表 1-17

序号	标准性质	标准编号	标准名称
5	国家标准	GB/T 20234.2—2011	电动汽车传导充电用连接装置　第2部分:交流充电接口
6		GB/T 20234.3—2011	电动汽车传导充电用连接装置　第3部分:直流充电接口
7		GB/T 27930—2011	电动汽车非车载传导式充电机与电池管理系统之间的通信协议
8		GB/T 28569—2012	电动汽车交流充电桩电能计量
9		GB/T 29316—2012	电动汽车充换电设施电能质量技术要求
10		GB/T 29317—2012	电动汽车充换电设施术语
11		GB/T 29318—2012	电动汽车非车载充电机电能计量
12		GB/T 29772—2013	电动汽车电池更换站通用技术要求
13		GB/T 29781—2013	电动汽车充电站通用要求
14	能源行业标准	NB/T 33001—2010	电动汽车非车载传导式充电机技术条件
15		NB/T 33002—2010	电动汽车交流充电桩技术条件
16		NB/T 33003—2010	电动汽车非车载充电机监控单元与电池管理系统通信协议
17	工信部行业标准	QC/T 841—2010	电动汽车传导式充电接口
18		QC/T 842—2010	电动汽车电池管理系统与非车载充电机之间的通信协议
19		QC/T 839—2010	超级电容电动城市客车供电系统
20	广东省地方标准	DB44/T 1188—2013	电动汽车充电站安全要求
21		DB44/T 1189—2013	电动汽车充换电设施电能计量装置技术要求
22		DB44/T 1190—2013	电动汽车电池更换站设计规范
23		DB44/T 1191—2013	电动汽车电池更换站通用技术要求
24		DB44/T 1192—2013	电动汽车用充电设备谐波干扰限值和检测方法
25		DB44/T 1193—2013	电池更换设备通用技术条件
26		DB44/T 1194—2013	电动汽车示范运行规范
27		DB44/T 1195—2013	增程式电动城市客车通用技术条件
28		DB44/T 1196—2013	增程式电动乘用车通用技术条件
29		DB44/T 1197—2013	短途纯电动乘用车通用技术条件
30		DB44/T 1198—2013	纯电动改装车通用技术条件
31		DB44/T 1199—2013	电动汽车远程监控系统基本要求
32		DB44/T 1200—2013	电动汽车能量测量方法
33		DB44/T 1201—2013	电动汽车用车载充电装置安全要求
34		DB44/T 1202—2013	电动汽车用锂离子动力电池系统技术条件
35		DB44/T 1203—2013	电动汽车用锂离子动力电池回收利用规范
36		DB44/T 1204—2013	电动汽车换电站监控系统
37		JJG(粤) 015—2011	电动汽车充电机(桩)

续表 1-17

序号	标准性质	标准编号	标准名称
38	深圳市地方标准	SZDB/Z 29.1—2010	电动汽车充电系统技术规范　第1部分:通用要求
39		SZDB/Z 29.2—2010	电动汽车充电系统技术规范　第2部分:充电站及充电桩设计规范
40		SZDB/Z 29.3—2010	电动汽车充电系统技术规范　第3部分:非车载充电机
41		SZDB/Z 29.4—2010	电动汽车充电系统技术规范　第4部分:车载充电机
42		SZDB/Z 29.5—2010	电动汽车充电系统技术规范　第5部分:交流充电桩
43		SZDB/Z 29.6—2010	电动汽车充电系统技术规范　第6部分:充电站监控管理系统
44		SZDB/Z 29.7—2010	电动汽车充电系统技术规范　第7部分:非车载充电机充电接口
45		SZDB/Z 29.8—2010	电动汽车充电系统技术规范　第8部分:非车载充电机监控单元与电池管理系统通信协议
46		SZDB/Z 29.9—2010	电动汽车充电系统技术规范　第9部分:城市电动公共汽车充电站
47	北京市地方标准	DB11/Z 728—2010	电动汽车　电能供给与保障技术规范　充电站
48		DB11/Z 993.1—2013	电动汽车远程服务与管理系统技术规范　第1部分:总则
49		DB11/Z 993.2—2013	电动汽车远程服务与管理系统技术规范　第2部分:车载终端
50		DB11/Z 993.3—2013	电动汽车远程服务与管理系统技术规范　第3部分:车载终端通信协议及数据格式
51	国家电网公司企业标准	Q/GDW 233—2008	电动汽车非车载充电机　通用要求
52		Q/GDW 234—2008	电动汽车非车载充电机　电气接口规范
53		Q/GDW 235—2008	电动汽车非车载充电机　通信协议
54		Q/GDW 236—2008	电动汽车充电站　通用技术要求
55		Q/GDW 237—2008	电动汽车充电站　布置设计导则
56		Q/GDW 238—2008	电动汽车充电站　供电系统规范
57		Q/GDW 397—2009	电动汽车非车载充放电装置通用技术要求
58		Q/GDW 398—2009	电动汽车非车载充放电装置电气接口规范
59		Q/GDW 399—2009	电动汽车交流供电装置电气接口规范
60		Q/GDW 400—2009	电动汽车充放电计费装置技术规范
61		Q/GDW Z423—2010	电动汽车充电设施典型设计
62		Q/GDW 478—2010	电动汽车充电设施建设技术导则
63		Q/GDW 485—2010	电动汽车交流充电桩技术条件
64		Q/GDW 486—2010	电动汽车电池更换站技术导则
65		Q/GDW 487—2010	电动汽车电池更换站设计规范
66		Q/GDW 488—2010	电动汽车充电站及电池更换站监控系统技术规范

序号	标准性质	标准编号	标准名称
67	南方电网公司企业标准	Q/CSG 11516.1—2010	电动汽车充电设施通用技术要求
68		Q/CSG 11516.2—2010	电动汽车充电站及充电桩设计规范
69		Q/CSG 11516.3—2010	电动汽车非车载充电机技术规范
70		Q/CSG 11516.4—2010	电动汽车交流充电桩技术规范
71		Q/CSG 11516.5—2010	电动汽车非车载充电机充电接口规范
72		Q/CSG 11516.6—2010	电动汽车非车载充电机监控单元与电池管理系统通信协议
73		Q/CSG 11516.7—2010	电动汽车充电站监控系统技术规范
74		Q/CSG 11516.8—2010	电动汽车充电站及充电桩验收规范
75	CQC技术规范	TICW 18—2012	电动汽车充电用电缆的技术要求

报批阶段的标准见表 1-18。

表 1-18 国内电动汽车充电设备领域处于报批阶段的标准(截至 2014 年 1 月 16 日)

序号	标准名称	标准来源
1	电动汽车充电设备检验试验规范 第一部分:非车载充电机检验试验规范	能源行业标准
2	充电设备检验试验规范 第二部分:电动汽车交流充电桩检验试验规范	能源行业标准
3	电动汽车充换电设施工程施工和竣工验收规范	能源行业标准
4	电动汽车充电站/电池更换站监控系统与充换电设备通信协议	能源行业标准
5	电动汽车充换电设施建设技术导则	能源行业标准
6	电动汽车电池箱更换设备通用技术要求	能源行业标准
7	电动汽车充电站及电池更换站监控系统技术规范	能源行业标准

3.3.2 国外电动汽车充电设施相关标准

国外电动汽车标准见表 1-19。国外电动汽车充电设备领域 IEC 标准制修订动态见表 1-20。

表 1-19 国外电动汽车标准

领域	标准编号	标准名称
人体防护系统	UL 2231-1:2012	电动车辆供电线路的人员保护系统—一般要求
	UL 2231-2:2012	电动车辆供电线路的人员保护系统—充电系统用保护装置的特殊要求
电动轿车	ISO 8713:2012	电动道路车辆—词汇
	ISO 8714:2002	电动道路车辆—标准耗能和范围—承用车和轻型商用车辆的试验规程
	ISO 8715:2001	电力道路车辆—道路操作特性
	ISO 6469-1:2009	电动车—安全技术规范—第 1 部分:车载电能储能装置

续表 1-19

领域	标准编号	标准名称
电动轿车	ISO 6469-2:2009	电动道路车辆—安全规范—第 2 部分:车辆运行安全措施和故障防护
	ISO 6469-3:2011	电动车—安全技术规范—第 3 部分:人员电气伤害防护
	ISO 11451-2:2005	道路车辆—窄带辐射电磁能量所产生的电气干扰—整车测试法—第 2 部分:车外辐射源
	ISO 11451-3:2007	道路车辆—窄带辐射电磁能量所产生的电气干扰—整车测试法—第 3 部分:车内内部发射机仿真
	CISPR 12:2007	国际整车—汽车电子标准
	FMVSS 305:2012	电动汽车:电解液溢出及电机事故防护
	SAE J 1715:2008	电动车术语
	SAE J 1766:2005	电动和混合电动汽车电池系统碰撞完整性试验推荐规程
	SAE J 1718:2008	电动乘用车和轻型载货车在充电过程中氢气排放检测
	SAE J 551—5:2012	电动车宽带(9 kH～30 MHz)磁场和电场强度性能等级和测量方法
	SAE J 1634:2012	电动汽车能量消耗和续驶里程试验方法
	SAE J 1666:2002	电动汽车加速\爬坡能力和减速试验方法
	UNECE R10:2010	汽车电磁兼容标准 ECE R10 指令
	ECE R12	防止汽车碰撞时转向机构对驾驶员伤害认证的统一规定
	ECE R13H:2008	关于乘用车制动认证的统一规定
	ECE R94:2007	关于车辆正面碰撞乘员保护认证的统一规定
	ECE R100:2012	关于电动汽车的结构和功能安全的 UNECE 法规
	ECE R101:2010	对装备内燃机的轿车 CO_2 排放和燃油消耗的测量及装备电力驱动机构 M1、N1 类车辆的电能消耗和形成的测量进行认证的统一规定
	SAE J 1711:2010	混合动力汽车排放和能量消耗试验方法推荐规程
	SAE J 2711:2002	大型混合动力汽车和传统汽车能耗及污染物排放试验方法推荐规程
	SAE J 2344 :2010	电动汽车安全指南
	SAE J 2894 :2011	插电式电动汽车充电器电力质量要求
	SAE J 1715:2008	混合电动汽车和纯电动汽车术语
	SAE J 1773:2009	电动汽车感应耦合充电
充电接口通讯	SAE J 2836—1:2010	插电式电动汽车和电网之间的通讯的使用案例
	SAE J 2847—1:2011	插电式电动汽车和电网之间的通讯
电动车用电池	IEC 62133—2012	含碱性或其他非酸性电解质的蓄电池和蓄电池组—便携式密封蓄电池和蓄电池组的安全要求
	IEC 61982—3:2012	电动道路车辆驱动用蓄电池组—第 3 部分:性能和寿命试验(城市用车辆的交通兼容性)

续表 1-19

领域	标准编号	标准名称
电动车用电池	UL 2580:2011	电动汽车中使用的电池安全标准
	UL 2271:2013	轻型电动车用电池安全标准
	SAE J 2929:2011	纯电动汽车和混合动力电动汽车驱动电池系统的安全
	SAE J 2464:2009	纯电动汽车和混合动力电动汽车可充电储能系统（RESS）安全和滥用试验
	SAE J 1766:2005	纯电动汽车和混合动力电动汽车电池系统碰撞完整性试验推荐规程
锂电池 CELL	IEC 62660-1:2010	电气公路用车的驱动用辅助锂电池—第 1 部分:性能试验
	IEC 62660-2:2010	电气公路用车的驱动用辅助锂电池—第 2 部分:可靠性和滥用试验
锂电池 Module	ISO 12405-1:2011	电动道路车辆—锂离子动力电池套件和系统的测试规范—第 1 部分:高功率应用
	ISO 12405-2:2012	电动道路车辆—锂离子动力电池套件和系统的测试规范—第 2 部分:高能量运用
	UN—T 38.3 (UN38.3):2009	联合国危险物品运输试验和标准手册—第 3 部分 38.3 款
	SAE J1797:2008	电动汽车电池组组装的推荐规程
	SAE J1798:2008	电动车辆用电池组性能评价推荐规程
	SAE J2288:2008	电动汽车电池组循环寿命试验规程
	SAE J2289:2008	电驱动电池组系统功能指南
	SAE J2380:2009	电动车蓄电池组的振动试验
电动车用电池管理系统	UL 508:1999	工业控制设备安全标准
	UL 991:2004	安全控制装置
	UL 1998:1998	可编程器件软件标准
	UL 60730 系列标准	家用和类似用途自动控制器标准
电动车用电流转换变频器	UL 1012:2010	非乙类电源装置
	UL 498A:2008	美国插头插座新标准
电动车电子零组件	IEC 60950:1:2013	信息技术设备的安全性—第 1 部分:一般要求
	UL 60950-1:2007	电池—安规要求暨测试说明
电动车车用影音器材	IEC 60065-1:2005	音频、视频和类似电子设备—安全要求
	UL 60065-1:2006	音频、视频和类似电子设备—安全要求
电动车马达控制器	UL 508:1999	工业控制设备安全标准
	UL 991:2004	安全控制装置
	UL 1998:998	可编程器件软件标准
	UL 60730 系列标准	家用和类似用途自动控制器标准

续表 1-19

领域	标准编号	标准名称
电动车用电线要求	IEC 61851-1:2010	电动车辆传导充电系统—第 1 部分:一般要求
	UL 2594:2013	电动汽车充电站标准
	EN 61851-1:2010	电动道路车辆的电气设备—电动车辆传导充电系统—第一部分:一般要求
	EN 61851-21:2002	电力道路车辆的电气设备—电动车辆感应充电系统—第 2-1 部分:传导连接到直流—交流电源上的电动
电动车充电设施	IEC 61851-1:2010	电动车辆传导充电系统—第 1 部分:一般要求
	IEC 61851-21:2001	电动车辆传导充电系统—第 21 部分:与直流/交流电源传导连接的电动车辆要求
	IEC 61851-22:2001	电动车辆传导充电系统—第 22 部分:交流电动车辆充电站
	IEC 61851-23:2010	电动车辆传导充电系统
	JEVS G106:2010	电动汽车用感应充电系统一般要求
	EN 61851-1:2010	电力道路车辆的电气设备—电动车辆感应充电系统——一般要求
	EN 61851-21:2002	电力道路车辆的电气设备—电动车辆感应充电系统—第 2-1 部分:传导连接到直流—交流电源上的电动
	EN 61851-22:2002	电力道路车辆的电气设备—电动车辆感应充电系统—第 2-2 部分:交流电动车辆充电站
	EN 61851-23:2012	电力道路车辆的电气设备—电动车辆感应充电系统—第 23 部分
	SAE J1772:2012	电动车辆传导充电连接器推荐规程
	SAE J1773:2009	电动车辆感应充电连接器推荐规程
	SAE J1797:1997	电动车辆蓄电池组组装的推荐规程
	SAE J2289:2008	电驱动蓄电池包系统功能要求
	SAE J2293.1:2008	电动汽车能量转换系统—第 1 部分:功能安全和系统构造
	SAE J2293.2:2008	电动汽车能量转换系统—第 2 部分:通讯信号和功能要求
	SAE J2758:2010	混合动力汽车充电最大可用功率的测定
电动车充电用缆线	IEC 60245-1:2008	额定电压 450/750 V 及以下橡皮绝缘电缆—第 1 部分:一般要求
	IEC 60245-2:1998	额定电压 450/750 V 及以下橡皮绝缘电缆—第 2 部分:试验方法
	IEC 60245-3:1994	额定电压 450/750 V 及以下橡皮绝缘电缆—第 3 部分:耐热硅橡胶绝缘电缆
	IEC 60245-4:2011	额定电压 450/750 V 及以下橡皮绝缘电缆—第 4 部分:软线和软电缆
	IEC 60245-5:1994	额定电压 450/750 V 及以下橡皮绝缘电缆—第 5 部分:电梯电缆
	IEC 60245-6:1994	额定电压 450/750 V 及以下橡皮绝缘电缆—第 6 部分:电焊机电缆

续表 1-19

领域	标准编号	标准名称
电动车充电用缆线	IEC 60245-7:1994	额定电压 450/750 V 及以下橡皮绝缘电缆—第 7 部分:耐热乙烯—乙酸乙烯酯橡皮绝缘电缆
	IEC 60245-8:2012	额定电压 450/750 V 及以下橡皮绝缘电缆—第 8 部分:特软电线
	UL 62:2010	软线和装置线
	UL 1581:2001	电线、电缆和皮线参考标准
	UL SUBJECT 2594	电动汽车充电设备调查大纲
电动车插头 & 连接器	IEC 62196-1:2011	插头、插座、车辆耦合器和引入线—电气车辆传导充电—第 1 部分:一般要求
	IEC 62196-2:2011	插头、插座、车辆耦合器和引入线—电气车辆传导充电—第 1 部分:交流插头和接触管配件尺寸互换性和兼容性要求
	UL 2251:2013	充电电缆连接器 UL 认证标准
	SAE J1772:2012	电动车传导式充电介面标准规范
	SAE J1850:2006	B 类数据通讯网络接口
	JEVS G105	在经济充电站快速充电系统使用的连接器(日本电动汽车协会)
	EN 62196-1:2012	插头、插座、车辆耦合器和引入线—电气车辆传导充电—第 1 部分:一般要求
电动车电池与充电器连接组件	UL 2734:2011	车载电动汽车充电系统用连接器
电动车充电控制板	UL 508:1999	工业控制设备 UL 标准
	UL 991:2004	安全控制装置
	UL 1998:1998	可编程器件软件标准
	UL 60730 系列标准	家用和类似用途自动控制器标准
电动车充电站	IEC 61851-1:2010	电动车辆传导充电系统—第 1 部分:一般要求
	IEC 61851-21:2001	电动车辆传导充电系统—第 21 部分:与直流/交流电源传导连接的电动车辆要求
	IEC 61851-22:2001	电动车辆传导充电系统—第 22 部分:交流电动车辆充电站
	IEC 62196-1:2011	电动汽车传导充电用插头插座和车用耦合器—第 1 部分:通用要求
	IEC 62196-2:2011	电动汽车传导充电用插头插座和车用耦合器—第 2 部分:交流插销和插套附件的尺寸互换性要求
	UL 2594:2013	电动汽车充电的交流电源和连接器
	EN 61851-1:2011	电力道路车辆的电气设备—电动车辆感应充电系统——一般要求
	EN 61851-21:2002	电力道路车辆的电气设备—电动车辆感应充电系统—第 2-1 部分:传导连接到直流—交流电源上的电动
	EN 61851-22:2002	电力道路车辆的电气设备—电动车辆感应充电系统—第 2-2 部分:交流电动车辆充电站

表 1-20　电动汽车充电设备领域 IEC 标准制修订动态

序号	标准号	标准名称	制修订状况
1	IEC 61851-1:2010(2.0 版)	电动车辆传导充电系统—通用要求	2011 年 9 月开始修订,将形成 3.0 版
2	IEC 61851-22:2001	电动车辆传导充电系统—第 22 部分:交流电动车辆充电站(桩)	当 IEC 61851-1 第 3.0 版发布时,本标准将被作废
3	IEC 61851-23:2014	电动车辆传导充电系统—第 23 部分:直流电动车辆充电站(桩)	2014 年 3 月已发布
4	IEC 61851-24:2014	电动车辆传导充电系统—第 24 部分:直流电动汽车充电站和电动汽车之间以直流充电控制为目的的数字通信	2014 年 3 月已发布
5	IEC 61851-21-1:20××	电动汽车传导充电系统—电动汽车与 AC/DC 电源传导连接的 EMC 要求	这两个新标准预计将于 2015 年 1 月发布,预期将取代现有的 IEC 61851-21(2001 年第 1.0 版),电动汽车传导充电系统——第 21 部分:电动汽车与 AC/DC 电源传导连接的要求
6	IEC 61851-21-2:20××	电动汽车传导充电系统—非车载电动汽车充电系统的 EMC 要求	
7	IEC 62196-3:2014	电动汽车传导充电用插头插座和车用耦合器—第 3 部分:直流插销和插套附件的尺寸互换性要求	2014 年 6 月已发布

美国 SAE 电动汽车相关标准见表 1-21。

表 1-21　美国 SAE 电动汽车相关标准

	标准编号	标准名称
整车	SAE J2889:2009	电动汽车最低声级的测量
	SAE J2894/1:2011	插电式混合动力车充电器的功率质量要求
	SAE J2894/2:2009	插电式混合动力车充电器的功率质量要求　测试方法
	SAE J2907:2007	车辆电驱动电机和电子功率器件的功率评定方法
	SAE J2908:2013	混合动力和纯电动车辆驱动的功率评定方法
	SAE J2836/2:2011	插电式电动汽车和供电设备(EVSE)之间的通讯的使用案例
	SAE J2836/3:2013	插电式电动汽车和电网之间反向充电的通讯的使用案例
	SAE J2836/4:2010	插电式电动汽车和电网之间的诊断通讯的使用案例
	SAE J2836/5:2010	插电式电动汽车和其客户之间通讯的使用案例
	SAE J2836/6:2013	插电式电动汽车和电网之间充电的通讯的使用案例
	SAE J2847/2:2013	插电式电动汽车和供电设备(EVSE)之间的通讯
	SAE J2847/3:2008	插电式电动汽车和电网之间反向充电的通讯
	SAE J2847/4:2010	插电式电动汽车的诊断通讯
	SAE J2847/5:2010	插电式电动汽车和其客户
	SAE J2847/6:2011	插电式电动汽车和电网之间无线充电的通讯

3.3.3 主要充电装置标准的解读

虽然在 2001 年国家颁布了 GB/T 18487 系列标准,但是该系列标准的标龄已超过十年,其检验内容对现有产品不是很合适,因此能源行业颁布了 NB/T 33001 和 NB/T 33002 等标准,在原国标安全要求的基础上增加了部分性能的要求,这导致各标准的检验内容不一致。有关标准内容和测试方法见表 1-22～表 1-28。以非车载充电机和交流充电桩标准为例,分析各标准的主要试验内容及其差异,见表 1-29 和表 1-30。

(1) NB/T 33001—2010 电动汽车非车载传导式充电机技术条件

NB/T 33001—2010 的标准内容和测试方法见表 1-22。

表 1-22 NB/T 33001—2010 的标准内容和测试方法

标准内容	测试方法说明
环境条件:工作环境温度:−20 ℃～+50 ℃;相对湿度:5％～95％;海拔高度≤1 000 m	
输入电压和电流要求:方式 1:I_N≤16 A,单相 220 V;方式 2:16 A<I_N≤32 A,单相/三相 220/380 V;方式 3:I_N>32 A,三相 380 V	
频率:50 Hz±1 Hz	
低温试验	按照 GB 2423.1—2008 中"试验 Ad:散热试验样品温度渐变的低温试验——试验样品在温度开始稳定后通电"的规定进行试验
高温试验	按照 GB 2423.2—2008 中"试验 Bd:散热试验样品温度渐变的高温试验——试验样品在升温调节期不通电"的规定进行试验
湿热试验	按照 GB 2423.4—2008 的规定进行试验,高温温度:(40±2) ℃;循环次数:2
防护等级试验:不低于 IP30(室内),IP54(室外)	按照 GB 4208—2008 中第 13 章的要求进行防尘试验,按照 GB 4208—2008 中第 14 章的要求进行防水试验
温升试验(K):功率器件 70;变压器、电抗器、B 级绝缘绕组 80;与半导体器件的连接处 55;与半导体器件连接处的塑料绝缘线 25;铜与铜 50;铜搪锡——铜搪锡 60	充电机在额定输入电压、额定负载、稳定状态下连续运行时,关好柜门,使各发热元件的温度逐渐上升至稳定,测得各发热元件的温升
电击防护试验	充电机的电击防护试验要求应符合 JB/T 5777.4—2000 中 7.7 的规定
绝缘电阻试验,大于或等于 10 MΩ	测试充电机非电气连接的各带电回路之间、各独立带电回路与地(金属外壳)之间的绝缘电阻
工频耐压试验	充电机非电气连接的各带电回路之间、各独立带电回路与地(金属外壳)之间,应能承受规定的历时 1 min 的工频耐压试验

续表 1-22

标准内容	测试方法说明
冲击耐压试验	充电机各带电回路之间、各独立带电回路与地(金属外壳)之间,应能承受规定标准雷电波的短时冲击电压试验
输入过压保护试验	功能检查
输入欠压警报试验	功能检查
输出过压、过流保护试验	功能检查
绝缘检查及接地保护试验	功能检查
软启动试验	功能检查
稳流精度试验:充电机输出电流稳流精度不应超过±1%	测试规定条件下的输出电流稳流精度
稳压精度试验:充电机输出电压稳压精度不应超过±0.5%	测试规定条件下的输出电压稳压精度
纹波试验:输出纹波有效值系数不应超过±0.5%,纹波峰值系数不应超过±1%	测试规定条件下的输出纹波有效值系数和峰值系数
输出电流误差试验:输出直流电流大于等于30 A时,不应超过±1%;输出直流电流小于30 A时,不应超过±0.3 A	在恒流状态规定输出范围内测试输出电流整定误差
输出电压误差试验:不应超过±0.5%	在恒压状态规定输出范围内测试输出电压整定误差
输出限压、限流特性试验	功能检查
效率及功率因数试验:当输出功率为额定功率的50%~100%时,功率因数不应小于0.9,效率不应小于90%	测试规定条件下的功率因数和效率
均流不平衡度试验:不应超过±5%	多台同型号的高频开关电源模块并机工作时,各模块应能按比例均分负载,当各模块平均输出电流为50%~100%的额定电流时,其均流不平衡度不应超过±5%
谐波电流试验	充电机产生的谐波电流含量应不超过GB/T 19826—2005中5.4.2.2规定的限值
静电放电抗扰度试验:GB/T 17626.2—2006第5章,试验等级为3	—
射频电磁场辐射抗扰度试验:GB/T 17626.3—2006第5章,试验等级为3	—
电快速瞬变脉冲群抗扰度试验:GB/T 17626.4—2008第5章,试验等级为3	—
浪涌(冲击)抗扰度试验:GB/T 17626.5—2008第5章,试验等级为3	—

续表 1-22

标准内容	测试方法说明
辐射骚扰试验：10 m，30 MHz～230 MHz，＜40 dB(QP)，230 MHz～1 000 MHz，＜47 dB(QP)	—
电源端子传导骚扰试验：0.15 MHz～0.50 MHz，79 dB(QP)，66 dB(AV) 0.50 MHz～30 MHz，73 dB(QP)，60 dB(AV)	—
信号和控制端口：略	
机械强度试验：剧烈冲击能量为 20 J(5 kg，在 0.4 m距离)	充电机应有足够的机械强度，能承受 NB/T 33001—2010 8.13 规定的机械冲击测试
噪声试验	在额定负载和周围环境噪声不大于 40 dB 的条件下，距充电机水平位置 1 m 处，测得的噪声最大值应不大于 65 dB(A 级)
可靠性，平均故障间隔时间(MTBF)应大于等于 8 760 h	

（2）NB/T 33002—2010 电动汽车充电桩技术条件

NB/T 33002—2010 的标准内容和测试方法见表 1-23。

表 1-23　NB/T 33002—2010 的标准内容和测试方法

标准内容	测试方法说明
环境条件：工作环境温度：−20 ℃～＋50 ℃；相对湿度：5%～95%；海拔高度≤1 000 m	
供电模式：交流单相(三相)	
额定电压：220V (380V)	
额定电流：32A	
结构要求	结构检查：桩体、电气模块、计量模块符合标注要求
安全要求	非绝缘材料外壳应可靠接地；应具备带负载可分合电路；应安装漏电保护装置；应安装过流保护装置；应具备防雷击保护功能；应具备急停开关
绝缘电阻	测量充电桩输入回路对地、输出回路对地、输入对输出之间的绝缘电阻
工频耐压	充电桩内各带电回路，应能承受规定电压历时 1 min 的工频耐压试验
冲击耐压	充电桩内各带电回路与地(金属框架)之间，施加 3 次正极性和 3 次负极性雷电波的短时冲击电压，每次间隙时间不小于 5 s

续表 1-23

标准内容	测试方法说明
IP 防护等级	防尘试验按照 GB 4208—2008 中第 13 章的要求进行; 防水试验按照 GB 4208—2008 中第 14 章的要求进行
三防(防潮湿、防霉变、防盐雾)保护	充电桩内置印刷线路板、接插件等电路应进行防潮湿、防霉变、防盐雾处理
防锈(防氧化)保护	充电桩铁质外壳或暴露在外的铁质支架、零件应采取双层防锈措施,非铁质的金属外壳也应具有防氧化保护膜或进行防氧化处理
电磁兼容	按 GB 7251.1—2005 中 8.2.8 的要求进行电磁兼容试验

(3) GB/T 18487.1—2001 电动车辆传导充电系统一般要求

GB/T 18487.1—2001 的标准内容和测试方法见表 1-24。

表 1-24　GB/T 18487.1—2001 的标准内容和测试方法

标准内容	测试方法说明
最大额定电压: 600 V, 10%, 50 Hz ±1 Hz	
充电模式	四种可选充电模式
必备的功能	功能检查: 确认车辆已被正确连接; 对保护性接地导体的有效性进行连续检查; 系统的通电; 系统的断电; 充电定额的选择
可选择的功能	功能检查: 充电时是否通风; 供电设备负载电流的实时检测和调整; 耦合器的保持和断开
控制导引电路	对充电模式 2、模式 3、模式 4 来说,必须有控制导引电路。该电路由控制导引导体、保护性接地导体、电动车辆供电设备控制部件和一些其他的电动车辆的车载电子设备组成
串行数据通讯	在不同的充电模式下,具体的串行数据通讯方式如下: 充电模式 1:不使用串行数据通讯; 充电模式 2:串行数据通讯是可选的; 充电模式 3:串行数据通讯是可选的; 充电模式 4:除了特殊的非车载充电机外,串行的数据通讯是必不可少的,以便于车辆能控制非车载充电机。 串行数据通讯使用屏蔽的或接地的双绞线,并使用耦合器中的三个低压/弱电流的触点

续表 1-24

标准内容	测试方法说明
电动车辆的连接方式	电动车辆的连接可以采用 A、B、C 三种方式中的一种或多种
电源和电动车辆之间的连接	在本条目中提出了使电动车辆和电源相连的物理传导电气接口的要求。它在电动车辆接口上允许有两种设计： ——通用接口是可以为所有充电模式提供高压交流电、民用交流电或高压直流电、民用交流电的接口； ——基本接口是只为充电模式1、模式2、模式3提供民用交流电的接口
对接口的要求	结构检查： 通用接口的结构设计； 基本接口的结构设计； 连接顺序
对专用的插孔、连接器、插头、插座和充电电缆等的要求：	
工作温度	在正常运行期间耦合器应能经受−30 ℃～＋50 ℃连续变化的环境温度。在储存库中,耦合器应能经受−50 ℃～＋80 ℃连续变化的环境温度
车辆插孔的额定值	车辆插孔的额定值应和车辆的要求相一致： 通用插孔 基本插孔
连接器的额定值	与通用耦合器一致的连接器； 与基本耦合器一致的连接器
介电强度	见 GB/T 11918—1989 中 20.1
绝缘电阻	见 GB/T 11918—1989 中 20.2
电气间隙和爬电距离	插座、插头或连接器的电气间隙和爬电距离应符合 GB/T 11918 的规定
使用寿命	带电和不带电插拔寿命测试
断开能力	在电压为额定电压、电流为 1.25 倍的额定电流,功率因数为 0.8,直流电阻负载情况下,3 次的连接和断开操作应不引起电击或着火的报警。一旦出现故障设备可以停止工作
IP 防护等级	应按照 GB 4208 进行测试
允许的供电设备表面温度	在额定电流和环境温度为 40 ℃的条件下,进行手动操作时,最高允许的温度应符合标准要求
插拔力	连接和断开(锁紧设备未启用)操作所用的力应小于 80 N
锁紧装置	为了避免意外的负载中断,应提供一种防止连接器或插头意外脱出的装置,例如插头的机(自)动锁紧装置,包括连接到插头的活动门等
使用	插座应该设计成能被拆卸、更换和维护
冲击	将充电插头或连接器从 1 m 高的地方跌落到水泥地面上 8 次后,应能继续工作。测试时(参见 GB/T 11918),连接器和插头应连接在电缆上
环境条件	插孔、插头或连接器应设计成能耐受车辆溶剂和液体侵蚀、振动和冲击。材料具有阻燃性能
充电电缆	在充电模式2、模式3、模式1 中使用的充电电缆的新标准正在考虑中。对充电电缆的具体要求在附录 A 中给出。 电动车辆及其供电设备之间不应使用附加的电线

标准内容	测试方法说明
电击防护:	
电击防护的一般要求	结构检查
直接接触防护	结构检查; 容性的存储能量的放电
间接接触防护	间接接触防护应该包含一个或多个可被认可的措施。根据 GB 14821.1 用于故障保护可被认可的专用措施如下: ——附加或加强绝缘措施; ——保护性等电位连接; ——保护性屏蔽; ——自动断开电源; ——简单的隔离
辅助措施	必备的附加保护措施 可选的附加保护措施
对动力电池采取的防护措施	如果动力电池是和车辆的导电体连接在一起(可能是 ELV 动力电池这种情况),那么充电系统应该提供车体和电源总线之间的电隔离
其他的要求	在正常条件、误动作或偶发故障的条件下,充电系统应设计成能防止交流、直流谐波和非正弦电流的串入,这些电流可能会影响漏电流装置或其他设备的功能

（4）GB/T 18487.2—2001 电动车辆传导充电系统　电动车辆与交流/直流电源的连接要求

GB/T 18487.2—2001 的标准内容和测试方法见表 1-25。

表 1-25　GB/T 18487.2—2001 的标准内容和测试方法

标准内容	测试方法说明
电气安全性:	
电动车辆接地连接和车体电气连接性	有可能连到电源上的所有电动车辆外露导电部分应当连在一起;出现故障时,它们有效地导电,使存在的故障电流流入大地: 连接性能应当用 16 A 的直流电流源来检验,该电源产生不低于 12 V 的电压。所有外露导电部分和接地回路间的电阻值不应超过 0.1 Ω
保护导体电气连接性的检查	为了使电动车辆供电设备接地端和电动车辆的外露导电部分处于等电位状态,需要一个保护接地导体。保护导体应当有足够的电流容量来满足 GB 16895.3 的要求。 当采用充电模式 2、模式 3、模式 4 充电时,保护导体的电气连接性应当一直由电动车辆供电设备来监视。一旦保护导体失去电气连接性,就关断电源
电动车辆的电气特性:	
介电强度	将电动车辆控制信号电路的所有外部连接点接地,在电动车辆交流/直流输入端和接地端之间加 $(2U+1\,000\,V)$ 的试验电压(U 是 50 Hz 的交流输入电压,至少 1 500 V),持续时间 1 min。在试验期间,测试端子间不应出现电晕、电离、飞弧或击穿现象。试验后,检查连到电源设备上的电动车辆电路,基本性能应完好

战略性新兴产业国内外标准法规解析

续表 1-25

标准内容	测试方法说明
电动车辆的绝缘电阻	在所有连在一起的输入/输出端(包括主电源)和外露导电部分之间加上 500 V 直流电压,持续 1 min。对于新车,绝缘电阻 $R \geqslant 1$ MΩ。为了达到这个数值,车上所用独立车载部件的绝缘电阻应远大于这个数值
漏电流	整套系统应工作在额定容量下,并通过隔离变压器供电。电动车辆上任何可接触到的金属部分或绝缘部分(使用金属箔紧贴测试表面)与任意一个交流输入端之间的漏电流不应超过 3.5 mA
充电器的过流特性	避免过电流和过电压的保护测量应分别遵守 GB 16895.5 和 IEC 60364-4-443 中的规定。 电动车辆中所用避免过电流或短路的保护装置应与电网中的保护装置是匹配的
爬电距离及电气间隙	当采用爬电距离及电气间隙时,参照 GB/T 16935.1
电磁兼容性:	
低频传导骚扰抗扰度	—
高频传导骚扰抗扰度	—
静电放电的抗扰度	—
辐射电磁场的骚扰抗扰度	—
低频传导骚扰	—
高频传导和辐射骚扰	—
功能要求:	
驱动系联锁装置	电动车辆应设计使用联锁装置,以保证两个连接装备被分开以前车辆不能启动
电动车辆中的电缆安装	在连接方式 A 中,有效地给出电缆是否正确连接的报警信号
电动车辆的插孔或插头的要求(连接方式 A):	
见 GB/T 18487.1	
标识和说明书:	
连接说明书	随电动车辆、用户手册和电动车辆供电设备(仅针对充电站或适配器盒)应提供连接说明书
标识清晰度	用一块浸了水的布擦 15 s,然后再用一块浸有汽油的布擦 15 s,以检查其效果

(5) GB/T 18487.3—2001 电动车辆传导充电系统　电动车辆交流直流充电机(站)

　　GB/T 18487.3—2001 的标准内容和测试方法见表 1-26。

90

表 1-26　GB/T 18487.3—2001　的标准内容和测试方法

标准内容	测试方法说明
控制功能	功能检查
安全连接检查	连续检查接地连接,只有在电动车辆连接完好无误的情况下才允许进行充电
紧急处理	应安装一个紧急断开设备用以将电动车辆交流或直流充电机(站)与交流电网隔离开,以防电击、起火或爆炸。断开设备应有一定的保护装置,以防偶然断开
允许温度	在 40 ℃ 环境温度下,电动车辆交流/直流充电机(站)可用手接触部分允许最高温度应符合标准要求
IP 防护等级试验	按 GB 4208—2008 进行测试
连接器放置位置	结构检查
电缆的放置	结构检查
扩展电缆	结构检查
计量	应对充电机定期计量
额定输出和最大输出功率	直流充电机(站)应能够在[允许的]电压范围、[允许的]电流范围内,在 40 ℃ 环境温度时最大功率条件下给电动车辆输送直流电压
输出电压和电流误差	直流充电机(站)输出的直流电压和电流与电动车辆发送的设定电压、电流值相比,电压误差不应大于 1%,电流误差不大于 5%
周期和随机偏差	直流充电机(站)在允许的最小、最大电流的范围内,输出电流的周期和随机偏差不能大于实际电流峰-峰值的 10%
接通冲击电流	开关接通时冲击电流的峰值应限制在充电机(站)额定电流最大值的 10% 以内
关断电压的过渡过程	开关断开时电压的峰值不应超过实际工作电压的 140%
对车辆的响应时间	对由电动车辆送来的一个阶跃电压信号(在设定点 10%~90% 之间的上升时间),直流充电机(站)输出的上升时间应小于 5 s,超调量应小于 10%,在接收到关机命令后,直流充电机(站)电流降到 0 A 的时间应小于 50 ms
输出的过压保护	应提供带有 20 ms 延迟的过电流保护命令,使电动车辆在考虑全局参数而设定的允许的最大电池电压时关断直流充电机(站)
输出的过流保护	应提供带有 1 s 延迟的过电压保护命令,使电动车辆在考虑全局参数而设定的最大电池电流时关断充电机(站)
电击防护	漏电保护装置(RCD)不应自动复位。手动复位装置要便于用户操作。其他人身保护设备的自动复位要遵照有关国家规定
接地连接	对 Ⅰ 级充电机(站)接地电极和电动车辆直流充电机(站)接地的测试应遵循 GB/T 18487.1 和接地安全要求。 对充电机(站)外露导电部分和接地电路之间的电气连接测试应使用 16 A 直流电流源。 对 Ⅱ 级充电机(站),应有一个统一的保护导体

续表 1-26

标准内容	测试方法说明
电气连锁检查	在充电模式 3 下,如果充电机(站)在对电动车辆用保护导体的电气连锁检测失败,提供给车辆的电源应立即关闭输出。 如果充电机(站)用保护导体的电气连锁检测失败,应立即关闭输送给车辆的电源
介电强度	50 Hz 电源持续 1 min
脉冲耐压	电介质脉冲耐压(1.2/50 μs)
绝缘电阻	500 V 直流电压加载到所有连接在一起的输入/输出(包括电源)端和车体之间的绝缘电阻
漏电流	漏电流测量在湿热试验后,用 1.1 倍标称电压测试
保护措施	结构检查
电气间隙和爬电距离	结构检查
环境温度	这些测试应按 GB/T 2423.22 中 Nb 测试"在指定变化率内改变温度"进行
干热试验	本测试应与 GB/T 2423.2 中 Bc(温度突变)或 Bd(温度渐变)测试一致
环境湿度	直流电动车辆充电机(站)应设计工作在相对湿度为 5%～90%的环境下,应通过以下两种测试之一: a) 湿热连续测试 本测试应按照 GB/T 2423.3 的测试 Ca(恒定湿热)进行,在温度 40 ℃±2 ℃,相对湿度为 85%环境下连续 48 h。 b) 潮湿发热周期测试 本测试按照 GB/T 2423.4 的测试 Db(交变湿热)进行,在 40 ℃下连续六个循环
低温试验	本测试应按照 GB/T 2423.1 的测试 Ab(温度渐变散热试验样品低温试验)进行,在温度 -30 ℃±3 ℃ 环境下连续 16 h
环境气压	电动车辆交流/直流充电机(站)设计工作在 86 kPa～106 kPa 气压下
太阳辐射	本测试应按 GB/T 2423.24 的 S1 测试 Sa(模拟地面上的太阳辐射)过程 B 进行(只对室外)
盐碱雾	本测试应按 GB/T 2423.18 的 S1Kb(交变盐雾)测试标准严格测试
机械冲击	充电机(站)主体应能承受机械冲击。 根据 GB/T 2423.2 的测试过程检查,剧烈冲击能量为 20 J
稳定性	应根据厂家安装说明安装电动车辆直流充电机(站),从四个不同角度的每一个或最坏情况下沿水平方向用 500 N 力拉电动车辆直流充电机(站)的顶部持续 5 min
抗静电放电	—
抗电源电压谐波	—
抗电源电压暂降和中断	—

续表 1-26

标准内容	测试方法说明
抗电压不平衡	—
抗电源直流分量	—
抗快速瞬变脉冲群	—
抗浪涌电压	—
抗辐射电磁场	—
低频传导骚扰	—
高频传导骚扰	—
射频电磁场干扰	—
连接器要求	见 GB/T 18487.1
与车辆通讯	功能检查: 充电处理 安全处理 通讯协议
分类	交流/直流充电机(站)不论是室内还是室外,可以分为Ⅰ级或Ⅱ级
连接说明书	电动车辆交流/直流充电机(站)连接说明书应和用户手册及电动车辆交流/直流充电机(站)一起随电动车辆配套提供
清晰度	用水浸泡过的布擦试 15 s,再用汽油浸泡的布擦拭 15 s,检验其效果
电动车辆交流/直流充电机(站)标识	充电机(站)应在醒目地方明确提供以下信息: ——生产厂家全称或首字母缩写; ——设备操作手册; ——生产序列号; ——生产日期; ——额定输入和输出电压(V); ——额定频率(Hz); ——额定电流(A); ——相数; ——IP级别。 ——对Ⅱ级充电机(站),应在铭牌中明确给出其符号。 某些简短附加信息(电话号码、联系地址),也可以标注在充电机(站)上。 通过测试和目视检查是否符合要求
室内用设备的标志	对只限于室内使用的设备,在安装后应清楚地提供"只限室内使用"的标志

(6) GB/T 20234.1—2011 电动汽车传导充电用连接装置 第1部分:通用要求

GB/T 20234.1—2011 的标准内容和测试方法见表 1-27。

表 1-27　GB/T 20234.1—2011 的标准内容和测试方法

标准内容	测试方法说明
一般要求	除非另有规定,否则试样应在(20±5)℃的环境温度下,按交货状态下进行试验
外观检查	用目测法对充电连接装置的外观进行检验
锁止装置	插合车辆插头和车辆插座,供电插头和供电插座,并施加 200 N 的拔出外力,检验锁止装置的功能
插拔力	通过仪器(如弹簧秤、砝码等)测试供电插头和供电插座、车辆插头和车辆插座之间插拔力
防触电保护	按照 GB/T 11918—2001 中第 9 章进行试验。通过观察和手动试验检查。必要时,还要在按正常使用要求接线的试样上进行试验检查
接地措施	按照 GB/T 11918—2001 中第 10 章进行试验。通过观察检查。按照如下步骤进行短时间耐大电流试验: a) 模拟实际使用状态,将供电插头、供电插座、车辆插头和车辆插座进行安装; b) 将长度不小于 0.6 m 的满足 GB/T 11918—2001 表 1 尺寸的导线按照制造商规定的紧固条件连接到保护接地端子:供电插座和车辆插座连接所允许最小尺寸的铜导体电缆,供电插头和车辆插头连接与额定电流相匹配的电缆,允许直接使用已经连接好的组件。 c) 按照 GB/T 11918—2001 表 1 中所示的电流和时间进行试验; d) 试验结束后用欧姆表或类似设备检查接地导体间连接的连续性
端子	按照 GB/T 11918—2001 中第 11 章进行试验,其中 GB/T 11918—2001 中的表 3 用 GB/T 20234.1—2011 表 2 代替。通过观察、进行化学分析检查,手动分析检查、量规检查
橡胶和热塑性材料的耐老化	按照 GB/T 11918—2001 中第 13 章进行试验。在具有环境空气成分和压力的大气里进行加速老化试验检查
防护等级	按 GB 4208 的规定进行防护等级试验
绝缘电阻和介电强度	按照 GB/T 11918—2001 中第 19 章进行试验,其中介电强度试验参数(GB/T 11918—2001 的表 5)用 GB/T 20234.1—2011 表 3 代替。应依次在如下部位测量绝缘电阻: a) 在连接在一起的所有极与本体之间; b) 依次在每一极与所有其他极之间,这些所有其他极要连接到本体; c) 如有绝缘衬垫,在任何金属外壳与绝缘衬垫的内表面接触的金属箔之间,金属箔与衬垫边缘之间要有约 4 mm 间隙
分断能力	按 GB/T 11918—2001 第 20 章的规定进行分断能力试验。对于有控制导引电路的充电接口,应使其控制导引电路处于非工作状态,并按 GB/T 20234.1—2011 表 4(代替 GB/T 11918—2001 的表 6)的参数进行分断能力测试。直流接口用等值的交流电流进行试验
使用寿命(正常操作)	将固定部件(供电插座或车辆插座)固定,使活动部件(供电插头或车辆插头)往复运动,进行空载带电(额定电压、无电流)插拔循环 10 000 次。试验结束后,按 GB/T 20234.1—2011 7.10 进行介电强度试验,但对于额定电压超过 50 V 的附件,试验电压在本标准表 3 的基础上应降低 500 V

续表 1-27

标准内容	测试方法说明
温升	温升试验在(25±5)℃环境温度下进行,试验时,供电插头、车辆插头上连接制造商提供的电缆,按 GB/T 11918—2001 第 22 章的规定的方法进行试验,测试电流使用交流电,具体电流值见 GB/T 20234.1—2011 表 5(代替 GB/T 11918—2001 的表 8)。达到温度稳定状态后读取温升数值
电缆及其连接	按 GB/T 11918—2001 第 23 章的规定的方法进行试验,但是部分试验方法和要求用下述内容代替: ——对于不可拆线供电插头和车辆插头,应配有制造商所要求的和额定工作值相适应的电缆,且作为电缆组件进行试验。 ——经受的拉力和力矩值,以及试验后电缆的位移最大允许值见 GB/T 20234.1—2011 表 6(代替 GB/T 11918—2001 的表 11)
机械强度	充电接口按 GB/T 11918—2001 第 24 章规定的方法进行试验,其中冲击试验中摆球冲击能量、弯曲试验中重物等效重力等具体参数分别见 GB/T 20234.1—2011 表 7、表 8(分别代替 GB/T 11918—2001 中的表 12、表 13)
螺钉、载流部件和连接	按 GB/T 11918—2001 第 25 章的规定的方法进行试验
爬电距离、电气间隙和穿透密封胶距离	按 GB/T 11918—2001 第 26 章的规定的方法进行试验。通过测量和观察检查
耐热、耐燃和耐电痕化	按 GB/T 11918—2001 第 27 章的规定的方法进行试验
腐蚀与防锈	按 GB/T 11918—2001 第 28 章的规定的方法进行试验
限制短路电流耐受试验	按 GB/T 11918—2001 第 29 章的规定的方法进行试验
车辆碾压	将带有制造商推荐的电缆的供电插头和车辆插头随意地放在水泥地上。用 P225/75R15 或同等负载的传统汽车轮胎以(5 000±250)N 的压力,以(8±2)km/h 的速度压过供电插头或车辆插头(轮胎充气压力 220±10 kPa)。当车轮从试件压过之前,每一个试件均应随意地以正常方式放在地上。测试中的试件应无明显移动。被施加压力的试件不应放置在突出物上

(7) GB/T 18487.1—2001 附录 A 充电电缆组件的要求

GB/T 18487.1—2001 附录 A 的标准内容和测试方法见表 1-28。

表 1-28 GB/T 18487.1—2001 附录 A 的标准内容和测试方法

标准内容	测试方法说明
电气额定值,符合 GB/T 18487.1—2001 表 4 和表 5 中的规定	视检项目
电气特性:电缆绝缘特性应与 245IEC 66 型电缆的特性相同。加 50 Hz,保持 1 min,充电模式 4,4 kV,其他充电模式 2 kV	引用 245IEC 66 的特性参数

续表 1-28

标准内容	测试方法说明
机械特性、耐火、耐腐蚀等特性与 245IEC 66 型电缆的特性相同	引用 245IEC 66 的特性参数

（8）国内不同标准对非车载充电机要求的比较

国内不同标准对非车载充电机要求的比较见表 1-29。

表 1-29　国内不同标准对非车载充电机要求的比较

GBT 18487.3—2001		NB/T 33001—2010			Q/CSG 11516.3—2010		
试验项目	型式试验	试验项目	型式试验	出厂试验	试验项目	型式试验	出厂试验
控制功能	√				控制程序试验	√	√
安全连接检查	√						
紧急处理	√						
允许温度	√	温升试验	√		温升试验	√	—
IP 防护等级试验	√	IP 防护等级试验	√		IP 防护等级试验	√	—
连接器放置位置	√						
电缆的放置	√						
扩展电缆	√						
计量	√						
额定输出和最大输出功率	√						
输出电压和电流误差	√	输出电压和电流误差试验	√	√			
周期和随机偏差	√						
接通冲击电流	√						
关断电压的过渡过程	√						
对车辆的响应时间	√						
输出的过压保护	√	输出的过压、过流保护	√	√	限流及限压特性试验	√	√
输出的过流保护	√	输出限流及限压特性试验	√	√	限流及限压特性试验	√	√
电击防护	√	电击防护试验	√	√			
接地连接	√	绝缘检查及接地保护试验	√	√			
电气连锁检查	√						
介电强度	√	工频耐压试验	√	√	工频耐压试验	√	√

续表 1-29

GBT 18487.3—2001		NB/T 33001—2010			Q/CSG 11516.3—2010		
试验项目	型式试验	试验项目	型式试验	出厂试验	试验项目	型式试验	出厂试验
脉冲耐压	√	冲击耐压试验	√		冲击耐压试验	√	—
绝缘电阻	√	绝缘电阻试验	√	√	绝缘电阻测量	√	√
漏电流	√						
保护措施	√						
电气间隙和爬电距离	√				一般检查	√	√
环境温度	√	高温试验	√				
干热试验	√						
环境湿度	√	湿热试验	√				
低温试验	√	低温试验	√				
环境气压	√						
太阳辐射	√						
盐碱雾	√						
机械冲击	√	机械强度试验	√				
稳定性	√						
抗静电放电	√	抗静电放电	√		抗静电放电		
抗电源电压谐波	√						
抗电源电压暂降和中断	√						
抗电压不平衡	√						
抗电源直流分量	√						
抗快速瞬变脉冲群	√	抗快速瞬变脉冲群	√		抗快速瞬变脉冲群		
抗浪涌电压	√	抗浪涌电压	√		抗浪涌电压		
抗辐射电磁场	√	抗辐射电磁场	√		抗辐射电磁场		
低频传导骚扰	√	传导骚扰	√		传导骚扰		
高频传导骚扰	√	传导骚扰	√		传导骚扰		
射频电磁场干扰	√	辐射骚扰	√		辐射骚扰		
连接器要求	√						
与车辆通讯	√						
		输入过压保护试验	√	√			
		输入欠压报警试验	√	√			
		软启动试验	√	√			

续表 1-29

GBT 18487.3—2001		NB/T 33001—2010			Q/CSG 11516.3—2010		
试验项目	型式试验	试验项目	型式试验	出厂试验	试验项目	型式试验	出厂试验
		稳流精度试验	√	√	稳流精度试验	√	√
		稳压精度试验	√	√	稳压精度试验	√	√
		纹波试验	√	√	纹波系数试验	√	√
		效率及功率因数试验	√	√	效率及功率因数试验	√	—
		均流不平衡度试验	√		并机均流试验	√	√
		谐波电流试验	√		谐波电流测量试验	√	—
		噪声试验	√		噪声试验	√	—
					保护及报警功能试验	√	√
					控制程序试验	√	√
					抗振荡波	√	—
					抗射频场感应	√	—
					抗工频场	√	—
					抗阻尼振荡磁场	√	—

（9）国内不同标准对交流充电桩要求的比较

国内不同标准对交流充电桩要求的比较见表 1-30。

表 1-30　国内不同标准对交流充电桩要求的比较

GB/T 18487.3—2001		NB/T 33002—2010			Q/CSG 11516.5—2010	
试验项目	型式试验	试验项目	型式试验	出厂试验	试验项目	型式试验
控制功能	√					
安全连接检查	√					
紧急处理	√					
允许温度	√					
IP 防护等级试验	√	IP 防护等级试验	√		防护等级试验	√
连接器放置位置	√					
电缆的放置	√					
扩展电缆	√					
计量	√					
额定输出和最大输出功率	√					
输出电压和电流误差	√					

续表 1-30

GB/T 18487.3—2001		NB/T 33002—2010			Q/CSG 11516.5—2010	
试验项目	型式试验	试验项目	型式试验	出厂试验	试验项目	型式试验
周期和随机偏差	√					
接通冲击电流	√					
关断电压的过渡过程	√	应具有急停开关	√	√		
对车辆的响应时间	√					
输出的过压保护	√					
输出的过流保护	√	应安装过流保护装置	√	√		
电击防护	√	电击防护试验 GB 7251.1				
接地连接	√	非绝缘材料外壳 可靠接地	√	√		
电气连锁检查	√					
介电强度	√	工频耐压试验	√	√		
脉冲耐压	√	冲击耐压试验				
绝缘电阻	√	绝缘电阻试验	√	√		
漏电流	√	应安装漏电保护装置	√			
保护措施	√	应具备雷击保护装置	√			
电气间隙和爬电距离	√					
环境温度	√				环境适应性测试	√
干热试验	√					
环境湿度	√	防潮湿	√			
低温试验	√					
环境气压	√					
太阳辐射	√					
盐碱雾	√	防盐雾	√			
机械冲击	√				震动试验、冲击试验	√
稳定性	√					
抗静电放电	√					
抗电源电压谐波	√					
抗电源电压暂降和中断	√					
抗电压不平衡	√					
抗电源直流分量	√					

续表 1-30

GB/T 18487.3—2001		NB/T 33002—2010			Q/CSG 11516.5—2010	
试验项目	型式试验	试验项目	型式试验	出厂试验	试验项目	型式试验
抗快速瞬变脉冲群	√	电磁兼容 GB 7251.1	√			
抗浪涌电压	√					
抗辐射电磁场	√				电磁兼容行试验	√
低频传导骚扰	√					
高频传导骚扰	√					
射频电磁场干扰	√					
连接器要求	√					
与车辆通讯	√				组成结构	√
		防霉变	√		外观	√
		防锈保护	√		标识和操作说明	√
		应具备带负载可分合电路	√	√	人机界面	√
					参数设置	√
					自检功能	√
					数据记录测试	√
					可靠性试验	√
					插座的相关测试	√

3.3.4 各国电动汽车充电相关标准的差异分析

3.3.4.1 美国 SAE、IEC 及欧洲在充电设备标准上的差异分析

SAE J1772—2012 标准主要内容包括:

——AC1 级、AC2 级、DC1 级和 DC2 级以及 1、2、3、4 种模式的充电容量和工作电压;

——电动汽车供电设备的电气安全和电路保护;

——连接器的物理特性;

——电动汽车与电动汽车供电设备的通讯和充电控制。

电动汽车供电设备(EVSE)充电级别/模式:

SAE J1772《电动汽车和插电式混合动力电动汽车传导式充电耦合器的推荐方法》,该标准将可能的充电方式组成了不同"级别"。IEC 61851 根据 EVSE 与交流电网的连接方式将充电分为 4 种"模式"。这两个标准确定了每种充电级别或模式的电压、相数、最大电流和每种级别或模式所需分支电路保护。这些参数与电池充电参数一起决定了车辆充电所需的时间。为确定所需的充电时间,考虑到级别或模式越高,电压和电流越高,因此充电速度越快。电池特性和车辆特性也必须加以考虑,以确定充电时间。SAE 充电接口见图 1-9。

图 1-9　符合 SAE 1772 的充电接口

尽管传导充电的 SAE 和 IEC 标准为每种级别或模式规定了不同功率的参数,但通常车辆和车辆供电设备的操作参数的不同级别或模式之间几乎一样。在未来的应用中,特别高的功率和/或高电压可能需要额外的安全措施来解决这些特殊应用的需求。诸如车辆状态电压和控制电路参数等规范规格,对于 SAE 标准内的每个级别和 IEC 标准内的每个模式都是一致的。如果连接器符合 SAE J1772 的要求或符合汽车与该充电站提供的 IEC 连接器类型相匹配,那么驾驶者可以使用任何交流电充电等级/模式。

为美国市场生产的电动汽车供电设备以及在美国销售和行驶的电动汽车一般都要符合 SAE J1772 标准。为欧洲市场生产的电动汽车供电设备以及在欧洲销售和行驶的电动汽车一般都要符合 IEC 61851 标准。

2012 年 10 月出版的 SAE J1772 将交流充电和直流充电合并为一个电动汽车入口/充电连接器("组合耦合器")。交流充电和直流充电被结合到同一个低等级控制通讯方案。直流充电控制要求有高等级的数字通讯。2010 年版的 SAE J1772 给出了 AC1 级和 2 级充电等级的定义,并具体规定了 AC 1 级和 2 级传导充电耦合器和电气接口的要求。2012 年 12 月的修订版中包含了直流充电,给出了 DC 1 级和 2 级充电等级、充电耦合器和电气接口的定义。该标准是与欧洲汽车专家一起合作制定的。欧洲的汽车专家也在其研究中采纳并批准了组合耦合器的方法。

表 1-31 给出了 SAE J1772 的充电配置和额定值。

表 1-31　SAE J1772 的充电配置和额定值

AC 1 级:120V AC 单相 　　——配置电流:12 A、16 A 　　——配置功率:1.44 kW、1.92 kW AC 2 级:240V AC 单相 　　——额定电流≤80 A 　　——额定功率≤19.2 kW AC 3 级:待定	DC 1 级:200 V～500 V DC 　　——额定电流≤80 A 　　——额定功率≤40 kW DC 2 级:200 V～500 V DC 　　——额定电流≤200 A 　　——额定功率≤100 kW DC 3 级:待定
注:电压是指标称配置工作电压,而不是耦合器额定值。额定功率是指在标称配置工作电压和耦合器额定电流下的额定功率。	

SAE J1772 提供信息如下:

建议住宅电动汽车供电设备(EVSE)输入电流额定值限定为 32 A(40 A 分支断路器),除非 EVSE 是家庭能源管理系统的一部分。输入电流等级大于 32 A 且没有家庭能源管理的住宅 EVSE,可能需要住宅居民、电力部门或两者提供大量基础设施投资。

尽管 SAE J1772 在美国使用,但 SAE J1772 中的许多要求也包含在 IEC 61851 系列标准中。IEC 61851 第 1 部分和第 22 部分以及即将出版的第 23 部分和第 24 部分包含或将包含在欧洲和其他地区使用的其他连接器。IEC 61851 系列是由 IEC/TC 69 委员会制定的,主要针对 EVSE 的安全方面的问题。IEC 62196 系列由 IEC/SC 23H 委员会制定,针对连接器的安全、尺寸兼容性和互换性方面的问题。所有这些方面都包含在 SAE J1772 中。

IEC 61851-1 和 IEC 62196-1 中描述了欧洲的三种情况 A、B 和 C,正因为这些不同的情况,导致了欧洲的基础设施有些不同。情况 A 是电缆固定在汽车上;情况 B 是电缆两端都有连接器;情况 C 是电缆固定在 EVSE 上。此外它们还有模式 1、2、3 和 4。IEC 61851-1(2010 年 2.0 版)中包含对不同模式和要求的描述,下文直接摘自该标准:

——模式 1 充电:使用不超过 16 A 的标准插座和不超过 250 V 的交流单相插头或不超过 480 V 的交流三相插头(交流侧),并使用功率和保护接地导体,将电动汽车连接到交流电网上。

注 1:在下列国家,模式 1 充电是被国家法规禁止的:美国。

注 2:电缆内置 RCD 可以用来为现有交流电网连接提供补充保护。

注 3:一些国家可能允许使用 AC 型 RCD 将模式 1 电动汽车连接到现有家用装置上:日本、瑞典。

——模式 2 充电:利用标准的单相或三相插座,并利用电力和保护接地导体同时使用在 EV 和插头之间提供人员防触电保护的一个先导控制功能和系统(RCD)或作为电缆内置控制箱一部分,把电动汽车连接到不超过 32 A 和不超过 250 V 单相或 480 V 三相交流电网。电缆内置控制箱应位于插头或 EVSE 的 0.3 m 范围内,或在插头内。

注 4:在美国,要求有一个装置根据频率来测量在一个泄漏电流预定水平的频次和行程范围上的泄漏电流。

注 5:下列国家,根据国家法规,有必要增加要求才允许使用电线和插头连接超过 20 A/125 V 的交流电网:美国。

注 6:对于模式 2,IEC 61540 和 IEC 62335 中定义的便携式 RCD 适用。

注 7:在德国电缆内置控制箱(EVSE)应装在插头内,或位于插头 2.0 m 范围内。

——模式 3 充电:利用专用 EVSE 把电动汽车连接到交流电网,其中先导控制功能扩展至永久连接到交流电网的 EVSE 中的控制设备。

——模式 4 充电:利用非车载充电器把电动汽车连接到交流电网,其中先导控制功能扩展至永久连接到交流电网上的设备。

要认识到,电动汽车制造商必须设计带有区域装备箱的汽车,才能做到在该区域使用合适的连接器和电压接口。

在美国以外的市场,电动汽车耦合器是多种多样的:

——对于 AC 交流充电,在欧洲和中国有不同的连接器,而日本使用 SAE J1772™电动汽车耦合器,而韩国已经适应 SAE J1772™,允许使用可拆卸的充电电缆;

——对于 DC 直流充电,欧洲和中国正在开发自己的电动汽车耦合器,而日本则是使用 CHAdeMO 的配置,韩国使用 CHAdeMO 的修改版和 SAE J1772™。

电动汽车耦合器的这种多样性使得要为不同国家制造不同的产品,并对运往世界各地的车辆进行修改。

3.3.4.2 北美电动汽车充电标准与 IEC 标准的差异

IEC 61851-1 和 IEC 61851-22 标准与北美的标准如 UL 2594 和 UL 2202 有很多相似或相同的要求。然而,在有关人员保护系统的要求方面存在着差异。IEC 标准要求的保护系统,在欧洲广泛使用,但在美国并不使用,而在美国国家电气规范中要求的一种不同的保护系统,在欧洲则不被使用。这种标准的差异影响了这些要求的统一。此外,整体设备的组件或总成的标准也存在差异,户外装备所需的环境等级的评价方面也有差异。从协调的角度来看,这些差异相比前面讨论的人员保护系统来说并没有那么难于克服。

IEC 的努力和美国对相应的 IEC 技术委员会工作的参与正在推动北美安全标准和 IEC 61851 标准之间的协调。然而,事实上并没有启动正式的程序或具体的项目来协调这些标准。目前,双方正抓紧机遇专注于向北美的标准或 IEC 标准引入具体内容。

IEC 62196 系列标准还规定了电动汽车耦合器的安全问题:

——IEC 62196-1(2.0 版)插头、插座、汽车连接器和车辆插孔—电动汽车传导充电—第 1 部分:通用要求;

——IEC 62196-2(1.0 版)插头、插座、汽车连接器和车辆插孔—电动汽车传导充电—第 2 部分:AC 插脚和接触管附件的尺寸兼容性和互换性要求;

——IEC 62196-3(1.0 版)电动汽车传导充电系统—非车载电动汽车充电系统的 EMC 要求。这三项标准均于 2014 年 6 月正式发布。

IEC 62196 标准与北美标准在许多方面是相似的。两者的相似性更充分地体现在第 2 部分以及制定第 3 部分时包含具体车辆插孔和连接器接口(配置)图纸、额定值信息和其他细节,从而允许可互换的装置由许多制造商来生产。他们还保证在其他国家使用的其他类型的车辆耦合器不会与美国制造商所推荐的设置不匹配。

IEC 62196 系列标准和现有的北美标准之间存在一些差异。这些差异包括一些结构问题,如组件的接受度、用于证明和测试这些组件的 IEC 标准、闩锁装置的强制使用、IEC 进入防护(IP)等级的使用。两者在试验方面也存在差异,如外壳强度测试的补充测试方法、外壳(IP 等级)的环境测试、入口冲击试验。

由于目前尚没有全球统一的标准,因而不同的地理区域使用不同的连接器。在某些情况下,由于基础设施的差异导致连接器的这种差异不能消除。

3.3.4.3 中国与欧洲在电动车相关充电标准、检测内容方面的主要差异

现在相关的 EN 标准均体现了德国为主的方案,如果我们将来的国家标准能等同采用 IEC 标准,在标准体系上就与德国标准基本不存在差异。当前欧洲国家特别关注中国的市场情况,也是中国发展电动汽车的号角影响了国外企业,现在 IEC 正在制修订相关标准,预计在未来 3 年之内,相关 IEC 标准均能颁布。据了解,由于相关 IEC 标准在修订或制定,在国外充电设施并未大规模的应用,并且该产品没有强制,企业大都未进行认证(包括西门子、施耐德等)。如果进行产品认证应该是依据 EN 61851 系列标准。

(1) GB/T 18487.3—2001"电动车辆传导充电系统"与 EN 61851-23 第 2 版"电动车辆直流充电机(站)"标准比较,见表 1-32。

表 1-32 GB/T 18487.3—2001 与 EN 61851-23 第 2 版的比较

GB/T 18487.3—2001 的标准条款	GB/T 18487.3—2001 的内容	EN 61851-23 第 2 版
1. 范围	交流电压最大值为 660 V,直流电压最大值为 1 000 V	交流电压最大值为 1 000 V,直流电压最大值为 1 500 V
3. 定义		标准增加 3.101-3.120 定义
6.2 电动汽车充电模式		电动汽车充电模式是 GB/T 18487.3 中的第 4 种
6.3 A、B、C 三类连接方法		采用 C 类连接方式

续表 1-32

GB/T 18487.3—2001 的标准条款	GB/T 18487.3—2001 的内容	EN 61851-23 第 2 版
6.4.1　模式 4 的充电功能		对充电过程的要求更加明确
6.4.2　可选功能	可选功能的侧重点不一样	
7　电击防护		不要求以下条款 7.2.3.2　充电车辆的断开 7.4　配套措施
7.5　模式 4 的规定		增加特殊要求
8　电动汽车与电源之间的连接		参数和接触顺序按 IEC 62196-3；以下条款不适用： 8.3　标准接口的功能性描述 8.4　基本接口的功能性描述
9　电动汽车输入和连接头的特殊要求		9.4　分断容量
10　充电电缆组件的要求		增加 10.101 电缆组件的可用性
11.3　基本和通用接口的 IP 等级		按 IEC 62196-1 要求的等级
电介质承受特性	10.1	11.4.2　脉冲介电强度（1,2/50 ms 按 IEC 60664-1 的要求并增加 11.4.101　抑制过电压的种类
绝缘电阻	10.1.3	11.5 依据 IEC 60950-1
电气间隙和爬电距离	11.6	10.4
漏电流		按 IEC 60664-1 的要求
接触电流	10.2	11.7 按 IEC 60990 执行
干热处理	11.1.3	11.8.101
低温测试	11.1.5	11.8.102
太阳辐射	11.1.7	11.8.103
盐碱雾	11.1.8	11.8.104
电磁环境测试	11.3	特殊要求如下 11.12.101　辐射 11.12.102　豁免
计量	8.9	11.101　依据 IEC 62052-11、IEC 62053-21 或者 EN 50470-1、EN 50470-3
紧急处理	8.3	101.1.1

续表 1-32

GB/T 18487.3—2001 的标准条款	GB/T 18487.3—2001 的内容	EN 61851-23 第 2 版
充电站防护等级 IP	8.5	101.1.2　分为室内和室外
防触电	—	101.1.3　IPXXD
连接器放置的位置	8.6	101.1.4　水平面高度 0.4～1.5 m
存储温度	—	101.1.5　有低温特殊要求
稳定性	—	101.1.6　500 N 的推力 5 min
防止不受控的反向电流	—	101.1.7　特有
额定输出和最大输出功率	8.10.1 是 40 ℃	101.1.8.1　是 −5 ℃～40 ℃海拔 1 000 米以下
输出电压和电流误差	8.10.2 是电压误差不应大于 1%； 电流误差不大于 5%	EN 标准电流误差是 ±2,5 A（50 A 以下），±5%（50 A 以上）；电压误差是不大于 2% 最大额定电压
控制充电电流的延迟		101.1.8.3
充电电流的下降速率		100 A/s 正常运行 200 A/s 紧急停车
周期和随机偏差	8.10.3 是输出电流的周期和随机偏差不能大于实际电流峰—峰值的 10%	101.1.8.5 EN 标准是表 103
接通冲击电流	8.10.4 是峰值限制在额定电流最大值的 10% 以内	101.1.8.6　EN 标准是不超过 2 A r.m.s.
电压瞬时充电过程		101.1.8.7　表 104
电压强度		101.1.8.8 正常运行状态下电压偏差不超过额定电压的 ±10%；最大电压波纹系数不超过 ±8 V；最大电压转换速率不超过 ±20 V/ms
甩负荷		101.1.8.9　不超过 10% 的最大电压限制
功率因数		101.1.9　EN 标准 0.95 以上
噪声		101.1.10 ISO 1996-1 和 ISO 1996-2
接地电阻和连续性测试		101.1.11 采用 IEC 61439-1
电动车辆和直流充电机之间的通讯	13 完全不同	102 条

（2）GB/T 18487.3—2001"电动车辆传导充电系统"与 EN 61851-22：2002"电动车辆交

流充电机(站)"标准差异比较,见表1-33。

表 1-33　GB/T 18487.3—2001 与 EN 61851-22:2002 的差异比较

标准条款	GB/T 18487.3—2001	EN 61851-22:2002
范围	交流电压最大值为 660 V	引用 IEC 60038,最大值为 690 V
实际使用操作和安装的标准条件	相对湿度在 5%～93% 之间	相对湿度在 5%～95% 之间
表 1	输出电压和电流值不一样	
控制功能	8.1 对充电模式 4 有单独要求	
安全连接检查	8.2 单独要求	
接地电阻和连续性测试	—	9.2 国外标准的测试方法更加明确
电介质脉冲耐压(1.2/50 ps)	共模状态下 8 000 V	10.1.2 共模状态下 6 000 V
漏电流	—	10.2 国外标准测试网络更加明确采用 IEC 60950
环境温度	−20 ℃～+50 ℃	11.1.2 国外标准 −30 ℃～+50 ℃
环境湿度	5%～90% 测试 Ca 相对湿度 85%	11.1.4 国外标准 5%～95% 测试 Ca 相对湿度 93%
低频传导骚扰抗扰度	最低要求:电压下降到标称电压 70%,持续时间达 10 ms	11.3.1.3 和 11.3.2.1 最低要求:电压下降 30%,持续时间达 10 ms

(3) GB/T 18487.1—2001 和 IEC 61851-1:2010 电动车辆传导充电系统一般要求标准差异比较,见表1-34。

表 1-34　GB/T 18487.1—2001 和 IEC 61851-1:2010 的差异比较

标准条款	GB/T 18487.1—2001	IEC 61851-1:2010
范围	适用于交流标称电压最大值 660 V,直流标称电压最大值 1 000 V 的电动车辆充电设备	适用于交流标称电压(IEC 60038)最大值 1 000 V,直流标称电压最大值 1 500 V 的电动车辆充电设备
范围	本标准也不适用轮椅、室内电动汽车、有轨电车、无轨电车、铁路交通工具以及工业用载重车(如叉式起重车)等非道路用蓄电池充电系统的充电设备	本标准也不适用无轨电车,铁路交通工具,工业用载重车和非道路用蓄电池充电系统的充电设备
定义	Ⅱ级充电机 具有双重或/和加强绝缘特性的充电机,为了把车辆底盘接地,它可以提供一个保护性导体	Ⅱ级充电机 ——基本绝缘作为基本防护; ——双重绝缘作为故障状态的防护; ——加强绝缘作为基本和故障防护

续表 1-34

标准条款	GB/T 18487.1—2001	IEC 61851-1:2010
定义		新增加 3.17～3.29 定义
对供电电压和电流的要求	电动车辆的交流电源电压的额定值最大可为 600 V	电动车辆的交流电源电压的额定值最大可为 1 000 V
充电模式 1	充电模式 1 要求在电源一侧有漏电流保护装置(RCD)。如果国家法令禁止在电源一侧安装 RCD 设备,那么就不能采用充电模式 1	充电模式 1 要求在电源一侧有功率和保护接地装置
充电模式 2	在电动车辆和插头或控制盒之间有控制导向器	利用功率和保护接地装置在电源一侧安装 RCD 设备
连接模式 A	无此要求	细分为:模式 A1 和模式 A2
连接模式 B	无此要求	细分为:模式 B1 和模式 B2 新增要求 6.3.2 加长电线组件 6.3.3 适配器
模式 2\3\4 的功能	中国标准在必备功有多一个要求——充电定额的选择	
可选功能	决定是否向充电部位通风	充电速率 确定通风要求的充电区域; 控制车辆的反向功率流
串行数据通讯	充电模式 1:不使用串行数据通讯; 充电模式 2:串行数据通讯是可选的; 充电模式 3:串行数据通讯是可选的; 充电模式 4:除了特殊的非车载充电机外,串行的数据通讯是必不可少的,以便于车辆能控制非车载充电机	对于模式 1、模式 2 和模式 3,串行数据通信是可选的。串行数据信息交换应提供模式 4,允许车辆控制场外的充电器,除了对于专用场外的充电器
容性的存储能量的放电	9.2.2 应低于 42.4 V(有效值 30 V)	7.2.3　应低于交流 42.4 V,直流 60 V
电源和电动车辆之间的连接	接口不同	
对专用的插孔、连接器、插头、插座和充电电缆等的要求	插孔、连接器、插头、插座不同	
分断能力		提出更明确的指标

续表 1-34

标准条款	GB/T 18487.1—2001	IEC 61851-1:2010
插拔力	8.11 连接和断开(锁紧设备未启用)操作所用的力应该小于80 N;测试方法正在考虑中(参见 GB/T 11918)	9.6 依照 IEC 62196-1 标准 16.15(自锁装置被释放)
IP 防护等级	8.9	11.3 IEC 标准更加明确
介电强度	8.4	11.4 IEC 标准更加明确
绝缘电阻	8.5	11.5 IEC 标准更加明确
电气间隙和爬电距离	8.6	11.6 IEC 标准更加明确
接触电流		11.7 新增
环境测试		11.8 新增
冲击	将充电插头或连接器从 1 m 高的地方跌落到水泥地面上 8 次后,应能继续工作。测试时(参见 GB/T 11918),连接器和插头应连接在电缆上	采用 IEC 60068-2-75
EMC		11.12 新增
标志和说明		11.15 新增
网络通讯		11.16 新增

第二篇

战略新兴产业之——
LED 照明产品相关标准法规

半导体照明是一种采用发光二极管(LED)作为光源的照明装置,广泛应用于装饰灯、城市景观照明、交通信号灯、大屏幕显示、仪器仪表指示灯、汽车用灯、手机及 PDA 背光源、电脑及普通照明等领域。LED 是英文 Light Emitting Diode(发光二极管)的缩写,它是半导体制成的光电器件,可将电能转换为光能。半导体照明相同亮度的能耗仅为普通白炽灯的十分之一,而寿命却为其 100 倍,被誉为"21 世纪新固体光源时代的革命性技术"。

随着节能减排技术不断更新换代、日新月异,LED 作为一种新兴照明技术也得到了迅猛发展。LED 照明产业的飞速发展和经贸全球化的不断推进对我国的 LED 照明制造厂商来说,即是机遇又是挑战。为了抓住发展机遇,使我国的 LED 照明产品畅销全球,必须翻越技术壁垒。

近几年来,各国(地区)LED 照明产业一直处于快速发展阶段,在全球化的背景下,各国(地区)发布了各种 LED 产业发展战略、政策法规以及标准规范大力推动 LED 照明行业发展。各国(地区)根据自身发展情况的不同,所发布的发展战略、政策法规以及标准规范也存在比较大的差异,本篇对各国(地区)的相关发展战略、政策法规以及标准规范进行分析综述,这些内容可作为 LED 照明产品从业人员在研发、制造、质检、销售、贸易、认证等时进行参考。

1 LED 照明产业发展战略研究解读

由于 LED 的节能特点,世界各国(地区)对 LED 的研发生产都极为重视,纷纷出台了很多政策进行支持和引导 LED 产品的发展。政策的支持是 LED 行业发展的指向灯,影响着 LED 行业的市场方向。

1.1 各国(地区)淘汰白炽灯计划

世界各国(地区)逐步淘汰白炽灯计划,推动了照明电器行业结构的优化升级和产品质量的整体提升,促进了 LED 照明技术的快速发展及 LED 照明产品的推广应用。在世界各国(地区)逐步淘汰白炽灯过程中,各国(地区)也制订了禁止使用白炽灯计划,详见表 2-1。

表 2-1 各国(地区)禁止使用白炽灯计划

国家/地区	禁止使用白炽灯过程
欧盟	照明灯具定出最低效率限制,2012 年全面禁止使用白炽灯
英国	2010 年逐步禁止使用白炽灯,2011 年全面禁止使用白炽灯
美国	2012 年~2014 年逐步淘汰大多数白炽灯

续表 2-1

国家/地区	禁止使用白炽灯过程
加拿大	2010 年逐步禁止使用白炽灯,2012 年全面禁止使用白炽灯
澳大利亚	2010 年逐步禁止使用白炽灯,2012 年全面禁止使用白炽灯
日本	2012 年停止制造及销售高耗能白炽灯
韩国	2013 年前禁止使用白炽灯
中国	在中国大陆,逐步淘汰白炽灯路线图分为五个阶段:2011 年 11 月 1 日~2012 年 9 月 30 日为过渡期;2012 年 10 月 1 日起禁止进口和销售 100 W 及以上普通照明白炽灯;2014 年 10 月 1 日起禁止进口和销售 60 W 及以上普通照明白炽灯;2015 年 10 月 1 日~2016 年 9 月 30 日为中期评估期;2016 年 10 月 1 日起禁止进口和销售 15 W 及以上普通照明白炽灯,或视中期评估结果进行调整。在中国台湾,2012 年全面禁止使用白炽灯

1.2 各国(地区)发展 LED 照明战略规划

1.2.1 欧盟 LED 照明规划

欧盟于 2000 年 7 月启动了"彩虹计划"。2000 年 7 月,欧盟实施彩虹计划(Rainbow project brings color to LEDs),设立执行研究总署(ECCR),通过欧盟的 BRITE/EURAM-3 program 支持推广白光 LED 的应用,委托 6 家公司(LSTM、CRHEA-CNRS、Epichem、Aixtron、Thomson-CSF、Philips)和两所大学(Surrey、Aveiro)执行,希望通过应用半导体照明实现高效、节能、不使用有害环境的材料、模拟自然光的目标。彩虹计划的主要内容是发展氮化镓基设备和相关的制造业基础设施。

1.2.2 美国 LED 照明规划

美国政府已经将发展 LED 照明技术提升到国家战略的高度上,立足国家战略,以周密详细的计划和全面有效的政策措施推动 LED 产业发展,是美国 LED 产业的一大突出特点。美国政府将"SSL 计划"列入"能源政策法案",从国家战略层面,提出一系列固态照明产业促进计划。该系列计划涉及基础能源科学、核心技术研究、产品开发、商业化支持、专利标准体系以及固态照明产业合作等多项内容,从而提高能源使用效率,推动能源结构调整。

2000 年,美国启动"国家半导体照明研究计划",计划将 LED 的发光效率在 2002 年达到 20 lm/W、2007 年达到 75 lm/W、2012 年前达到 150 lm/W、2020 年前达到 200 lm/W。2003 年美国能源部正式启动"SSL 计划"。2005 年 8 月美国国会通过"能源政策法案",该法案的第 912 节提出"支持 LED 固态照明技术的研究、发展、示范以及商业化,加速发展 LED 照明技术"。2009 年,美国总统奥巴马颁布的能源和环境发展规划号召发展"廉价、清洁、高效的能源",把发展新能源和可再生能源、提高能源使用效率、推动能源结构调整作为促进美国经济复苏和创造就业的最重要的举措。2012 年 4 月底,美国能源部发布了新一期"固态照明计划"(简称 SSL 计划)。该计划以技术研发、产品制造、商业化支持、专利标准体系等方面为重点,提出了促进美国 LED 产业发展的目标、路线及相应的对策措施。在"SSL 计划"的推动下,美国能源部预测,到 2030 年美国 LED 固态照明市场占有率将达到 73.7%。

美国的"SSL 计划"通过"能源之星认证"、CALiPER 测试、高技术产品奖(L—Prize)等措施发挥了规范市场的重要作用。如"能源之星"制定了LED产品专用的测试规范,制造商将产品测试报告及其他申请认证信息提交到美国环境保护局(EPA),经批准后,才能在产品上加贴能源之星标签,有效地实现了对市场的引导。CALiPER测试项目将公布市场产品的对比测试结果,为用户采购提供参考信息。L－Prize奖项的检测与评审非常严格,旨在帮助用户挑选最好的产品,树立业界标杆。

1.2.3 日本 LED 照明规划

日本在推动LED照明发展过程中,提出绿色采购法,对民营企业节能法规进一步强化,扩大道路照明效率化,以及家电环保点数,LED道路照明示范工程等政策。并且在2010年4月也将LED灯泡纳入环保积分制度中;除了日本经济产业省、环境省的补助外,各地方自治体也实施节能补助,2011年度有30多个县对LED照明实施补助,依个人或者事业单位由数万到数百万日元不等。除政策补助外,日本民间企业大力支持节能方案,松下公司2011年停止白炽灯的生产。

1.2.4 韩国 LED 照明规划

韩国政府积极推广节能照明,制定出一系列培育强化LED产业的相关政策,如"15/30普及计划"、"绿色成长国家战略"以及"绿色LED照明普及发展方案"等,并提出规划,2012年将LED照明的市场份额由2008年的8.3%提高至15%。韩国以城市为中心逐步扩大LED照明器具的使用。截至2010年4月,韩国首尔的公共机构整体约93万个照明器具中的17%已经更换为LED照明器具,并计划2020年前将首尔公共机构所有照明器具都更换为LED。2011年6月8日,韩国政府推出了新的节能目标:到2020年将实现公共事业机构100%LED照明,将全国LED照明普及率提升至60%。

1.2.5 中国 LED 照明规划

中国于2003年启动了国家半导体照明工程;2008年,财政部和国家发改委联合发布了《高效照明产品推广财政补贴资金管理暂行办法》,科学技术部发布在21个城市开展半导体照明应用工程试点工作;2009年,国家发改委、科技部、工信部、财政部、住房城乡建设部、国家质检总局联合制定了《半导体照明节能产业发展意见》。

中国科学技术部于2012年7月发布了《半导体照明科技发展"十二五"专项规划》,提出紧密围绕基础研究、前沿技术、应用技术到产业化示范的半导体照明全创新链,以增强自主创新能力为主线,以促进节能减排、培育半导体照明战略性新兴产业为出发点,以体制机制和商业模式创新为手段,整合资源,营造创新环境,加速构建半导体照明产业的研发、产业化与服务支撑体系,支撑"十城万盏"试点工作顺利实施,提升我国半导体照明产业的国际竞争力。

《半导体照明科技发展"十二五"专项规划》总体目标是:到2015年,实现从基础研究、前沿技术、应用技术到示范应用全创新链的重点技术突破,关键生产设备、重要原材料实现国产化;重点开发新型健康环保的半导体照明标准化、规格化产品,实现大规模的示范应用;建立具有国际先进水平的公共研发、检测和服务平台;完善科技创新和产业发展的政策与服务环境,建成一批试点示范城市和特色产业化基地,培育拥有知名品牌的龙头企业,形成具有国际竞争力的半导体照明产业。《半导体照明科技发展"十二五"专项规划》具体发展主要指标详见表2-2。

表 2-2 "十二"五专项规范科技发展主要指标

类别	序号	指　标	属性
科技	1	白光 LED 产业化光效达到（150 lm/W～200 lm/W），成本降低至 1/5	约束性
	2	白光 OLED 器件光效达到 90 lm/W	
	3	实现核心设备及关键材料国产化	
	4	LED 芯片国产化率达 80%	
	5	建立公共技术研发平台及检测平台	
	6	申请发明专利 300 项	
	7	发布标准 20 项	
经济	1	2015 年,国内产业规模达到 5 000 亿元	预期性
	2	形成 20～30 家龙头企业	
	3	国家级产业化基地 20 个,试点示范城市 50 个	约束性
社会	1	LED 照明产品在通用照明市场的份额达到 30%	预期性
	2	实现年节电 1 000 亿千瓦时,年节约标准煤 3 500 万 t	
	3	减少 CO_2、SO_2、NO_x、粉尘排放 1 亿 t	
	4	新增就业 200 万人	

2013 年 2 月,国家发改委、科技部、工信部、财政部、住房城乡建设部、国家质检总局等 6 部委联合发布《半导体照明节能产业规划》,提出发展目标为:到 2015 年,关键设备和重要原材料实现国产化,重大技术取得突破;高端应用产品达到国际先进水平,节能效果更加明显;LED 照明节能产业集中度逐步提高,产业集聚区基本确立,一批龙头企业竞争力明显增强;研发平台和标准、检测、认证体系进一步完善。

(1) 节能减排效果更加明显,市场份额逐步扩大

到 2015 年,60W 以上普通照明用白炽灯全部淘汰,市场占有率将降到 10% 以下;节能灯等传统高效照明产品市场占有率稳定在 70% 左右;LED 功能性照明产品市场占有率达 20% 以上。此外,LED 液晶背光源、景观照明市场占有率分别达 70% 和 80% 以上。与传统照明产品相比,LED 道路照明节电 30% 以上,室内照明节电 60% 以上,背光应用节电 50% 以上,景观照明节电 80% 以上,实现年节电 600 亿 kW·h,相当于节约标准煤 2 100 万 t,减少二氧化碳排放近 6 000 万 t。

(2) 产业规模稳步增长,重点企业实力增强

LED 照明节能产业产值年均增长 30% 左右,2015 年达到 4 500 亿元(其中 LED 照明应用产品 1 800 亿元)。产业结构进一步优化,建成一批特色鲜明的半导体照明产业集聚区。形成 10～15 家掌握核心技术、拥有较多自主知识产权和知名品牌、质量竞争力强的龙头企业。

(3) 技术创新能力大幅提升,标准检测认证体系进一步完善

LED 芯片国产化率 80% 以上,硅基 LED 芯片取得重要突破。核心器件的发光效率与应用产品的质量达到国际同期先进水平。大型 MOCVD 装备、关键原材料实现国产化,检

测设备国产化率达 70％以上。建立具有世界先进水平的研发、检测平台和标准、认证体系。

中国台湾地区也在组织实施相关计划,设立了有 16 个生产科研单位和大学参加的"21 世纪照明光源开发计划"。其主要产业政策包括:将 LED 产业列为重点发展产业,并给予必要的辅助,以推动产业内部合作和外部资源整合,达到成本上的竞争优势。中国台湾地区于 2007 年开始推动为期 4 年的"白光 LED 照明产业发展辅导计划",实施税收优惠政策。

2　LED 照明产品市场准入要求研究解读

近年来,各国(地区)LED 照明产业一直处于快速发展阶段,在全球化的背景下,各国(地区)发布了各种政策法规大力推动 LED 照明行业发展。各国(地区)对于准入要求各不相同,有安全方面准入要求、电磁兼容方面准入要求、也有能效方面准入要求等等。本部分对现在世界上 5 个主要 LED 照明产品研发、生产、销售国家(地区):欧盟、美国、日本、韩国和中国的准入要求进行分析综述,对各国(地区)准入要求在适用范围、符合性判断方法、涉及标准等方面进行研究比较。

2.1　欧盟

LED 照明产品的欧盟法规主要有安全方面的欧盟低电压指令,电磁兼容方面的电磁兼容指令,环保方面的 RoHS 指令(在电子电气设备中限制使用某些有害物质指令)和 WEEE 指令(报废电子电气设备指令),以及主要涉及能效方面的 ErP 指令(能源相关产品生态设计指令)。

2.1.1　欧盟低电压指令

2.1.1.1　法规简介

欧盟低电压指令 2006/95/EC(Low Voltage Directive,LVD)最早制定于1973 年,2006年 12 月 12 日,新版 LVD 指令 2006/95/EC 通过,并从 2007 年 1 月 16 日开始实施,旧版 LVD 指令 73/23/EEC 即行废止。欧盟低电压指令是欧盟电气安全法规体系最重要的一部法律,它规定了一定电压范围内电气设备的电气安全要求。低电压指令(LVD)旨在保证一定电压限值的电气设备向欧洲公民提供高水平保护和维护欧盟的整体市场。欧盟低电压指令是强制性的,政府不参与评定过程,只负责产品投放市场后的监督。

欧盟低电压指令适用于供电电压在交流 50 V～1 000 V 或直流 75 V～1 500 V 之间的电气设备。具体而言,低电压设备包含消费性产品及设计为在此电压范围内运作的设备,如家用电器、电动工具、照明设备、电线、电缆和管线,以及配线设备等。

2.1.1.2　符合性要求

欧盟低电压指令的符合性,可以由欧盟公告机构或第三方认证测试机构公告,或企业自我声明。涉及安全的准入要求:企业要加贴 CE 标志产品才能顺利进入欧洲市场,除了在程序上符合 LVD 指令的要求外,至关重要一点是需要按照相关的协调标准开展生产。粘贴CE 标志是一种强制性安全认证行为,是产品进入欧盟市场必要条件。欧盟法律要求加贴CE 标志的工业产品,若没有加贴 CE 标志,不得上市销售。CE 标志原则上属于自我声明,即制造商在确保自己的产品符合相应法规或标准的要求后,可以自行加贴该标志。但在很多情况下,许多进口商都会要求第三方认证,这样制造商需要向符合资质的第三方机构申请CE 标志。

LED 照明产品进入欧洲需要符合的安全标准要求主要有以下几方面：

——LED 模块安全性（EN 62031）；

——LED 照明设备电子控制装置（EN 61347-1，EN 61347-2-13）；

——设备光辐射安全性（EN 62471）；

——LED 灯具（EN 60598-1，EN 60598-2 系列标准）。

2.1.2 欧盟 ErP 指令

2.1.2.1 法规简介

在能效方面，欧盟对于 LED 照明产品能效要求主要体现在《能耗相关产品生态设计指令》（简称 ErP 指令）中。ErP 指令对 LED 照明产品的实施措施（2009/244/EC 和 2012/1194/EU）已经正式生效。

2005 年 7 月 22 日，欧盟正式颁布了《耗能相关产品生态设计指令》（ErP 指令）。

2009 年 3 月 18 日，欧盟颁布非定向家用灯的生态设计要求（2009/244/EC）。

2012 年 12 月 14 日，欧盟发布指令 2012/1194/EU《关于定向灯、LED 灯及相关设备的生态设计要求指令》，提出了对定向灯的最低能效要求、定向灯和 LED 灯及相关设备的功能性要求和信息要求。

2.1.2.2 符合性要求

ErP 指令是强制性指令，所有出口到欧盟的 LED 照明产品必须符合 2009/244/EC 指令和 2012/1194/EU 指令的要求。

2009/244/EC 指令适用非定向家用灯范围内的 LED 照明产品包括使用发光二极管的 LED 灯。2009/244/EC 主要规定了市场上的非定向家用灯（包括销售目的为非家用和整合至其他产品的灯）的生态设计要求，其中，非定向家用灯就包括了使用发光二极管的 LED 灯。对非定向 LED 灯的要求，主要包括光效要求、产品信息要求、合格评定要求以及市场监管要求等。2009/244/EC 指令的符合性，可以由欧盟公告机构或第三方认证测试机构公告，或企业自我声明。2009/244/EC 指令纳入 CE 标志合格评定体系中，产品符合相关法规和技术要求后，才能粘贴 CE 标志。

2012/1194/EU 指令适用于定向家用灯范围内的 LED 照明产品，包括使用发光二极管的 LED 灯。2012/1194/EU 主要规定了市场上的定向家用灯、LED 灯及相关设备的生态设计要求。对定向 LED 灯的要求，主要包括能效要求、功能性要求（含定向和非定向 LED 灯）、产品信息要求、合格评定要求以及市场监管要求等。2012/1194/EU 指令的符合性，可以由欧盟公告机构或第三方认证测试机构公告，或企业自我声明。2012/1194/EU 指令纳入 CE 标志合格评定体系中，产品符合相关法规和技术要求后，才能粘贴 CE 标志。

（1）定向 LED 灯的能效要求

定向 LED 灯的能效指数（EEI）按如下公式计算，并精确到两位小数：

$$EEI = P_{cor} / P_{ref}$$

式中，P_{cor} 是在标称输入电压下测得的额定功率，并按照表 2-3 进行校正。

P_{ref} 是通过下述公式利用灯的可用光通量（ϕ_{use}）而得到的基准功率：

对于 $\phi_{use} < 1\ 300$ lm：$P_{ref} = 0.88\ \sqrt{\phi_{use}} + 0.049\phi_{use}$

对于 $\phi_{use} \geqslant 1\ 300$ lm：$P_{ref} = 0.073\ 41\phi_{use}$

ϕ_{use}是按照下述确定的：

——光束角$\geqslant$90°的非灯丝灯的定向灯并包装上有一个警告"该灯不适用于局部照明"：120°锥角内的额定光通量（ϕ120°）；

——其他定向灯：90°锥角内的额定光通量（ϕ90°）。

表 2-3　校正系数

校正的范围	校正后的功率（P_{cor}）
依赖外部卤素灯控制装置进行工作的灯	$P_{额定} \times 1.06$
依赖外部 LED 灯控制装置进行工作的灯	$P_{额定} \times 1.10$
依赖外部荧光灯控制装置进行工作的直径为 16 mm（T5灯）的荧光灯和 4 插脚单帽荧光灯	$P_{额定} \times 1.10$
依赖外部荧光灯控制装置进行工作的其他灯	$P_{额定} \times \dfrac{0.24\ \sqrt{\phi_{use}}+0.010\ 3\phi_{use}}{0.15\ \sqrt{\phi_{use}}+0.009\ 7\phi_{use}}$
依赖外部高强度放电灯控制装置进行工作的灯	$P_{额定} \times 1.10$
显色指数$\geqslant$90 的紧凑型灯	$P_{额定} \times 0.85$
带防刺眼屏的灯	$P_{额定} \times 0.80$

定向 LED 灯的最大 EEI（能效指数）见表 2-4。

表 2-4　定向 LED 灯的最大能效指数（EEI）

生效日期	最大能效指数（EEI）			
	电网电源灯丝灯	其他灯丝灯	高强度放电灯	其他灯
2013 年 9 月 1 日	如果 ϕ_{use}>450 lm：1.75	如果 $\phi_{use}\leqslant$450 lm：1.20； 如果 ϕ_{use}>450 lm：0.95	0.50	0.50
2014 年 9 月 1 日	1.75	0.95	0.50	0.50
2016 年 9 月 1 日	0.95	0.95	0.36	0.20

（2）非定向 LED 灯的光效要求

表 2-5 中给出了某一给定额定光通量（ϕ）的最大额定功率（P_{max}）。

表 2-6 中给出了适用于最大额定功率的校正系数。

表 2-5　给定额定光通量（ϕ）的最大额定功率

生效日期	给定额定光通量（ϕ）的最大额定功率/W	
	透明灯	非透明灯
2009 年 9 月 1 日	$0.8 \times (0.88\sqrt{\phi}+0.049\phi)$	$0.24\sqrt{\phi}+0.010\ 3\phi$
2016 年 9 月 1 日	$0.6 \times (0.88\sqrt{\phi}+0.049\phi)$	$0.24\sqrt{\phi}+0.010\ 3\phi$

表 2-6 校正系数

校正的范围	最大额定功率/W
需要外部电源的灯丝灯	$P_{max}/1.06$
具有 GX53 灯头的放电灯	$P_{max}/0.75$
显色指数≥90 且 $P≤0.5×(0.88\sqrt{\phi}+0.049\phi)$的非透明灯	$P_{max}/0.85$
显色指数≥90 且 $Tc≥5\,000$ K 的放电灯	$P_{max}/0.76$
具有第二层玻壳且 $P≤0.5×(0.88\sqrt{\phi}+0.049\phi)$的非透明灯	$P_{max}/0.95$
需要外部电源的 LED 灯	$P_{max}/1.1$

（3）LED 灯的功能要求

定向 LED 灯和非定向 LED 灯的功能要求见表 2-7。

表 2-7 LED 灯的功能要求

功能参数	除另有说明外，从 2013 年 9 月 1 日起实施
6 000 h 时灯的存活系数	从 2014 年 3 月 1 日起，≥0.90
6 000 h 时的流明维持	从 2014 年 3 月 1 日起，≥0.80
失效前的开关周期次数	如果灯的额定寿命不小于 30 000 h，则≥15 000 次；否则开关次数应≥灯寿命时间的一半（以小时表示）
起动时间	<0.5 s
灯达到 95%ϕ 的预热时间	<2 s
过早失效率	1 000 h 时，≤5.0%
显色指数（Ra）	≥80； ≥60，如果灯打算户外或工业用途
颜色一致性	色坐标的变化在一个 6 步色分辨（Mac Adam）椭圆或更小的圆以内
装有控制装置的灯的功率因数（PF）	$P≤2W$:没有要求； $2\,W<P≤5\,W$:PF>0.4； $5\,W<P≤25\,W$:PF>0.5； $P>25\,W$:PF>0.9

（4）LED 灯的制造商应提供的信息

非定向 LED 灯的制造商应提供的信息见 2009/244/EC 指令附录Ⅱ的 3.1。

定向 LED 灯的制造商应提供的信息见 2012/1194/EU 指令附录Ⅲ的 3.1。

对用于替代荧光灯的不带一体式镇流器的 LED 灯的制造商，应提供如下附加信息：

除提供定向和非定向 LED 灯所需要的产品信息外，用于替代荧光灯的不带一体式镇流器的 LED 灯的制造商，应在公众可免费登陆的网站上和以他们认为适合的任何一种方式提供一个警告，内容是，使用这种 LED 灯的任何装置的总能效和光分布是由装置的设计所决定的。

只有在满足下述条件时，才可以声称 LED 灯替代某一瓦数的荧光灯而不带一体式镇流器：

——围绕灯管轴的任何一方向上的光强度与平均光强度的偏差不要超过 25%，且

——LED 灯的光通量不低于该声称瓦数的荧光灯的光通量。荧光灯的光通量应通过用（2009/245/EC 指令中对应荧光灯的）最小光效值乘以声称的瓦数来得到，且

——LED 灯的瓦数不高于它所声称替代的荧光灯的瓦数。

LED 灯的技术文档应提供数据来支持这种声称。

ErP 指令优先采用欧盟协调标准进行产品测试，依照实施措施中的技术要求和指标，达到相应的指标和技术要求。2009/244/EC 指令和 2012/1194/EU 指令均在第 4 条规定了 LED 产品的合格评定要求，即按照 ErP 指令的附录 IV"内部设计控制"或附录 V"符合性评估管理体系"进行，非定向和定向 LED 灯生产企业可以选择两者中任何一种途径来满足 ErP 指令的符合性要求。若采取内部设计控制模式，企业应对产品进行测试评估，或选择第三方机构进行检测认证，并准备一份符合要求的技术档案。

2.1.3 欧盟其他指令

2.1.3.1 电磁兼容要求

在电磁兼容方面，LED 照明产品必须符合欧盟电磁兼容指令（2004/108/EC）要求，测试标准依据照明设备 EMC 标准。与一般照明设备相同，欧盟对于 LED 照明产品的 EMC 要求分为电磁骚扰、抗扰度、谐波电流和电压波动四方面。主要标准有：

EN 55015《电气照明和类似设备的无线电骚扰特性的限值和测量方法》；

EN 61547《一般照明用设备电磁兼容抗扰度要求》；

EN 61000-3-2《电磁兼容—限值—谐波电流发射限值（设备每相输入电流≤16A）》；

EN 61000-3-3《电磁兼容—限值—对每相额定电流≤16 A 且无条件接入的设备在公用低压供电系统中产生的电压变化、电压波动和闪烁的限制》。

2.1.3.2 环保要求

在环保方面，欧盟与 LED 灯具有关的法规主要是《在电子电气设备中限制使用某些有害物质指令》（RoHS，2002/95/EC）和《报废电子电气设备指令》（WEEE，2002/96/EC），分别规定了有害物质限量和废弃产品回收要求。

2.2 美国

LED 照明产品美国准入要求主要有安全方面要求，电磁兼容方面要求，以及能效方面要求。

2.2.1 安全要求

2.2.1.1 法规简介

美国国家电气法规（National Electrical Code，简称 NEC）是美国国家防火协会（National Fire Protection Association，简称 NFPA）所制订。NFPA 制定了一系列的防火标准，NEC 法规的编号为 NFPA-70，其内容不只限于防火，也包括人身安全和财产安全的规定。目前 NEC 已经被美国全部 50 个州所采用。NEC 通过为各种建筑的电气配线和设备制定要求来保护公众安全，这部美国电气安全领域最重要的文件依据最新的技术和行业需求每三年进行一次修订，现最新版本为 2014 年版。

NEC 的核心是消防安全、电气安全以及触电危险的防护，降低火灾危险。NEC 在照

明、电气材料等方面规定了一系列安全标准要求,涵盖了公共与私有建筑物或其他结构、工业设施以及娱乐场所的电导体与电气安装。

2.2.1.2 符合性要求

对于电气产品本身的电气安全要求,美国联邦层面上没有统一强制性的法规规定,主要是民间自愿性的 UL(Underwriter Laboratories Inc.,美国保险商试验室)等认证,其强制性视各个州而定。目前美国广泛认可的 UL 认证,所依据 UL 安全标准很大程度上是根据美国国家电器规范(NEC)及建筑安装要求而制定,若产品获得 UL 认证,则意味着符合了 NEC 法规的要求。

美国市场对于半导体照明产品的安全要求主要体现在 LED 模块、LED 控制模块、LED 电源、LED 灯具及自镇流 LED 灯等产品上。其中,UL 8750 对 LED 模块、LED 控制模块、LED 电源提出了详细的安全要求。此外,LED 电源安全还可参照 UL1310、UL1012 中的相应规定。而 UL1598、UL1993、UL1574 等系列 UL 有关传统照明设备的标准为半导体照明的终端产品提出了安全规范。如果要顺利进入美国市场,企业需要根据以上要求综合进行考核。UL 有关 LED 照明产品标准见表 2-8。

表 2-8　UL 相关的 LED 照明产品标准

项　目	UL 标准
LED	UL Subject 8750《用于照明产品的发光二极管(LED)》 注:该标准对 LED 产品的模块、电源及控制模块进行了规定
灯具	UL 48《信号灯》
	UL 153《便携式电子灯具》
	UL 588《圣诞灯串》
	UL 676《水下灯具》
	UL 924《应急灯》
	UL 1573《舞台灯》
	UL 1574《轨道灯》
	UL 1598《固定式灯具》
	UL 1786《小夜灯》
	UL 1838《低压景观灯》
	UL 2108《低压灯系统》
	UL 2388《水管灯》
自镇流灯	UL 1993《自镇流灯》
电源	UL 1012《非 2 类电源设备安全标准》
	UL 1310《2 类电源设备安全标准》

2.2.2　能效要求

2.2.2.1　认证简介

美国能源部(DOE)和环保署(EPA)管理的美国能源之星,是属于自愿性认证的能效要求。2009年1月,"能源之星"制定了整体式LED灯的认证规范;灯具(包括LED照明灯具)能源之星规范于2011年7月5日发布1.1版,于2011年4月1日开始生效;2011年5月13日,最新版本LED灯具能源认证规范V1.4版本发布。

2.2.2.2　符合性要求

制造商通过能源之星授权试验室进行产品检测,获得测试报告,可在美国EPA管辖的能源之星网站进行登记注册,经认证评定,获得许可后在产品上粘贴能源之星标签。

(1)灯具能源之星规范

范围:非定向家用灯具,包括室内和室外灯具;定向家用灯具,包括筒灯、线槽灯、室外柱灯、橱柜灯等;定向商用灯,包括筒灯、便携式案头台灯等。

技术要求:本规范规定了定向和非定向灯具的寿命、光通维持率、相关色温(CCT)、显色性(CR)、调光线、功率因子(PF)、瞬时保护、电流波峰系数、操作频率、噪音、电磁兼容等通用要求,还有LED灯具的初始光效、光源最低初始光输出和区间流明密度。

(2)整体式LED灯能源之星规范

范围:整体式LED灯,它被定义为一种包含发光二极管、一个集成LED驱动器和一个符合ANSI(American National Standard Institute,美国国家标准协会)标准的用于通过ANSI标准灯座/插座连接到支电路的底座的灯。该规范所适用的产品范围包括计划取代通用白炽灯,装饰(烛台风格)灯和标准反射灯的整体式LED灯,以及非标准灯(non-standard lamps)。

技术要求:分三方面,首先是面向所有整体式LED灯的要求进行规定;其次对非标准灯的能效要求进行规定;最后对替换灯的能效要求进行规定。

2.2.3　电磁兼容要求

根据美国联邦通讯法规相关部分(CFR 47部分)的规定,凡进入美国的电子类产品都需要进行电磁兼容认证(一些有关条款特别规定的产品除外),其中比较常见的认证方式有三种:认证(Certification)、声明[Declaration conformity(DOC)]、验证(Verification),其认证的严格程度递减,这三种认证方式和程序有较大的差异,不同的产品可选择的认证方式在FCC(Federal Communications Commission,美国联邦通讯委员会)中有相关的规定。针对这三种认证,FCC委员会对各试验室也有相关的要求:

——认证(Certification):大多数用于一般无线电产品申请方面。必须由FCC委员会人员审查实验报告,经核准后发给认可证书;

——声明[Declaration conformity(DOC)]:这类申请主要针对IT产品和周边辅助设备。不需要FCC委员会人员审查检测报告,厂商可使用自我认证的方式。自我认证测试报告必须由FCC注册的实验室发出;

——验证(Verification):FCC A类产品可沿用自我认证方法,申请程序不需经由FCC委员会审核。

对于LED照明产品,如果产品使用开关电源作为电源供应,而电源的工作频率大于

9 kHz，也就是 LED 照明产品的工作频率大于 9 kHz（整流前），则必须满足 FCC 第 18 部分的要求；如果电源工作频率小于 9 kHz 或是使用直流供电，则适用 FCC 第 15 部分。

因为中国和美国还没有 MRA 互认协议，中国的实验室是不能出 FCC DOC 证书的，所以目前国内 LED 照明产品普遍采用申请 FCC 认证（Certification）模式。

2.3 日本

LED 照明产品日本准入要求主要有安全方面要求，以及电磁兼容方面要求。

2.3.1 安全要求

2.3.1.1 法规简介

日本经济产业省在昭和三十六年十一月十六日法律第二百三十四号（1961 年 11 月 16 号）发布了《电气用品安全法》。《电气用品安全法》经过多次修订之后，现在其所管制的产品一共有 454 种，分为 A、B 两大类，采用不同管理要求。A 类为特定产品，共 115 种，为可能有危险或导致伤害的产品，采取强制性认证；B 类为非特定产品，共 339 种，采取自愿性认证。

《电气用品安全法》包含七章：通则、交易报告、电气用品的合格评定、限制销售和使用、合格评定机构的认可（包括授权、批准以及防止危害发生的命令）、其他规定、处罚条款。

2.3.1.2 符合性要求

《电气用品安全法》是涉及安全的市场准入法规，其规定任何生产、进口或销售电气用品的相关人员，不得在加贴 PSE（Product Safety of Electrical Appliance & Materials，电气器具和材料产品安全）标志前，以销售为目的销售或展示电气用品；此规定不包括用于特殊用途并且获得 METI 许可的电气用品。对于特定产品，通报供应商应在产品销售前由 METI 授权或批准的合格评定机构进行评定，获得并保持合格证书。

PSE 认证依据的技术标准有两套：一套是日本本土标准（以下简称"第 1 项"标准）；一套是引用 IEC 标准并加上日本国家差异的标准，也称为 J 标准或"第 2 项"标准。由于替代白炽灯泡、荧光灯管的 LED 灯具在日本市场上大量上市，2011 年 7 月，日本经济产业省公布《关于修订电气用品安全法施行令的部分内容的政令》。根据该政令的最新规定，进入日本市场销售的 LED 灯泡及 LED 灯具于 2012 年 7 月 1 日开始须加贴圆形 PSE 标志，属于自愿性认证。LED 灯具和 LED 灯泡不依据 J 标准或"第 2 项"标准进行检测，而依据日本"第 1 项"标准进行检测。LED 驱动装置是属于强制性认证，依据 J 61347-2-13 进行检测。

2.3.1.3 其他要求

目前，一些检测机构开展针对半导体照明产品进入日本市场的"S 标志"认证，"S 标志"是一种自愿性的认证，符合相关认证要求后，可以加贴 S 标志。

LED 产品"S 标志"认证目前主要依据"第 1 项"标准和 IEC 标准来进行测试认证。

可以开展"S 标志"认证的机构及其图标见图 2-1。

S-JETマーク

（認証機関：一般財団法人　電気安全環境研究所）

S-JQAマーク

（認証機関：一般財団法人　日本品質保証機構）

S-UL Japanマーク

（認証機関：株式会社UL Japan）

S-TÜV Rheinlandマーク

（認証機関：テュフ・ラインランド・ジャパン株式会社）

图 2-1　可开展"S标志"认证的机构及其图标

2.3.2　电磁兼容要求

在电磁兼容方面,日本与 LED 照明设备相关的标准主要是 J 55015《电气照明和类似设备的无线电骚扰性能的限值和测试方法》。LED 驱动装置是属于强制性认证,依据 J 55015 进行检测。如果是 LED 灯具和 LED 灯泡,依据 2011 年 7 月本经济产业省公布的《关于修订电气用品安全法施行令的部分内容的政令》最新规定,属于自愿性认证,需要满足日本"第 1 项"标准中的相关电磁兼容条款的要求。

2.4　韩国

LED 照明产品韩国准入要求主要有安全方面要求,以及电磁兼容方面要求。

2.4.1　韩国安全要求

2.4.1.1　法规简介

韩国知识经济部是制定电器安全法律、法规及行政部门。其下属机构——韩国技术标准院(KATS),负责制定和实施电器安全认证。韩国强制性电器产品安全认证的依据是 1974 年制定的《电器安全控制法》(Electrical Appliances Safety Control Act)。1999 年 9 月 7 日,韩国颁布了 Act 6019,对《电器安全控制法》进行了修订,并于 2000 年 7 月 1 日起实施。

《电器安全控制法》是韩国主要的电器安全法规,目的是为制造、装配、加工、销售和使用电器过程的安全控制提供有关事项及规定,以防止发生危险和麻烦,如火灾和触电等问题。制定了电器安全审查与认证制度,并对电器安全认证的标志、产品范围、申请、撤销及监管等内容进行了明确规定。在管理体系中设立了韩国电器安全公社,规定其主要职能及管理制度等。《电器安全控制法》的范围包括电源开关、交流电源或电源电容器、电工设备元件及连接附件;电器保护元件、绝缘变压器;电器;电动工具;视听应用设备、导线与电源线;IT 及办公设备;照明设备等。

2.4.1.2　符合性要求

依据韩国《电器安全控制法》的要求,供电电压在 50 V～1 000 V 的电气产品要进行产品认证。进入韩国市场的产品应符合韩国安全要求,根据危险程度对电气设备应用不同的安全管理,划分为强制性认证和自律性认证。

韩国于 2009 年 1 月 1 日对所有电子和电器产品强制使用 KC(Korea Certification,韩国认证)标志,列入目录产品经过认证合格并拿到认证证书后,需要粘贴 KC 认证标识;2012 年 7 月,对电器安全和电磁兼容的重叠监管进行调整,把现行的韩国电气用品安全认证(KC 认证)的证书分为安全认证和电磁兼容认证两个部分。

韩国技术标准院是指定的可颁发 KC 标志证书的第三方认证机构,根据认证申请书及其授权的实验室所出具的检测报告对产品签发型式批准证书、并对市场实施监督。

LED 灯具、LED 灯泡、电源控制装置都在 KC 认证范围内。申请韩国 KC 认证时,LED 灯具适用 K60598-1、K60598-2 系列标准,LED 灯泡适用 K10023 标准,LED 电源控制装置适用 K61347-1、K61347-2-13 标准。

2.4.2 电磁兼容要求

2012 年 7 月 1 日起,韩国知识经济部(Ministry of Knowledge Economy,MKE)与韩国通信委员会(Korea Communications Commission,KCC)将分别管理安全认证与 EMC 认证。与 LED 照明产品相关的基本的 EMC 标准有:

K61547《通用照明设备——EMC 抗扰性要求》

K00015《电子照明和类似设备的无线骚扰特征的限值和测量方法》

2.5 中国

LED 照明产品中国准入要求主要有安全方面要求、电磁兼容方面要求以及能效方面要求。

2.5.1 安全要求

2.5.1.1 法规简介

我国政府按照世贸组织有关协议和国际通行规则,为保护广大消费者人身和动植物生命安全,以强制性产品认证制度替代原来的进口商品安全质量许可制度和电工产品安全认证制度;2001 年 12 月,国家质检总局首次发布了《强制性产品认证管理规定》,2009 年 5 月进行了更新。列入《实施强制性产品认证的产品目录》中的产品包括家用电器、汽车、安全玻璃、医疗器械、电线电缆、玩具、照明设备等产品,是属于强制性认证。

2.5.1.2 符合性要求

《强制性产品认证管理规定》包含六章:总则、认证实施、认证证书和认证标志、监督管理、罚则、附则。规定的相关产品必须经过国家认监委指定的认证机构认证(以下简称强制性产品认证),并标注 CCC(China Compulsory Certification,中国强制认证)认证标志后,方可出厂、销售、进口或者在其他经营活动中使用。

强制性认证类 LED 灯具(包括 LED 普通固定式灯具、LED 普通可移式灯具、LED 嵌入式灯具、LED 水族箱灯具、LED 电源插座安装的夜灯、LED 地面嵌入式灯具等 6 类 LED 灯具产品)的安全方面,需要满足 GB7000 系列标准中相应产品标准的要求。

2.5.1.3 其他认证要求

CQC(CHINA QUALITY CERTIFICATION CENTER,中国质量认证中心)标志认证是中国质量认证中心开展的自愿性产品认证业务之一,以加施 CQC 标志的方式表明产品符合相关的质量、安全、性能、电磁兼容等认证要求,认证范围涉及机械设备、电力设备、电器、电子产品、纺织品、建材等500多种产品。

除强制性认证以外的LED灯具、LED驱动装置、自镇流LED灯、普通照明用LED模块等产品,属于非强制性认证类;

——LED灯具安全方面,依据GB 7000系列标准中相应产品标准进行检测;

——LED驱动装置安全方面,依据GB 19510.1和GB 19510.14标准进行检测;

——自镇流LED灯安全方面,依据GB 24906标准进行检测;

——普通照明用LED模块安全方面,依据GB 24819标准进行检测。

2.5.2　能效要求

2.5.2.1　认证简介

节能认证是中国质量认证中心开展的自愿性产品认证业务之一,旨在通过开展资源节约认证,促使消费者对节能产品的主动消费,引导和鼓励节能产品的推广和技术水平的进步,以加施"节"标志的方式表明产品符合相关的节能认证要求,是属于自愿性认证,认证范围涉及电器、办公设备、照明等产品。

2.5.2.2　符合性要求

列入节能目录产品的生产者或者销售者委托中国质量认证中心对其生产、销售的产品进行节能认证。相关产品经过认证合格后,并在相关产品上标注节能认证标志。列入节能目录的LED照明产品是:

——LED道路隧道照明产品;

——LED筒灯;

——反射型自镇流LED灯;

——普通照明用非定向自镇流LED灯。

其中,LED道路隧道照明产品依据CQC 3127—2010《LED道路隧道照明产品节能认证技术规范》进行认证;LED筒灯依据CQC 3128—2010《LED筒灯节能认证技术规范》进行认证;反射型自镇流LED灯依据CQC 3129—2010《反射型自镇流LED灯节能认证技术规范》进行认证;普通照明用非定向自镇流LED灯依据CQC 3130—2011《普通照明用非定向自镇流LED灯节能认证技术规范》进行认证。

2.5.3　电磁兼容要求

在电磁兼容方面,LED照明产品需要满足GB 17743和GB 17625.1标准要求(LED路灯还要满足GB/T 18595标准)。

2.6　各国(地区)市场准入要求差异分析比较

2.6.1　各国(地区)市场准入要求差异汇总

LED照明产品各国(地区)安全和电磁兼容方面市场准入要求,以及能效方面准入要求在适用范围、符合性判断方法、涉及标准等方面的比较,详见表2-9和表2-10。

表 2-9　LED 照明产品各国(地区)安全和电磁兼容市场准入要求差异分析

项目	欧盟安全和电磁兼容准入要求	美国安全和电磁兼容准入要求	日本安全和电磁兼容准入要求	韩国安全和电磁兼容准入要求	中国安全和电磁兼容准入要求
法规名称	低电压指令、电磁兼容指令	国家电气法规、联邦法规的 15 卷和 47 卷(47 CFR)	电气用品安全法	电器安全控制法	强制性产品认证管理规定
发布/执行机构	欧盟理事会和委员会	美国国家防火协会、美国联邦通信委员会(FCC)	日本经济产业省	韩国知识经济部	中国质检总局
符合性标志的加贴	要求强制性加贴 CE 标志	要求自愿性加贴安全认证标志;强制性加贴电磁兼容验证标志或 FCC 标志	要求强制性加贴 PSE 标志	要求强制性加贴 KC 标志	要求强制性加贴 CCC 标志
符合性判定方法	由欧盟公告机构或第三方认证测试机构公告,或企业自我声明	安全:美国联邦层面上没有统一的强制性合格评定方法,主要采用民间自愿性的 UL 等认证;电磁兼容:Certification、DOC、Verification 三种认证方式	特定产品(如 LED 电源控制装置)由合格评定机构进行强制认证;非特定产品(如 LED 球泡灯、LED 灯具)可以由合格评定机构进行自愿认证或企业自我声明	韩国技术标准院指定的可颁发 KC 标志证书的第三方认证机构进行认证	经过国家认监委指定的认证机构强制认证
适用范围	LED 系列灯具 LED 控制装置	LED 系列灯具 LED 控制装置 自镇流 LED 灯	LED 灯具和 LED 灯泡 LED 驱动装置	LED 系列灯具 LED 模块 LED 灯泡	LED 普通固定式灯具、LED 普通可移式灯具、LED 嵌入式灯具等 6 类 LED 灯具
涉及的标准或规范	LED 系列灯具:EN 60598-1、EN 60598-2 系列标准;LED 控制装置:EN 61347-1、EN 61347-2-13;电磁兼容:EN 55015、EN 61547、EN 61000-3-2、EN 61000-3-3	LED 系列灯具:UL Subject 8750、UL 1598、UL 153 等标准;LED 控制装置:UL 1310、UL 1012;自镇流 LED 灯:UL 1993;电磁兼容:FCC Part 15、FCC Part 18	LED 灯具和 LED 灯泡:日本"第 1 项"标准;LED 驱动装置:J 61347-2-13;电磁兼容:日本"第 1 项"标准、J55015	LED 系列灯具:(K60598-1,K60598-2 系列标准);LED 模块:K62031;LED 灯泡:K10023;电磁兼容:K61547、K00015	LED 普通固定式灯具、LED 普通可移式灯具、LED 嵌入式灯具等 6 类 LED 灯具:GB 7000 系列对应特殊标准;电磁兼容:GB 17743、GB 17625.1

续表 2-9

项目	欧盟安全和电磁兼容准入要求	美国安全和电磁兼容准入要求	日本安全和电磁兼容准入要求	韩国安全和电磁兼容准入要求	中国安全和电磁兼容准入要求
其他要求	—	—	日本"S标志"自愿性认证,符合相关认证要求后,可以加贴S标志		中国质量认证中心开展的CQC标志自愿性认证,涉及除强制性认证以外的LED灯具、LED驱动装置、自镇流LED灯、普通照明用LED模块等产品,符合相关认证要求后,可以加贴CQC标志

表 2-10　LED照明产品各国(地区)能效准入要求差异分析

项目	欧盟能效准入要求	美国能效准入要求	日本能效准入要求	韩国能效准入要求	中国能效准入要求
能效要求名称	欧盟ErP指令	能源之星	—	—	节能认证
发布/执行机构	欧盟理事会和委员会	美国能源部(DOE)和环保署(EPA)			中国质量认证中心
符合性标志的加贴	要求强制性加贴CE标志	自愿性加贴能源之星标志	—		自愿性加贴"节"标志
符合性判定方法	由欧盟公告机构或第三方认证测试机构公告,或企业自我声明	制造商自愿通过能源之星授权试验室通过产品检测,获得测试报告,登记注册,经认证评定后可获得许可	—	—	制造商自愿通过中国质量认证中心对LED产品进行节能认证
适用范围	非定向家用LED灯、定向LED灯	LED灯具、整体式LED灯	—	—	LED道路/隧道照明产品;LED筒灯;反射型自镇流LED灯;普通照明用非定向自镇流LED灯

续表 2-10

项目	欧盟能效准入要求	美国能效准入要求	日本能效准入要求	韩国能效准入要求	中国能效准入要求
涉及的标准或规范	非定向家用灯的生态设计要求（2009/244/EC）；定向灯、LED灯及相关设备的生态设计要求（2012/1194/EU）	《LED灯具能源之星认证规范》；《整体式LED灯能源之星认证规范》	—	—	CQC 3127—2010《LED道路隧道照明产品节能认证技术规范》；CQC 3128—2010《LED筒灯节能认证技术规范》；CQC 3129—2010《反射型自镇流LED灯节能认证技术规范》；CQC 3130—2011《普通照明用非定向自镇流LED灯节能认证技术规范》

2.6.2 企业如何更好满足各国(地区)准入要求

近年来，得益于国家政策扶持与推动和 LED 技术的飞速发展，我国 LED 照明行业蓬勃发展。但是，LED 照明企业数量众多、规模有大有小，它们的技术水平和应对风险能力参差不齐，总体呈现技术水平低、抗风险能力差的特点。特别是大量中小型 LED 照明企业，非常缺乏应对目前各种国内外市场准入的技术法规和标准的能力。因此，LED 照明企业能否满足国外市场准入技术法规和标准的要求，是能否更好地发展乃至于能否生存的一个先决条件。

首先，LED 照明企业应从思想上重视，紧密关注目标市场的技术法规动态，主动应对，加强学习各种国内外市场准入要求和认证标准要求，加大 LED 产品研发力度；争取在产品设计之前就结合市场准入要求和认证标准要求一起研发，而不是产品设计生产出来以后才考虑满足准入要求和认证标准要求。

其次，LED 照明企业需要完善内部标准，实现标准化管理。LED 照明产品的设计、工艺文件的编制、原料投入、工人的操作、LED 照明产品的生产等，都是企业需要进行标准化的对象。LED 照明企业在结合自身的产品来制定企业标准的过程中需要参考国际、国家、行业、地方标准，特别是相关的目标出口国的强制性标准的规定。

随着经济全球化，一体化进程的发展，LED 照明产品进出口业务也会更加增多，客观上要求 LED 照明制造商更加重视对各国(地区)市场准入要求的收集和分析，对各国(地区)市场准入要求中涉及的标准或规范进行深入研究，使生产出来的 LED 照明产品符合各国(地区)市场准入要求。特别是在各国(地区)现今对安全、电磁兼容、能效、环保等方面都提出了更新、更高要求的背景下,对 LED 照明制造企业提出了更严格的要求。

3　LED 照明产品标准规范研究解读

　　LED 照明产品技术也发展非常快,各种新型 LED 照明产品最近几年在市场上层出不穷。为了适应各种 LED 照明新产品的评价要求,相关的检测及评价技术标准或技术规范也迅速发展,最近新颁布的国际标准、国家标准及行业或地方标准或技术规范数量也较多,同时还有一部分 LED 照明产品国内外标准目前正在制定和完善过程中。

　　LED 照明产品按照产品类型分类,可以分为 LED 灯具产品、LED 用控制器产品、LED 光源产品及 LED 连接器产品等类型;LED 照明产品按照标准规范内容分类,可以分为安全领域标准规范、性能领域标准规范、能效领域标准规范及电磁兼容领域等标准规范;LED 照明产品按照标准规范发布来源分类,可以分为国际标准规范、欧盟标准规范、国家标准规范及我国的行业或地方标准或技术规范。本章按照产品类型分类,分别对 LED 灯具、LED 用控制器、LED 光源及 LED 连接器的标准规范进行分析比较。

3.1　LED 灯具标准规范分析研究

3.1.1　LED 灯具标准规范汇总

　　LED 灯具标准规范按照标准发布国家来源和标准内容等分类,对国际、欧盟、美国、日本、韩国、中国的安全、性能、方法、能效及电磁兼容等领域标准进行汇总,详见表 2-11。

表 2-11　LED 灯具标准规范汇总

序号	国际/地区/国家	标准/规范编号	标准/规范名称	标准/规范类别
1	国际 IEC	IEC 60598-1	灯具产品的通用安全要求	安全
2	国际 IEC	IEC 60598-2-1～ IEC 60598-2-25 系列	灯具系列产品(包括 LED 灯具系列产品)的安全要求	安全
3	国际 IEC	IEC 62471	灯和灯系统的光生物安全要求	安全
4	国际 IEC	IEC/TR 62471-2	灯和灯系统的光生物安全性—第 2 部分:非激光光学辐射安全的制造导则	安全
5	国际 IEC	IEC/TR 62778	应用 IEC 62471 对光源和灯具的蓝光伤害评价	安全
6	国际 CIE	CIE S 009/E	灯和灯系统的光生物安全要求	安全
7	国际 IEC	IEC/PAS 62722-1	灯具产品(包括 LED 灯具产品)的通用性能要求	性能
8	国际 IEC	IEC/PAS 62722-2-1	LED 灯具的性能要求	性能
9	国际 IEC	CISPR 15	电气照明和类似设备的无线电骚扰特性的限值和测量方法	电磁兼容
10	国际 IEC	IEC 61000-3-2	电磁兼容　限值　谐波电流发射限值(设备每相输入电流≤16 A)	电磁兼容

续表 2-11

序号	国际/地区/国家	标准/规范编号	标准/规范名称	标准/规范类别
11	国际 IEC	IEC 61000-3-3	电磁兼容—限值—对每相额定电流≤16 A 且无条件接入的设备在公用低压供电系统中产生的电压变化、电压波动和闪烁的限制	电磁兼容
12	国际 IEC	IEC 61547	一般照明用设备电磁兼容抗扰度要求	电磁兼容
13	欧盟	EN 60598-1	灯具产品的通用安全要求	安全
14	欧盟	EN 60598-2-1～EN 60598-2-25 系列	灯具系列产品(包括 LED 灯具系列产品)的安全要求	安全
15	欧盟	EN 62471	灯和灯系统的光生物安全要求	安全
16	欧盟	EN 55015	电气照明和类似设备的无线电骚扰特性的限值和测量方法	电磁兼容
17	欧盟	EN 61000-3-2	电磁兼容—限值—谐波电流发射限值(设备每相输入电流≤16 A)	电磁兼容
18	欧盟	EN 61000-3-3	电磁兼容—限值—对每相额定电流≤16 A 且无条件接入的设备在公用低压供电系统中产生的电压变化、电压波动和闪烁的限制	电磁兼容
19	欧盟	EN 61547	一般照明用设备电磁兼容抗扰度要求	电磁兼容
20	美国	UL 8750	用于照明产品的发光二极管(LED)设备	安全
21	美国	UL 1598	固定式灯具的安全	安全
22	美国	UL 153	便携式灯具的安全	安全
23	美国	ANSI/IESNA RP-27.1	灯和灯系统的光生物安全的推荐措施—通用要求	安全
24	美国	ANSI/IESNA RP-27.2	灯和灯系统的光生物安全的推荐措施—测量系统	安全
25	美国	ANSI/IESNA RP-27.3	灯和灯系统的光生物安全的推荐措施—危险分类和标记	安全
26	美国	IES LM-79	固态照明产品电气和光学测试方法	方法
27	美国	ANSI C 82.77	谐波发射限制—照明电源的质量要求	电磁兼容
28	美国	FCC part 15	适用于电源工作频率小于 9 kHz 或是使用直流供电的 LED 照明产品	电磁兼容
29	美国	FCC part 18	适用于使用开关电源作为电源供应,而电源的工作频率大于 9 kHz 的 LED 照明产品	电磁兼容
30	日本	電気用品の技術上の基準を定める省令	电气用品安全要求	安全电磁兼容

续表 2-11

序号	国际/地区/国家	标准/规范编号	标准/规范名称	标准/规范类别
31	日本	J 55015	电气照明和类似设备的无线电骚扰特性的限值和测量方法	电磁兼容
32	韩国	KS C IEC 60598-1	灯具产品的通用安全要求	安全
33	韩国	KS C IEC 60598-2 系列	灯具系列产品(包括 LED 灯具系列产品)的安全要求	安全
34	韩国	KS C 7653	嵌入式和固定式 LED 灯具—安全和性能要求	安全、性能
35	韩国	KS C 7654	LED 应急灯具—安全和性能要求	安全、性能
36	韩国	KS C 7657	LED 感应灯具—安全和性能要求	安全、性能
37	韩国	KS C 7658	道路和街道照明用 LED 灯具	安全、性能
38	韩国	KS C 7711	LED 嵌地灯具	安全、性能
39	韩国	KS C 7712	LED 投光灯具	安全、性能
40	韩国	KS C 7716	LED 隧道灯具	安全、性能
41	韩国	K61547	通用照明设备—EMC 抗扰性要求	电磁兼容
42	韩国	K00015	电子照明和类似设备的无线骚扰特征的限值和测量方法	电磁兼容
43	中国	GB 7000.1	灯具　第 1 部分:一般要求与试验	安全
44	中国	GB 7000.2～GB 7000.225	灯具系列产品(包括 LED 灯具系列产品)的安全要求	安全
45	中国	GB 20145	灯和灯系统的光生物安全要求	安全
46	中国	GB/T 24907	道路照明用 LED 灯　性能要求	性能
47	中国	GB/T 24909	装饰照明用 LED 灯	性能
48	中国	GB/T 29293—2012	LED 筒灯性能测量方法	方法
49	中国	GB/T 29294—2012	LED 筒灯性能要求	性能
50	中国	GB 17743	电气照明和类似设备的无线电骚扰特性的限值和测量方法	电磁兼容
51	中国	GB 17625.1	电磁兼容　限值　谐波电流发射限值(设备每相输入电流≤16 A)	电磁兼容
52	中国	GB 17625.2	电磁兼容　限值　对每相额定电流≤16 A 且无条件接入的设备在公用低压供电系统中产生的电压变化、电压波动和闪烁的限制	电磁兼容
53	中国	GB/T 18595	一般照明用设备电磁兼容抗扰度要求	电磁兼容

续表 2-11

序号	国际/ 地区/ 国家	标准/规范编号	标准/规范名称	标准/规范类别
54	中国	CQC 3127	LED 道路隧道照明产品节能认证技术规范	能效
55	中国	CQC 3128	LED 筒灯节能认证技术规范	能效
56	中国	GDBMT-TC-Ⅰ001-2012	广东省 LED 室内照明产品评价标杆体系管理规范	性能、能效、可靠性等
57	中国	GDBMT-TC-Ⅰ002-2012	广东省 LED 路灯产品评价标杆体系管理规范	性能、能效、可靠性等
58	中国	GDBMT-TC-Ⅰ003-2012	广东省 LED 隧道灯产品评价标杆体系管理规范	性能、能效、可靠性等

3.1.2 LED 灯具安全标准规范比较分析

3.1.2.1 标准总体介绍

LED 灯具的安全(包括光生物安全)标准,以下按使用的地域划分,分别对国际标准、欧盟标准、美国标准、日本标准和中国标准进行介绍。

(1) 国际标准

由国际电工委员会(IEC,International Electrotechnical Commission)制定的 IEC 60598 系列标准,主要分为 IEC 60598-1 通用要求和 IEC 60598-2 系列特殊要求两部分。其中,现行的 IEC 60598-2 系列特殊要求标准共有 22 份,详见表 2-12。

表 2-12　国际/欧盟/中国灯具安全标准

国际标准	欧盟标准	中国标准	英文标准名称	中文标准名称
IEC 60598-1	EN 60598-1	GB 7000.1	Luminaires—Part 1：General requirements and tests	灯具　第 1 部分:一般要求与试验
IEC 60598-2-1	EN 60598-2-1	GB 7000.201	Luminaires—Part 2-1：Fixed general purpose luminaires	灯具　第 2-1 部分:特殊要求　固定式通用灯具
IEC 60598-2-2	EN 60598-2-2	GB 7000.202	Luminaires—Part 2-2：Recessed luminaires	灯具　第 2-2 部分:特殊要求　嵌入式灯具
IEC 60598-2-3	EN 60598-2-3	GB 7000.5	Luminaires—Part 2-3：Luminaires for road and street lighting	灯具　第 2-3 部分:特殊要求　道路与街路照明灯具安全要求
IEC 60598-2-4	EN 60598-2-4	GB 7000.204	Luminaires—Part 2-4：Portable general purpose luminaires	灯具　第 2-4 部分:特殊要求　可移式通用灯具
IEC 60598-2-5	EN 60598-2-5	GB 7000.7	Luminaires—Part 2-5：Floodlights	灯具　第 2-5 部分:特殊要求　投光灯具安全要求
IEC 60598-2-6	EN 60598-2-6	GB 7000.6	Luminaires—Part 2-6：Luminaires with built—in transformers for tungsten filament lamps	灯具　第 2-6 部分:特殊要求　带内装式钨丝灯变压器或转换器的灯具

续表 2-12

国际标准	欧盟标准	中国标准	英文标准名称	中文标准名称
IEC 60598-2-7	EN 60598-2-7	GB 7000.207	Luminaires—Part 2-7：Portable luminaires for garden use	灯具 第 2-7 部分:特殊要求 庭园用可移式灯具
IEC 60598-2-8	EN 60598-2-8	GB 7000.208	Luminaires—Part 2-8：Hand-lamps	灯具 第 2-8 部分:特殊要求 手提灯
IEC 60598-2-9	EN 60598-2-9	GB 7000.19	Luminaires—Part 2-9：Photo and film luminaires (non-professional)	灯具 第 2-9 部分:特殊要求 照相和电影用灯具(非专业用)安全要求
IEC 60598-2-10	EN 60598-2-10	GB 7000.4	Luminaires—Part 2-10：Portable luminaires for children	灯具 第 2-10 部分:特殊要求 儿童用可移式灯具
IEC 60598-2-11	EN 60598-2-11	GB 7000.211	Luminaires—Part 2-11：Aquarium luminaires	灯具 第 2-11 部分:特殊要求 水族箱灯具
IEC 60598-2-12	EN 60598-2-12	GB 7000.212	Luminaires—Part 2-12：Mains socket-outlet mounted night-lights	灯具 第 2-12 部分:特殊要求 电源插座安装的夜灯
IEC 60598-2-13	EN 60598-2-13	GB 7000.213	Luminaires—Part 2-13：Ground recessed luminaires	灯具 第 2-13 部分:特殊要求 地面嵌入式灯具
IEC 60598-2-17	EN 60598-2-17	GB 7000.217	Luminaires—Part 2-17：Luminaires for stage lighting, television and film studios (outdoor and indoor)	灯具 第 2-17 部分:特殊要求 舞台灯光、电视、电影及摄影场所室内外用灯具
IEC 60598-2-18	EN 60598-2-18	GB 7000.218	Luminaires—Part 2-18：Luminaires for swimming-pools and similar applications	灯具 第 2-18 部分:特殊要求 游泳池和类似场所用灯具
IEC 60598-2-19	EN 60598-2-19	GB 7000.219	Luminaires—Part 2-19：Air-handling luminaires (safety requirements)	灯具 第 2-19 部分:特殊要求 通风式灯具
IEC 60598-2-20	EN 60598-2-20	GB 7000.9	Luminaires—Part 2-20：Lighting chains	灯具 第 2-20 部分:特殊要求 灯串
IEC 60598-2-22	EN 60598-2-22	GB 7000.2	Luminaires—Part 2-22：Luminaires for emergency lighting	灯具 第 2-22 部分:特殊要求 应急照明灯具
IEC 60598-2-23	EN 60598-2-23	GB 7000.18	Luminaires—Part 2-23：Extra low voltage lighting systems for filament lamps	灯具 第 2-23 部分:特殊要求 钨丝灯用特低电压照明系统安全要求
IEC 60598-2-24	EN 60598-2-24	GB 7000.17	Luminaires—Part 2-24：Luminaires with limited surface temperatures	灯具 第 2-24 部分:特殊要求 限制表面温度灯具安全要求

续表 2-12

国际标准	欧盟标准	中国标准	英文标准名称	中文标准名称
IEC 60598-2-25	EN 60598-2-25	GB 7000.225	Luminaires —Part 225: Luminaires for use in clinical areas of hospitals and health care buildings	灯具　第2-25部分:特殊要求　医院和康复大楼诊所用灯具

IEC 60598 系列标准按照灯具的安装方式和使用目的(而不是光源类型)来区分不同类型的灯具,并在此基础上制定出适用于各类型灯具的特殊要求。因此,这些标准既适用于使用传统光源(钨丝灯、荧光灯、放电灯)的灯具,又适用于使用新兴 LED 光源的灯具(即 LED 灯具)。

评价灯具所发出的光学辐射(包括紫外光、可见光和红外光)对人体危害程度大小的安全标准是 IEC 62471 系列,见表 2-13。

表 2-13　评价灯具所发出的光学辐射对人体危害程度大小的安全标准

国际标准	欧盟标准	中国标准	英文标准名称	中文标准名称
IEC 62471	EN 62471	GB/T 20145	Photobiological safety of lamps and lamp systems	灯和灯系统的光生物安全性
IEC /TR 62471-2	—	—	Photobiological safety of lamps and lamp systems—Part 2: Guidance on manufacturing requirements relating to non-laser optical radiation safety	灯和灯系统的光生物安全性—第2部分:非激光光学辐射安全的制造导则

（2）欧盟标准

由欧洲电工标准化委员会（CENELEC，European Committee for Electrotechnical Standardization)制定的 EN 60598 系列标准和 EN 62471 标准基本等同于相应的 IEC 标准,加入了一些欧盟的差异要求,详见表 2-11 和表 2-12。

（3）美国标准

美国保险商实验室（UL，Underwriter Laboratories)制定的一系列灯具安全标准在北美乃至全球都具有较大影响力,其在 2009 年底颁布了作为 LED 灯具补充要求的 UL 8750,与相应的 UL 标准共同使用,详见表 2-14。

表 2-14　美国灯具安全标准

标准号	标准名称
UL 8750	Light Emitting Diode (LED) Equipment for Use in Lighting Products（用于照明产品的 LED 设备）注：作为补充要求,与下列 UL 标准共同使用
UL 48	Electric Signs（电指示牌）
UL 153	Portable Electric Luminaires（可移式电灯）
UL 676	Underwater Luminaires and Submersible Junction Boxes（水下灯具和连接盒）
UL 924	Emergency Lighting and Power Equipment（应急照明和电源设备）

续表 2-14

标准号	标准名称
UL 1573	Stage and Studio Luminaires and Connector Strips（舞台和演播室灯具及连接条）
UL 1574	Track Lighting Systems（导轨照明系统）
UL 1598	Luminaires（灯具）
UL 1786	Direct Plug-In Nightlights（直插式夜灯）
UL 1838	Low Voltage Landscape Lighting Systems（低压景观照明系统）
UL 1994	Luminous Egress Path Marking Systems（出口路径发光标记）
UL 2108	Low Voltage Lighting Systems（低压景观照明系统）

另外，美国国家标准研究所（ANSI，American National Standards Institute）与北美照明工程学会（IESNA，Illuminating Engineering Society of North America）联合制定的光生物安全标准见表 2-15。

表 2-15　光生物安全标准

标准号	标准名称
ANSI/IESNA RP-27.1	Recommended Practice for Photobiological Safety for Lamps and Lamp Systems-General Requirements（灯和灯系统的光生物安全的推荐措施——通用要求）
ANSI/IESNA RP-27.2	Recommended Practice for Photobiological Safety for Lamps and Lamp Systems-Measurement Techniques（灯和灯系统的光生物安全的推荐措施——测量系统）
ANSI/IESNA RP-27.3	Recommended Practice for Photobiological Safety for Lamps and Lamp Systems-Risk Group Classification and Labeling（灯和灯系统的光生物安全的推荐措施——危险分类和标记）

（4）日本标准

日本的情况比较特殊，其标准体系有两套：第 1 套是由日本经济产业省制定的电器用品技术基准省令（以下简称"省令"），详见表 2-16；第 2 套是等效于 IEC 标准、同时加入日本国家差异内容而制定的 J 标准/JIS 标准（J 标准为日本国家标准，JIS 标准为日本工业标准，两者如果版本上有对应的话，它们在内容上是相同的），详见表 2-16。

表 2-16　第 1 套标准

电器用品技术基准省令别表第八	
条款号	条款名称
1	通用项目
2(86)	台灯
2(86 之 3)	充电式手电筒
2(86 之 4)	手提灯具
2(86 之 7 之 2)	LED 灯具
2(86 之 8)	广告灯具

续表 2-16

电器用品技术基准省令别表第八	
条款号	条款名称
2(87)	庭院用灯具
2(88)	装饰用灯具
2(107)	带电灯的家具

表 2-17 J 标准和 JIS 标准对照表

标准号		标准名称	
J 标准	JIS 标准	日文名称	中文名称
J60598-1	JIS C 8105-1	照明器具—第 1 部:安全性要求事项通则	灯具　第 1 部分:一般要求与试验
J60598-2-1	JIS C 8105-2-1	照明器具—第 2-1 部:定着灯器具に関する安全性要求事项	灯具　第 2-1 部分:特殊要求　固定式通用灯具
J60598-2-2	JIS C 8105-2-2	照明器具—第 2-2 部:埋込み形照明器具に関する安全性要求事项	灯具　第 2-2 部分:特殊要求　嵌入式灯具
J60598-2-3	—	照明器具—パート2:個別要求事项—セクション3:道路及び街路用照明器具	灯具　第 2-3 部分:特殊要求　道路与街路照明灯具安全要求
J60598-2-4	JIS C 8105-2-4	照明器具—第 2-4 部:一般用移动灯器具に関する安全性要求事项	灯具　第 2-4 部分:特殊要求　可移式通用灯具
J60598-2-5	JIS C 8105-2-5	照明器具—第 2-5 部:投光器に関する安全性要求事项	灯具　第 2-5 部分:特殊要求　投光灯具安全要求
J60598-2-6	—	照明器具—パート2:個別要求事项—セクション6:変圧器内蔵白热灯器具	灯具　第 2-6 部分:特殊要求　带内装式钨丝灯变压器或转换器的灯具
J60598-2-7	—	照明器具—パート2:個別要求事项—セクション7:可搬式庭園灯器具	灯具　第 2-7 部分:特殊要求　庭园用可移式灯具
J60598-2-8	—	照明器具—パート2:個別要求事项—セクション8:ハンドランプ	灯具　第 2-8 部分:特殊要求　手提灯
J60598-2-9	—	照明器具—パート2:個別要求事项—セクション9:写真及び映画照明器具ノンプロフェッショナル）	灯具　第 2-9 部分:特殊要求　照相和电影用灯具非专业用安全要求
J60598-2-12	JIS C 8105-2-12	照明器具—第 2-12 部:電源コンセント取付形常夜灯に関する安全性要求事项	灯具　第 2-12 部分:特殊要求　电源插座安装的夜灯

续表 2-17

标准号		标准名称	
J 标准	JIS 标准	日文名称	中文名称
J60598-2-13	JIS C 8105-2-13	照明器具—第 2-13 部:地中埋込み形照明器具に関する安全性要求事項	灯具　第 2-13 部分:特殊要求　地面嵌入式灯具
J60598-2-17	—	照明器具—パート2:個別要求事項—セクション17:舞台照明、テレビ、映画及び写真スタジオ用の照明器具屋外、屋内用)	灯具　第 2-17 部分:特殊要求　舞台灯光、电视、电影及摄影场所室内外用灯具
J60598-2-19	JIS C 8105-2-19	照明器具—第 2-19 部:空調照明器具に関する安全性要求事項	灯具　第 2-19 部分:特殊要求　通风式灯具
J60598-2-20	—	照明器具—パート2:個別要求事項—セクション20:ライティングチェーン	灯具　第 2-20 部分:特殊要求　灯串
J60598-2-22	—	照明器具—パート2:個別要求事項—セクション22:非常時用照明器具	灯具　第 2-22 部分:特殊要求　应急照明灯具

由于日本经济产业省规定,自 2012 年 7 月 1 日起,对 LED 灯具进行 PSE 认证必须使用第 1 套标准——电器用品技术基准省令,不能使用第 2 套标准——J 标准/JIS 标准,所以本文不再对表 2-17 所列 J 标准/JIS 标准与其他国家/地区标准的差异进行深入地比较分析。

(5) 中国标准

我国的灯具安全和光生物安全标准等同采用相应的 IEC 标准,详见表 2-12 和表 2-13。

由以上介绍可以了解,欧盟、中国和日本 J 标准/JIS 标准是等效于 IEC 标准,同时加入欧盟或国家差异内容而制定的标准,它们都属于同一个 IEC 体系范畴,相互之间差异不是很大;而日本的省令和美国的 UL 标准与 IEC 标准不是一个体系的标准,它们与 IEC 标准差异很大。

以下对 LED 灯具安全的国际标准 IEC 60598-1、日本省令标准别表第八和美国标准 UL 8750＋UL 1598,以及光生物安全的国际标准 IEC 62471 系列、日本省令标准别表第八和美国标准 ANSI/IESNA RP-27 系列进一步在标准适用范围、主要测试项目、主要技术指标差异等方面进行分析比较。

3.1.2.2　标准适用范围分析

LED 灯具安全的国际标准 IEC 60598-1 的适用范围是使用电光源且电源电压不超过 1 000 V 的灯具。

美国标准 UL 8750＋UL 1598 的适用范围是安装于非危险场所、支路额定电压最大 600 V 的灯具,以及用于这些灯具的在可见光谱 400 nm～700 nm 范围内工作的整体式

LED 设备。

日本省令的使用范围是依据日本《电气用品安全法施行令》在 2012 年 7 月 1 日以后成为管控对象的额定电压 100 V～300 V、频率 50/60 Hz、额定功率 1W 及以上的 LED 灯具（防爆灯具除外），以及在 2012 年 7 月 1 日前已成为管控对象的使用 LED 光源的台灯、充电式手电筒、手提灯具、广告灯具、庭院用灯具、装饰用灯具等。

国际标准 IEC 60598-1 和美国标准 UL 8750＋UL 1598 已经明确了所适用的产品范围，日本省令的适用范围除像上述标准一样在标准本身有所限制，同时还需要与《电气用品安全法施行令》结合起来，强调是否属于法规的管控对象。其次，国际标准 IEC 60598-1、美国标准 UL 8750＋UL 1598 和日本省令所适用产品范围的差别体现在供电电压范围不同。光生物安全的国际标准 IEC 62471 系列的适用范围是在 200 nm～3 000 nm 波长范围内发出光学辐射的灯和灯系统（使用非相干宽带电光源，包括 LED 但不包括激光）；美国标准 ANSI/IESNA RP-27 系列的适用范围是在 200 nm～3 000 nm 波长范围内发出光学辐射的灯和灯系统（使用电光源，不包括用于光纤通信系统的 LED 和被 ANSI Z136 系列标准覆盖的激光）。

3.1.2.3 标准主要测试项目分析

LED 灯具安全的国际标准 IEC 60598-1、日本省令标准别表第八和美国标准 UL 8750＋UL 1598，在标准结构编排上差异很大，我们可以将以上标准的主要测试项目划分为灯具分类、安全标记、机械安全、电气安全和热安全 5 个部分，每个部分又可以再细分成更多的测试项目，详见表 2-18 标准主要测试项目。

表 2-18 标准主要测试项目

	测试项目		国际标准 IEC 60598-1	日本省令 标准别表第八	美国标准 UL 8750＋UL 1598
	灯具分类		√	√	√
安全标记	内容		√	√	√
	形式				√
	尺寸		√		√
	耐久性		√		√
机械安全	装配和包装				√
	走线槽		√	√	√
	螺钉和机械连接件		√	√	√
	密封压盖		√		
	粘胶连接件				√
	金属外壳厚度				√
	外壳强度		√	√	√
	玻璃				√
	悬挂装置		√	√	√

续表 2-18

	测试项目	国际标准 IEC 60598-1	日本省令 标准别表第八	美国标准 UL 8750＋UL 1598
机械安全	调节装置	√	√	√
	灯具互联	√		√
	聚合材料			√
	防腐蚀	√	√	√
	振动要求	√		
	外部电缆的固定	√	√	√
	外部电缆的收纳		√	
	电线弯折		√	
	防潮	√		√
	防尘、防固定异物	√	√	
	防水	√	√	√
电气安全	电气连接件	√	√	√
	导体材料	√	√	√
	电缆规格	√	√	√
	绝缘材料	√		√
	绝缘配合	√		
	耐起痕试验	√		
	耐电弧试验			
	接地规定	√	√	√
	触电试验指	√	√	√
	电容放电	√		
	绝缘电阻	√	√	
	电气强度	√		√
	泄漏电流(接触电流)	√	√	
	保护导体电流	√		
	爬电距离	√	√	
	电气间隙	√	√	
	绝缘厚度		√	
	输入试验			√
	故障试验		√	√
	过载试验			√

续表 2-18

测试项目		国际标准 IEC 60598-1	日本省令 标准别表第八	美国标准 UL 8750＋UL 1598
电气安全	50 W 功率点			✓
	额定功率误差		✓	
热安全	隔热材料		✓	✓
	球压试验	✓		
	高温试验			✓
	5 英寸火焰试验			✓
	灼热丝试验	✓		
	针焰试验	✓		
	水平火焰试验		✓	✓
	垂直火焰试验			✓
	燃油试验			✓
	热冲击试验		✓	
	熔穿试验			✓
	耐久性试验	✓		
	正常热试验	✓	✓	✓
	异常热试验	✓		✓

LED灯具光安全方面的测试,国际标准 IEC 62471 系列和美国标准 ANSI/IESNA RP-27 侧重从光谱能量方面评估辐射危害,而日本省令标准关注于光输出的不均匀波动是否造成闪烁炫目的感觉。

3.1.2.4 标准主要技术指标差异分析

我们对 LED 灯具安全的国际标准 IEC 60598-1、日本省令标准别表第八和美国标准 UL 8750＋UL 1598 中一些主要测试项目,在指标要求、试验方法和试验设备等方面进行以下分析比较。

（1）灯具分类

分类的目的在于确定不同类别的灯具所适用的测试项目,所以分类也体现了测试项目的设置差异。表 2-19 总结出了国际标准 IEC 60598-1、日本省令标准别表第八和美国标准 UL 8750＋UL 1598 的 LED 灯具分类差异。

表 2-19 LED 灯具分类

国际标准 IEC 60598-1	日本省令标准别表第八	美国标准 UL 8750＋UL 1598
防触电类型：Ⅰ类、Ⅱ类、Ⅲ类	双重绝缘：双重绝缘、非双重绝缘	—
防尘、防固体异物和防水： IP20～IP68	使用场所：屋内、屋外	使用场所：干燥、潮湿、湿润

续表 2-19

国际标准 IEC 60598-1	日本省令标准别表第八	美国标准 UL 8750＋UL 1598
安装面材料： 普通可燃、非可燃、隔热衬垫覆盖	—	接触隔热材料：IC 类、非 IC 类
使用环境：正常、恶劣	—	

（2）安全标记

标记是 LED 灯具安装、使用和维护的必要信息，直接关系到使用者的安全。

美国标准 UL 8750＋UL 1598 的要求比较全面，详细列出了安装指南、安装位置、用户保养和杂项这四方面内容，规定了有效的标记形式（如墨印、钢戳、浮雕……）和尺寸，制定了耐久性测试程序。

国际标准 IEC 60598-1 与美国标准 UL 8750＋UL 1598 相比，主要是没有明确规定有效的标记形式。日本省令标准别表第八列出了必需的标记内容，但在标记形式、尺寸和耐久性方面没有明确的要求。

（3）外壳强度

冲击试验用于测试 LED 灯具的外壳强度，国际标准 IEC 60598-1、日本省令标准别表第八和美国标准 UL 8750＋UL 1598 都模拟了外物碰撞灯具的情况，要求试验后样品的安全防护不受影响，但在试验设备、冲击能量和操作程序上存在较大差异，总结于表 2-20。

表 2-20　外壳强度

差异项目	国际标准 IEC 60598-1	日本省令 标准别表第八	美国标准 UL 8750＋UL 1598
试验设备	弹簧锤： 符合 IEC 60068-2-75 附录 E	球面铅锤： 球面半径 10 mm、质量250 g、洛氏硬度 R100、聚酰胺表面	钢球：直径 51 mm（2 in）、质量 0.54 kg（1.181lb）
冲击能量	0.2 N·m(J) 或 0.35 N·m(J) 或 0.5 N·m(J) 或 0.7 N·m(J)	跌落高度：14 cm 或 20 cm	7J(5ft·lbf) 跌落高度：1.29 m(4.24 ft)
操作程序	3 次冲击	跌落次数：1 次或 3 次	对水平表面垂落，对其他表面摆落，共 3 次

除此之外，日本省令标准别表第八还模拟了灯具自身跌落的情况，要求在混凝土地面上平铺 30 mm 厚的柳桉木板，使灯具底面平行于木板从 70 cm 高度跌落至木板中央。

（4）悬挂装置

对 LED 灯具悬挂安装牢固性的测试，主要体现在负重和扭矩方面，表 2-21 归纳了国际标准 IEC 60598-1、日本省令标准别表第八和美国标准 UL 8750＋UL 1598 的具体差异。

（5）调节装置

LED 灯具中的导线在活动部位的调节过程中可能受到拉扯、压夹和绞扭等机械应力，国际标准 IEC 60598-1、日本省令标准别表第八和美国标准 UL 8750＋UL 1598 在此方面均有严格要求,但在具体试验方法和结果判定上存在较大差异,详见表 2-22。

表 2-21　悬挂装置

差异项目	国际标准 IEC 60598-1	日本省令标准别表第八	美国标准 UL 8750＋UL 1598
负重	4 倍灯具质量均匀负载 1 h	4 倍灯具质量(最低 8 kg)负载 1 h	4 倍灯具质量负载 1 h 于每个支撑点或根据现场安装情况加载(被支承质量大于 11.3 kg/25 lb)
	—	15 kg 等值拉力 1 min(针对质量小于 5 kg 的灯具)	—
扭矩	0.25 N·m 顺逆时针各 1 min		
软缆悬挂	灯具质量不超过 5 kg 导体应力不超过 15 N/mm²	软缆接线端子处不承受应力	—

表 2-22　调节装置

差异项目	国际标准 IEC 60598-1	日本省令标准别表第八	美国标准 UL 8750＋UL 1598
调节范围	最大调节范围 软管最多为垂直两侧 135°	最大调节范围	直线、旋转的最大范围
调节周期	经常调节:1 500 周 偶尔调节:150 周 安装调节:45 周	自动调节:50 000 周 人工调节:5 000 周 调节方位:1 000 周 检修调节:50 周	6 000 周
调节速度	无明显发热,不超过 600 周/h	5s/周	—
结合部位强度	—	—	扭矩:2.26 N·m±0.056 N·m (20 lbf·in±0.5 lbf·in) 拉力:16 kg(35 lb)的等值拉力或 4 倍最大承重
结果判定	绝缘无损坏、导体断线率不超过 50%	绝缘无损坏、导体断线率不超过 30%	绝缘无损坏

（6）外部电缆的固定

伸出 LED 灯具外壳的电缆有可能受到外部拉力、推力和扭力,这些应力可能使电缆脱出接线端子而造成触电危险或使电缆处于一种危险的热环境中,因此需要一种结构来固定电缆,消除这些危险应力。表 2-23 对比了国际标准 IEC 60598-1、日本省令标准别表第八和美国标准 UL 8750＋UL 1598 对电缆固定装置的要求。

表 2-23　外部电缆的固定

差异项目	国际标准 IEC 60598-1	日本省令标准别表第八	美国标准 UL 8750＋UL 1598
拉力试验	60 N/80 N/120 N 共 25 次（1 s/次）	3 倍灯具重量（不小于 30 N，不大于 100 N） 持续 15 s	89 N（20 lbf）/156 N（35 lbf） 持续 1 min
推力试验	向内推	握住离外壳 5 cm 处向内推	—
扭力试验	0.15 N·m/0.25 N·m/0.35 N·m	—	—
结果判定	位移不超过 2 mm； 不能推入灯具从而接触到活动和高温部件； 导体在接线端子内无明显移动	接线端子内导体不受力、保护衬套不脱落	位移不超过 1.6 mm（0.063 in）； 无导线损坏或连接松动

（7）防水

国际标准 IEC 60598-1、日本省令标准别表第八和美国标准 UL 8750＋UL 1598 的防水要求列于表 2-24。值得注意的是，日本省令标准别表第八虽然要求屋外使用的 LED 灯具具备防水结构，但并没有说明哪些结构可被视作防水结构，而且能够用于检测相关结构有效性的仅有注水绝缘试验。国际标准 IEC 60598-1 和美国标准 UL 8750＋UL 1598 的要求更加详细一些。

表 2-24　防水

差异项目	国际标准 IEC 60598-1	美国标准 UL 8750＋UL 1598	日本省令标准别表第八
适用灯具	具有防水等级的灯具	湿润场所的灯具	屋外灯具
试验选择	防水等级 IPX1～IPX8	安装位置 覆盖层　覆盖层　LDC-6 LDC-1 吸顶安装　LDC-3 嵌顶安装 墙　LDC-2 吊顶安装 LDC-4 墙面安装 LDC-5 嵌墙安装 高于1.2m(4ft) LDC-4 墙面安装　低于1.2m(4ft)　LDC-6 LDC-5 嵌墙安装　LDC-7 嵌地安装　LDC-6 地面安装　灯柱或灯杆 地	使用场所为屋外

续表 2-24

差异项目	国际标准 IEC 60598-1	美国标准 UL 8750＋UL 1598	日本省令标准别表第八
试验要求	**防滴：** 顶部 200 mm 处的 3 mm/min 人工降雨 10 min 向上倾斜15°防滴水： 灯具向上倾斜15°进行防滴试验 **防淋：** 使用上图装置，水压 80 kN/mm²，摆速 4 s/周，转速 1 r/min，持续 10 min **防溅：** 防淋试验装置，摆动角度垂线两侧各180°，摆速 12 s/周，其他同防淋试验 **防喷：** 使用上图喷嘴，距离灯具 3 m，从各个角度向灯具喷水 15 min，出水率为 12.5 (1±5％)L/min	**淋雨：** 使用上图装置，水压 34.5 kPa(5 psi)，按以下程序进行试验 洒水表格	注水绝缘：倾斜45°，3mm/min 人工降雨 1 h

淋雨试验顺序表：

顺序	时间	光源	淋雨
1	1.0 h	开	关
2	0.5 h	关	开
3	2.0 h	开	开
4	0.5 h	关	开

洒水：

使用上图装置，水压为 40kPa(20psi)，按以下程序进行试验

续表 2-24

差异项目	国际标准 IEC 60598-1	美国标准 UL 8750＋UL 1598	日本省令标准别表第八
试验要求	防强喷： 出水率 100（1±5％）L/min，其他同防喷试验	行试验 | 顺序	时间	光源	洒水 | |---|---|---|---| | 1 | 1.0 h | 开 | 关 | | 2 | 0.5 h | 关 | 开 | | 3 | 2.0 h | 开 | 开 | | 4 | 0.5 h | 关 | 开 |	
	水密： 灯具浸入水中 30 min，顶部距水面至少 150 mm，底部距水面至少 1 m	沉浸： 灯具浸入水中 300 mm（12 in），按以下程序进行试验	
	压力水密： 灯具浸入水中 30 min，承受相当于额定最大深度所产生压力的 1.3 倍水压		顺序	时间	光源	环境 | |---|---|---|---| | 1 | 3.5 h | 开 | 干燥 | | 2 | 4.0 h | 关 | 淹水 | | 3 | 16.5 h | 关 | 干燥 | | 4 | 3.5 h | 开 | 干燥 | | 5 | 4.0 h | 关 | 淹水 | | 6 | 16.5 h | 关 | 干燥 | | 7 | 3.5 h | 开 | 干燥 | | 8 | 4.0 h | 关 | 淹水 |	
结果判定	防滴、防溅、防喷、防强喷： 水不接触带电件，绝缘件上无使爬电距离降低的水痕	淋雨、洒水： 水不接触带电件，无超过允许量的积水	试验后依然能够满足绝缘电阻和电气强度的要求
	水密、压力水密： 无水的进入	沉浸： 无水的进入	
	试验后依然能够满足绝缘电阻和电气强度的要求	试验后依然能够满足绝缘电阻和电气强度的要求	

注：1 in＝2.54 cm。

（8）接地规定

易触及的金属在绝缘失效的情况下可能转变为引起触电危险的带电部件，因此接地作为绝缘之外的第二层防触电保护措施，起到至关重要的作用。国际标准 IEC 60598-1、日本省令标准别表第八和美国标准 UL 8750＋UL 1598 中对于接地都有明确的规定,列于下面的表 2-25。

表 2-25

差异项目	国际标准 IEC 60598-1	日本省令标准别表第八	美国标准 UL 8750＋UL 1598
适用灯具	I 类灯具	额定电压高于 150 V,非双重绝缘灯具	含有应接地部件的灯具
接地部位	易触及基本绝缘金属	易触及基本绝缘金属	易触及金属和聚合材料的金属涂层
端子锁定	弹簧垫圈,非圆头铆钉	锁紧垫圈	蝶形垫圈或类似装置,或如图在螺钉周围提供两处凸块
接地可靠	10 A 电流下,接触电阻不大于 0.5 Ω	15 A 电流下无异常发热,电压降不大于 1.5 V	30 A 电流下,接触电阻不大于 0.1 Ω,或电压降不大于 4 V

(9) 绝缘电阻和电气强度

对带电部件的绝缘作为防触电保护,其重要性不言而喻,一般从绝缘电阻和电气强度(介电强度)两大方面对其进行测试,表 2-26 和表 2-27 分别是这两大方面的标准差异。

美国标准 UL 8750＋UL 1598 没有绝缘电阻的测试要求。

表 2-26　绝缘电阻

差异项目	国际标准 IEC 60598-1	日本省令标准别表第八
预处理	48 h 潮湿处理	紧接正常热试验
测试部位	不同极性带电部件(SELV 部件)之间	绝缘结构两侧
	带电部件(SELV 部件)与安装表面之间	带电部件与灯具外壳之间
	带电部件(SELV 部件)与金属部件之间	
测试电压	100 V(SELV)或 500 V	500 V
持续时间	1 min	1 min
电阻限值	基本绝缘:1 MΩ(SELV)或 2 MΩ	基本绝缘:1 MΩ
	附加绝缘:2 MΩ	附加绝缘:2 MΩ
	加强绝缘:4 MΩ	加强绝缘:3 MΩ

表 2-27　电气强度(介电强度)

差异项目	国际标准 IEC 60598-1	日本省令标准别表第八	美国标准 UL 8750＋UL 1598
预处理	48 h 潮湿处理	紧接正常热试验	—
测试部位	不同极性带电部件(SELV部件)之间	绝缘结构两侧	带电部件与可触及金属部件之间
	带电部件(SELV部件)与安装表面之间	带电部件与灯具外壳之间	
	带电部件(SELV部件)与金属部件之间		
施加部位	基本绝缘：500 V(SELV)或 2U＋1 000 V	带电部件与灯具外壳之间：1 500 V(对地大于 150 V 且小于 300 V)或 2U＋1 000 V(对地大于 300 V 且小于 1 000 V)	2U＋2 000 V
		基本绝缘两侧：1 000 V(额定小于 150 V)或 1 500 V(额定大于 150 V)	
	附加绝缘：2U＋1 000 V	附加绝缘两侧：1 500 V(额定小于 150 V)或 2 500 V(额定大于 150 V)	
	加强绝缘：4U＋2 000 V	加强绝缘两侧：2 500 V(额定小于 150 V)或 4 000 V(额定大于 150 V)	
持续时间	1 min	1 min	1 min
结果判定	不击穿(动作电流 100 mA)	不击穿(动作电流 100 mA)	不击穿(动作电流 100 mA)

(10)泄漏电流(接触电流)

泄漏电流(接触电流)是指人体接触正常工作的 LED 灯具时,流过人体的微弱电流。泄漏电流过大将会造成人体的电气灼伤。表 2-28 总结了国际标准 IEC 60598-1、日本省令标准别表第八和美国标准 UL 8750＋UL 1598 的泄漏电流测试项目在测试网络、计算公式和电流限值三方面的差异。

(11)爬电距离和电气间隙

爬电距离指沿绝缘部件表面的最短距离,而电气间隙指穿过自由空间的最小距离。表 2-29、表 2-30 和表 2-31 分别列出了国际标准 IEC 60598-1、日本省令标准别表第八和美国标准 UL 8750＋UL 1598 的爬电距离和电气间隙限值,通过分析比较可以发现下述主要区别:

——只有在日本省令标准别表第八中,爬电距离和电气间隙的限值一样;而国际标准 IEC 60598-1 和美国标准 UL 8750＋UL 1598 中,爬电距离限值均大于或等于灯具电气间隙限值;

表 2-28 泄漏电流(接触电流)

差异项目	国际标准 IEC 60598-1
测试网络	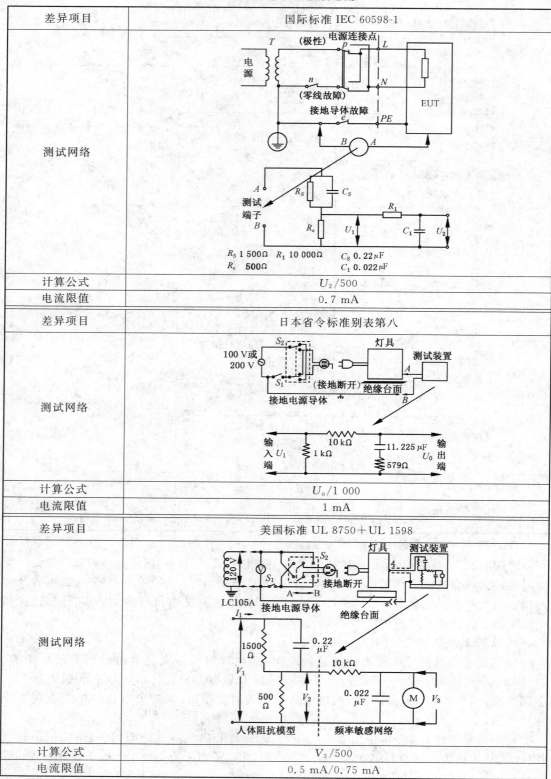
计算公式	$U_2/500$
电流限值	0.7 mA
差异项目	日本省令标准别表第八
测试网络	
计算公式	$U_o/1\,000$
电流限值	1 mA
差异项目	美国标准 UL 8750+UL 1598
测试网络	
计算公式	$V_3/500$
电流限值	0.5 mA/0.75 mA

——只有在国际标准 IEC 60598-1 中,根据绝缘种类(基本绝缘、附加绝缘和加强绝缘)和耐起痕指数(PTI<600 和 PTI≥600)的不同,分别规定了不同的爬电距离和电气间隙的限值;

——只有在国际标准 IEC 60598-1 中,规定了 kV 级脉冲高压下的爬电距离和电气间隙的限值;

——只有在日本省令标准别表第八中,根据输入部位/输出部位、使用者安装/制造商安装以及金属粉尘是否难接触的不同,分别规定了不同的爬电距离和电气间隙的限值。

表 2-29　国际标准 IEC 60598-1 中的爬电距离和电气间隙

距离/mm			工作电压有效值									
			50	100	150	220	250	350	500	600	750	800	1 000
爬电距离	基本绝缘	≥600	0.60	0.70	0.80	1.29	1.50	2.10	3.00	3.40	4.00	4.30	5.50
		<600	1.20	1.40	1.60	2.23	2.50	3.50	5.00	6.20	8.00	8.40	10.00
	附加绝缘	≥600	0.00	0.40	0.80	1.29	1.50	2.10	3.00	3.40	4.00	4.30	5.50
		<600	0.00	0.80	1.60	2.23	2.50	3.50	5.00	6.20	8.00	8.40	10.00
	加强绝缘		0.00	1.60	3.20	4.46	5.00	5.40	6.00	6.80	8.00	8.60	11.00
电气间隙	基本绝缘		0.20	0.50	0.80	1.29	1.50	2.10	3.00	3.40	4.00	4.30	5.50
	附加绝缘		0.00	0.40	0.80	1.29	1.50	2.10	3.00	3.40	4.00	4.30	5.50
	附加绝缘		0.00	0.80	1.60	2.58	3.00	4.20	6.00	6.80	8.00	8.60	11.00

表 2-30　日本省令标准别表第八中的爬电距离和电气间隙

线间电压或	电气间隙(爬电距离)/mm									
	输入部位				输出部位				其他部位			
	A	B	A	B	A	B	A	B	A		B	
对地电压/V	使用者安装	制造商安装			使用者安装	制造商安装			金属粉尘难接触	其他	金属粉尘难接触	其他
50 以下	—	—	—	—	3	3	2	2	1.2	1.5	1.2	1.2
50~150	6	6	3	2.5	6	6	3	2.5	1.5	2.5	1.5	2
150~300	6	6	4	4	6	6	4	4	2	3	2	2.5
300~600	—	—	—	—	10	10	6	6	4	5	4(3)	5(4)
600~1 000	—	—	—	—	10	10	8	8	6	7	6	7

注:A=极性相异带电部件之间。

　　B=带电部件与金属部件/可触及非金属部件之间。

表 2-31　美国标准 UL 8750＋UL 1598 中的爬电距离和电气间隙

有效值电压范围/V	峰值电压范围/V	最小电气间隙		最小爬电距离	
		mm	（in）	mm	（in）
0～50	0～71	1.6	（0.063）	1.6	（0.063）
51～150	72～212	3.2	（0.125）	6.4	（0.25）
151～300	213～423	6.4	（0.25）	9.5	（0.375）
301～600	424～846	9.5	（0.375）	9.5	（0.375）
601～2 000	847～2 828	9.5	（0.375）	12.7	（0.5）

（12）正常热试验

若 LED 灯具正常使用中的发热量超过一定程度,则存在绝缘老化失效、部件功能失灵、人员触电烫伤、安装面过热燃烧等严重安全隐患。处于这样的安全考虑,国际标准 IEC 60598-1、日本省令标准别表第八和美国标准 UL 8750＋UL 1598 均要求正常工作时 LED 灯具相关部位的温度不得超过一定的限值,主要区别在于模拟正常工作状态方式,即试验环境、试验电压的选取有所不同,要求测试的关键部位也有一些差异。这些差异集中列于表 2-32 中。

表 2-32　正常热试验

差异项目	国际标准 IEC 60598-1	日本省令标准别表第八	美国标准 UL 8750＋UL 1598
试验环境	防风罩、25 ℃±5 ℃/t_a±5 ℃	30 ℃	试验盒、25 ℃±5 ℃
试验电压	最高额定电压的 1.06 倍	最高额定电压	在下表中选择: 额定电压 / 试验电压范围 120 / 110～125 208 / 190～216 240 / 220～250 416 / 380～432 277 / 250～288 480 / 432～500 347 / 312～380 600 / 540～625
测温方法	热电偶法、电阻法	热电偶法、电阻法	热电偶法、电阻法
测温条件	温度变化率小于 1 ℃/h	温度上升基本稳定	已试验至少 3 h,间隔 15 min 的三次连续温度测量值相差不到 1 ℃且温度不再上升

差异项目	国际标准 IEC 60598-1	日本省令标准别表第八	美国标准 UL 8750＋UL 1598
测温布点	绕组、LED 控制装置外壳、灯具电线、开关、安装表面、调节部位、被照射面、导轨、插头/插座结合面	绕组、灯具外壳、灯具电线、整流元件、搬运把手、操作把手、开关、试验表面	绕组、LED 控制装置外壳、灯具外壳、灯具电线、接线盒电线、试验盒内建筑物部件
结果判定	无典型损坏、保护装置不动作、不超温度限值	不超温度限值	不超温度限值、试验后通过电气强度试验

（13）异常热试验

与正常热试验的大同小异相比，国际标准 IEC 60598-1、日本省令标准别表第八和美国标准 UL 8750＋UL 1598 在异常热试验方面差别十分显著。

首先，日本省令标准别表第八没有异常热试验的要求，而国际标准 IEC 60598-1 和美国标准 UL 8750＋UL 1598 在这方面要求却严格而具体。

其次，国际标准 IEC 60598-1 和美国标准 UL 8750＋UL 1598 对于异常状态的模拟完全不同，国际标准 IEC 60598-1 侧重工作位置（发热部件意外靠近安装面）和线路条件（LED 控制装置次级短路）异常，而美国标准 UL 8750＋UL 1598 关注隔热材料使用（安装盒中填充满隔热材料）异常。

另外，在光生物安全的国际标准 IEC 62471 系列、日本省令标准别表第八和美国标准 ANSI/IESNA RP-27 系列的主要技术指标差异方面，IEC 62471 系列标准和 ANSI/IESNA RP-27 系列标准都是从光辐射（包括紫外、可见和红外波段）的角度评价 LED 灯具的光安全，虽然编排结构迥然不同，但内容实质上相当接近。两者都以光化学紫外危害、近紫外危害、视网膜蓝光危害、视网膜热危害、眼和皮肤红外热危害作为危险评价指标，并且都根据实际测量的辐射量大小将 LED 灯具划分为豁免类（无危险）、危险类 1（低危险）、危险类 2（中度危险）和危险类 3（高危险）。除此之外，还规定了 LED 灯具根据其危险等级所应提供的标签和警告语，以及使用相关危险等级的 LED 灯具时应采取的防护措施。

日本省令标准别表第八的出发点则是 LED 灯具的光输出是否稳定无闪烁，要求 LED 灯具的光输出波动频率大于 500 Hz 或者频率在 100 Hz～500 Hz 范围内并且光输出波形无缺陷（无峰值 5% 以下的部分）。

3.1.3　LED 灯具性能和能效标准规范比较分析

3.1.3.1　标准总体介绍

LED 灯具的性能和能效标准规范，以下按使用的地域划分，分别对国际标准、美国标准、中国标准、中国质量认证中心的节能认证规范和广东省 LED 产品评价标杆体系管理规范进行介绍。

目前，LED 灯具性能的国际标准是 IEC/PAS 62722-1《灯具性能　第 1 部分：一般要求》和 IEC/PAS 62722-2-1《灯具性能　第 2-1 部分：LED 灯具的特殊要求》，"PAS"是 ISO 或 IEC 为满足市场急需而出版的文件，是制定正式国际标准之前出版的中间性标准文件。

LED 灯具性能的美国标准是 IES LM-79《固态照明产品电气和光学测试方法》，由北美照明工程学会(IESNA，Illuminating Engineering Society of North America)起草，并于2008年发布，是关于固态照明产品光电性能和光通维持测量的文件。

LED灯具性能的中国标准GB/T 24907《道路照明用LED灯 性能要求》和GB/T 24909《装饰照明用LED灯》，均于2011年2月1日实施。

资源节约产品认证是中国质量认证中心开展的自愿性产品认证业务之一，以加施"节"标志的方式表明产品符合相关的节能、节水等认证要求。为考核其性能和能效指标，中国质量认证中心制定了如下节能认证规范：CQC 3127《LED道路隧道照明产品节能认证技术规范》、CQC 3128《LED筒灯节能认证技术规范》和CQC 3105《道路照明灯具系统节能认证技术规范》。

广东省LED照明产品评价标杆体系，是评价LED产品质量和示范工程效果的重要依据，是广东省推动方法创新，率先建立动态的LED照明产品质量评价机制的创新举措。广东省于2010年6月发布第一批推荐采购产品目录；2012年发布了3个LED产品评价标杆体系的新版管理规范：《广东省LED路灯产品评价标杆体系管理规范》、《广东省LED隧道灯产品评价标杆体系管理规范》和《广东省LED室内照明产品评价标杆体系管理规范》。

以下对LED灯具性能或能效国际标准IEC/PAS 62722-1、IEC/PAS 62722-2-1、美国标准IES LM-79、中国标准GB/T 24907、GB/T 24909、中国质量认证中心节能认证规范CQC 3127、CQC 3128、CQC 3105和广东省LED路灯、LED隧道灯、LED室内照明等3个LED产品评价标杆体系管理规范中的适用范围、条款要求、性能测试条件要求、性能测试设备要求等方面分别进行分析比较。

3.1.3.2 标准适用范围分析

国际标准IEC/PAS 62722-1覆盖了灯具的具体性能和环境的要求，包含声称了其工作性能的、工作在1 000 V及以下电源电压的电光源。除非另有详细的性能数据，该性能标准只针对那些新制造的并且已完成任何指定的初始老化程序的灯具。IEC/PAS 62722-2-1规定了LED灯具的性能要求，同时包含了所需的用以表明符合标准要求的测试方法和条件。适用于当声称了具备工作性能的普通照明用LED灯具。

美国标准IES LM-79规定了在标准条件下固态照明(SSL)产品总光通量、电功率、光强分布以及色度重复性测量时应遵守的程序及注意事项。

中国标准GB/T 24907适用于集LED器件及其控制驱动电路和灯具于一体，采用交流220 V/50 Hz电源供电的道路照明用LED灯和在额定电源电压的92%~106%以及−30 ℃~45 ℃范围内能正常启动和燃点的道路照明用LED灯。GB/T 24909适用于额定电源电压250 V以下，频率为50 Hz交流或直流的室内或室外装饰照明用LED灯。

中国质量认证中心节能认证规范CQC 3127适用于额定电压220 V，频率50 Hz交流供电的用于次干道和支路的LED道路照明产品以及LED隧道照明产品。CQC 3128适用于家庭或类似场合使用的，采用额定电压220 V、频率50 Hz交流电源供电的整体式或LED控制装置分离式LED筒灯。CQC 3105规定了机动车道用道路照明灯具系统节能认证技术要求、试验和计算方法，适用于评价道路照明灯具系统(以下简称灯具系统，但不包括隧道道路照明灯具系统)，在满足照明质量要求的前提下，是否符合节能认证的要求。

GDBMT-TC-Ⅰ002—2012《广东省LED路灯产品评价标杆体系管理规范》适用于LED

路灯产品应用工程及其他 LED 照明工程的 LED 路灯产品标杆指数的指标确定、动态管理，以及 LED 路灯产品在标杆体系中的评价、检测。GDBMT-TC-Ⅰ003—2012《广东省 LED 隧道灯产品评价标杆体系管理规范》适用于 LED 隧道灯产品应用工程及其他 LED 照明工程的 LED 隧道灯产品标杆指数的指标确定、动态管理，以及 LED 隧道灯产品在标杆体系中的评价、检测。GDBMT-TC-Ⅰ001—2012《广东省 LED 室内照明产品评价标杆体系管理规范》适用于 LED 室内照明产品应用工程及其他 LED 照明工程的 LED 室内照明产品标杆指数的指标确定、动态管理，以及 LED 室内照明产品在标杆体系中的评价、检测。（所涉及 LED 室内照明产品，主要包括 LED 灯管、LED 筒灯、LED 球泡灯、LED 射灯四大类。）

3.1.3.3　标准条款要求分析

LED 灯具性能或能效国际标准 IEC/PAS 62722-1、IEC/PAS 62722-2-1 的条款要求详见表 2-33，美国标准 IES LM-79 的条款要求详见表 2-34，中国标准 GB/T 24907、GB/T 24909 的条款要求详见表 2-35，中国质量认证中心节能认证规范 CQC 3127、CQC 3128、CQC 3105 的条款要求详见表 2-36，广东省 LED 路灯、LED 隧道灯、LED 室内照明等 3 个 LED 产品评价标杆体系管理规范中的条款要求详见表 2-37。

表 2-33　国际标准条款要求

标准规范	条款要求
IEC/PAS 62722-1 《灯具性能　第 1 部分：一般要求》	一、一般要求 1. 灯具应符合 IEC 60598-2 系列标准的要求； 2. 灯具应符合本部分所有要求，在适用时也应符合第 2 部分关于各种光源类型灯具的特殊要求。在第 2 部分中给出的测量方法或限制应在第 1 部分中指定； 3. 本标准规定的数据应由制造商通过目录、网站或类似渠道提供纸质或电子版数据。 二、灯具的光源和部件 一些光源和部件随灯具一起交货时，也需满足其 IEC 性能标准的要求。 三、光度数据 当测试依照 CIE 121 或 CIE 121-SP1 进行时，光输出比不得低于额定值的 10%。光强分布曲线应与制造商声称的一致（比较的方法正在考虑中） 四、电参数 包括额定电源电压、额定输入功率、仅在光源关闭时控制器的寄生功率（待机功耗）、额定应急照明充电功率。 五、灯具效率数据 六、环境数据
IEC/PAS 62722-2-1 《灯具性能　第 2-1 部分：LED 灯具的特殊要求》	一、总输入功率 二、光输出 1. 光通量； 2. 光强分布、峰值光强和光束角； 3. 灯具效率。 三、色度坐标、相关色温和显色指数 四、LED 灯具寿命

表 2-34　美国标准条款要求

标准规范	条款要求
IES LM-79-08 《认定方法:固态照明产品的电气和光度测量》	1. 总光通量; 2. 电功率; 3. 光强分布; 4. 颜色特性测试(包括:色度坐标、相关色温和显色指数)

表 2-35　中国标准条款要求

标准规范	条款要求
GB/T 24907—2010 《道路照明用 LED 灯 性能要求》	1. 安全要求(符合 GB 24819;防护等级达到 IP65); 2. 外形尺寸(应符合制造商规定); 3. 灯功率(实测值与额定值之差不大于 10%); 4. 功率因素(不低于标称值的 0.05); 5. 电磁兼容(应符合 GB 17743、GB 17625.1 和 GB/T 18595 要求); 6. 光度分布(应符合 CJJ45 规定的要求); 7. 初始光效和光通量(初始光效不低于规定值;初始光通量的实测值应不低于标称值的 90%); 8. 颜色特性(色度坐标初始读数距离目标值应在 8 SDCM 之内;显色指数实测值应不低于额定值的 3 个数值); 9. 平均寿命(应不低于 20000 h); 10. 光通维持率(3000 h 时不低于 90%;6000 h 时不低于 85%); 11. 开关次数(5000 次)
GB/T 24909—2010 《装饰照明用 LED 灯》	1. 外观检查; 2. 光参数: ——透光型灯:测量亮度; 投光型灯:测量光通量。 ——白色灯:测量色品坐标和显色指数; 其他颜色灯:测量色品坐标,考核颜色不均匀性; ——光通(亮度)维持率和颜色飘移; 3. 电参数: ——灯功率; ——功率因素; ——谐波; 4. 寿命

表 2-36　中国质量认证中心节能认证规范条款要求

标准规范	条款要求
CQC 3127-2010 《LED 道路/隧道照明产品节能认证技术规范》	一、光电性能要求 1. 初始光通量(应不低于额定光通量的 90%,不高于额定光通量的 120%); 2. 初始光效(额定相关色温≤3 500 K:应不低于 85;3 500 K<额定相关色温≤6 500 K:应不低于 90); 3. 光通维持率(3 000 h 时不低于 96%;6 000 h 时不低于 92%;10 000 h 时不低于 86%); 4. 初始相关色温(额定相关色温以 100 K 为步长,且不超过 6 500 K;初始相关色温和额定相关色温的最大偏差需满足 ΔT 的计算条件);

续表 2-36

标准规范	条款要求
CQC 3127-2010 《LED 道路/隧道照明产品节能认证技术规范》	5. 光分布（配光曲线应与标称相一致）； 6. 功率（实测值不超过额定值的 10%）； 7. 功率因数（应不低于 0.95；实测值不应低于标称值 0.05）； 8. 寿命（不低于 30 000 h）。 二、一般要求和安全要求 1. 标记（GB 7000.5—2005 第 5 章及附加条款）； 2. 重量（重量限值根据光通量划分）； 3. 外形尺寸（应符合制造商规定）； 4. 结构（应符合 GB 7000.5—2005 第 6 章）； 5. 爬电距离和电气间隙（应符合 GB 7000.5—2005 第 7 章）； 6. 接地规定（应符合 GB 7000.5—2005 第 8 章）； 7. 接线端子（应符合 GB 7000.5—2005 第 9 章）； 8. 外部接线和内部接线（应符合 GB 7000.5—2005 第 10 章）； 9. 防触电保护（应符合 GB 7000.5—2005 第 11 章）； 10. 耐久性试验和热试验（应符合 GB 7000.5—2005 第 12 章）； 11. 防尘、防固体异物和防水（应为 IP65 或 IP66）； 12. 绝缘电阻和电气强度（应符合 GB 7000.5-2005 第 14 章）； 13. 耐热、耐火和耐起痕（应符合 GB 7000.5-2005 第 15 章）。 三、电磁兼容性能要求 1. 无线电骚扰特性（应符合 GB 17743）； 2. 谐波电流限值（应符合 GB 17625.1）； 3. 电磁兼容抗扰度（应符合 GB/T 18595）。 四、适用工作条件要求 1. 在 90%～110% 额定电压范围内应能正常工作； 2. 在 −30 ℃～45 ℃ 的条件下应能正常工作，同时应满足具体使用场合的环境温度要求、湿度和腐蚀性等其他特殊要求
CQC 3128 《LED 筒灯节能认证技术规范》	一、光电性能要求 1. 初始光通量（LED 筒灯的初始光通量应不低于额定光通量的 90%，不高于额定光通量的 120%）； 2. 初始光效（额定相关色温≤3 500 K：应不低于 60；3 500 K＜额定相关色温≤6 500 K：应不低于 65）； 3. 光通维持率（LED 筒灯 3 000 h 光通维持率不低于 96%，6 000 h 光通维持率不低于 92%，10 000 h 光通维持率不低于 86%）； 4. 初始色度（LED 筒灯的初始色度，应符合下表的要求： *见下表*

额定相关色温	目标相关色温	目标 Duv 及其容差
2 700 K	2 725±145	0.000±0.006
3 000 K	3 045±175	0.000±0.006
3 500 K	3 465±245	0.000±0.006
4 000 K	3 985±275	0.001±0.006
4 500 K	4 503±243	0.001±0.006
5 000 K	5 028±283	0.002±0.006
5 700 K	5 665±355	0.002±0.006
6 500 K	6 530±510	0.003±0.006

续表 2-36

标准规范	条款要求

<table>
<tr><td rowspan="1">CQC 3128
《LED 筒灯节能认证技术规范》</td><td>

5. 初始显色指数(LED 筒灯的初始显色指数不应低于 80);

6. 显色指数稳定性(LED 筒灯的 3 000 h 显色指数相对于初始显色指数的衰减不应高于 3);

7. 光分布要求(与 LED 筒灯几何中心垂直轴夹角的 60°区域内,光通量应占总光通量的 75% 以上);

8. 功率要求(LED 筒灯的功率不应超过额定值的 10%);

9. 功率因数(LED 筒灯的功率因数,应符合下表的要求:

实测功率	最低功率因数要求	其他要求
实测功率≤5 W	≥0.50	实测功率因数不低于标称值 0.05
5 W<实测功率≤15 W	≥0.70	
实测功率>15 W	≥0.90	

10. 寿命(LED 筒灯的额定平均寿命应不低于 30 000 h)

二、一般要求和安全要求

1. 标记(除应符合 GB 7000.201 或 GB 7000.202 第 5 章的要求以外,产品上还应标注如下必要标记:额定光通量、额定相关色温、功率因数、显色指数、额定寿命);

2. 外形尺寸(灯的外形尺寸应符合制造商的规定);

3. 结构(固定式 LED 筒灯应符合 GB 7000.201—2008 第 6 章的要求;嵌入式 LED 筒灯应符合 GB 7000.202—2008 第 6 章的要求);

4. 爬电距离和电气间隙(固定式 LED 筒灯应符合 GB 7000.201—2008 第 7 章的要求;嵌入式 LED 筒灯应符合 GB 7000.202—2008 第 7 章的要求);

5. 接地规定(固定式 LED 筒灯应符合 GB 7000.201—2008 第 8 章的要求;嵌入式 LED 筒灯应符合 GB 7000.202—2008 第 8 章的要求);

6. 接线端子(固定式 LED 筒灯应符合 GB 7000.201—2008 第 9 章的要求;嵌入式 LED 筒灯应符合 GB 7000.202—2008 第 9 章的要求);

7. 外部接线和内部接线(固定式 LED 筒灯应符合 GB 7000.201—2008 第 10 章的要求;嵌入式 LED 筒灯应符合 GB 7000.202—2008 第 10 章的要求);

8. 防触电保护(固定式 LED 筒灯应符合 GB 7000.201—2008 第 11 章的要求;嵌入式 LED 筒灯应符合 GB 7000.202—2008 第 11 章的要求);

9. 耐久性试验和热试验(固定式 LED 筒灯应符合 GB 7000.201—2008 第 12 章的要求;嵌入式 LED 筒灯应符合 GB 7000.202—2008 第 12 章的要求);

10. 防尘、防固体异物和防水(固定式 LED 筒灯应符合 GB 7000.201—2008 第 13 章的要求;嵌入式 LED 筒灯应符合 GB 7000.202—2008 第 13 章的要求);

11. 绝缘电阻和电气强度(固定式 LED 筒灯应符合 GB 7000.201—2008 第 14 章的要求;嵌入式 LED 筒灯应符合 GB 7000.202—2008 第 14 章的要求);

</td></tr>
</table>

续表 2-36

标准规范	条款要求
CQC 3128 《LED 筒灯节能认证技术规范》	12. 耐热、耐火和耐起痕(固定式 LED 筒灯应符合 GB 7000.201—2008 第 15 章的要求;嵌入式 LED 筒灯应符合 GB 7000.202—2008 第 15 章的要求)。 三、电磁兼容性能的要求 1. 无线电骚扰特性(LED 筒灯的无线电骚扰特性应符合 GB 17743 的要求); 2. 谐波电流限值(LED 筒灯的谐波电流应符合 GB 17625.1 的要求)。 四、适用工作条件要求 1. 在 90%～110% 额定电压范围内应能正常工作; 2. 应满足具体使用地的环境温度、湿度和腐蚀性等其他特殊要求。
CQC 3105 《道路照明灯具系统节能认证技术规范》	一、一般要求 应能安全工作并提供满足道路照明质量要求的照明:灯具及灯具中的灯、灯的控制装置和其他部件应符合相关产品的强制性标准和性能标准的要求。 二、道路照明标准值 按照制造商说明书给出的灯具安装条件,根据实验室测得的灯具空间光度分布数据,按照 CIE40 计算道路照明数据:路面平均亮度维持值、路面亮度总均匀度、路面亮度纵向均匀度;路面平均水平照度维持值、路面水平照度均匀度、阈值增量、环境比。 三、节能评价值 利用符合道路照明标准值得出的安装条件,再计算出被照路面上使用的照明功率密度。 四、标记

表 2-37 广东省 LED 产品评价标杆体系管理规范条款要求

标准规范	条款要求
GDBMT-TC-I 002—2012 《广东省 LED 路灯产品评价标杆体系管理规范》	一、准入条件 1. 满足 GB 7000.1—2007、GB 7000.5—2005、GB 17743—2007、GB 17625.1—2003、GB/T 18595—2001 要求及提供第三方 CNAS 认可或 CMA 认证的检测报告; 2. 产品灯具光效不低于 80 lm/W 二、产品指标 1. 光效; 2. 相关色温; 3. 单位功率地面平均照度; 4. 地面照度均匀性、纵向亮度均匀性和眩光限值阈值增量; 5. 环境比; 6. 耐候性; 7. 浪涌试验; 8. 基本试验和分级试验; 9. 产品制造组织保障能力与生产一致性核查

续表 2-37

标准规范	条款要求
GDBMT-TC-Ⅰ001—2012《广东省 LED 室内照明产品评价标杆体系管理规范》	一、准入条件 所有产品(主检及覆盖产品)需按 GB 7000.1、GB 7000 系列标准中相关灯具特殊要求及 GB 24906—2010 测试,GB 24819—2009、GB 17743—2007、GB 17625.1—2003、GB 18774—2002 标准测试合格并提供第三方 CNAS 认可或 CMA 认证的检测报告,其中筒灯需通过 3C 认证。 二、产品指标 1. 光效; 2. 色容差; 3. 色品坐标; 4. 显色指数; 5. 功率因数; 6. 中心光强; 7. 光束角; 8. 空间平均色品坐标; 9. 最大亮度; 10. 亮度均匀度; 11. 蓝光危害; 12. 可靠性试验(含光衰测试); 13. 产品制造组织保障能力与生产一致性核查
GDBMT-TC-Ⅰ003—2012《广东省 LED 隧道灯产品评价标杆体系管理规范》	一、准入条件 1. 满足 GB 7000.1—2007、GB 7000.5—2005、GB 17743—2007、GB 17625.1—2003、GB/T 18595—2001 要求及提供第三方 CNAS 认可或 CMA 认证的检测报告; 2. 产品灯具光效不低于 80 lm/W。 二、产品指标 1. 光效; 2. 相关色温; 3. 单位功率地面平均照度; 4. 地面照度均匀性、纵向亮度均匀性和眩光限值阈值增量; 5. 墙面-路面亮度比; 6. 耐候性

3.1.3.4 光电性能测试条件要求分析

LED 灯具性能或能效的国际标准 IEC/PAS 62722-1、IEC/PAS 62722-2-1、美国标准 IES LM-79、中国标准 GB/T 24907、中国质量认证中心节能认证规范 CQC 3127、CQC 3128、CQC 3105 和广东省 LED 路灯、LED 隧道灯、LED 室内照明等 3 个 LED 产品评价标杆体系管理规范中的光电性能测试条件要求详见表 2-38。

表 2-38 各国标准光电性能测试条件要求

序号	标准规范	光电性能测试条件要求
1	IEC/PAS 62722-1	根据 CIE 121 对光度性能测试的条件,其要求如下:

续表 2-38

序号	标准规范	光电性能测试条件要求
1	《灯具性能 第 1 部分:一般要求》 IEC/PAS 62722-2-1 《灯具性能 第 2-1 部分:LED 灯具的特殊要求》	1. 在光源或灯具的测试过程中,平均环境温度应是 25 ℃ ±1 ℃; 2. 安装要求:灯具应被正常安装在设计的使用位置; 3. 气流:灯具周围的空气运动速度不能超过 0.2 m/s;对于允许较大环境温度范围的光源,较快的空气运动速度可以被接受; 4. 电源特性:交流电源的电压波形的谐波含量应尽可能低,并且不应超过基波的 3%; 5. 产品的老化:对产品老化时间没有要求; 6. 产品的稳定性:光度稳定后才能开始测量
2	IES LM-79-08 《认定方法:固态照明产品的电气和光度测量》	1. 环境温度:25 ℃±1 ℃(温度测试点在离灯≤1 m 水平面上,温度传感器应避免任何的光辐射,如测试温度未满足,则应在测试报告上说明。); 2. 安装要求:灯具应正常安装,并注意固定灯具部件对灯具散热的影响,且如灯具附带有用于热量管理的支撑结构也需报备; 3. 气流:只能有正常的对流; 4. 电源特性: 1) 电源输出额定频率的正弦波,谐波的 RMS 值<3% 的基波; 2) 电压稳定性:交直流电源的电压应限制在±0.2% 范围内; 5. 产品的老化:新的产品不需老化; 6. 产品的稳定性:稳定时间 30 min~2h,在 30 min 内对光参数和电参数分别读数 3 次,变化率≤0.5%; 7. 工作方向:测量光输出时,产品的方向应记录; 8. 电气设置:按额定电压进行测试(AC 或 DC),不能使用脉冲型电源。如灯具有调光功能,则测试应采用最大值,如有多种模式的 CCT,则需在不同模式下测量,并注明
3	GB/T 24907—2010 《道路照明用 LED 灯 性能要求》	1. 环境温度:25℃±1℃; 2. 相对湿度:不大于 65%; 3. 安装要求:灯具应置于自由空间中; 4. 气流:无对流风的环境; 5. 电源特性: 1) 电源电压的谐波含量应不超过 3%,总谐波含量是基波为 100% 时各次谐波分量的方均根之和; 2) 电压稳定性:稳定期间,电源电压应该稳定在±0.5% 的范围之内;测量时,应降至±0.2% 的范围之内; 6. 产品的老化:测试前不需老化; 7. 产品测试的稳定性:根据 GB/T 24824—2009 的要求,在 15 min 内,光通量或光强变化小于 0.5%

续表 2-38

序号	标准规范	光电性能测试条件要求
4	GB/T 24909—2010《装饰照明用 LED 灯》	1. 环境温度:25 ℃±1 ℃(除另有规定外,如亮度测试环境温度要求:25 ℃±2 ℃); 2. 相对湿度:不大于 65%; 3. 气流:无对流风的环境; 4. 电源特性:电源电压的谐波含量不超过 3%,总谐波含量是基为 100%时各次谐波分量的方均根之和; 5. 稳定期间,电源电压应稳定在±0.5%的范围之内;测量时,应降至±0.2%的范围之内;寿命试验应稳定在±2%; 6. 产品的稳定性:根据 GB/T 24824—2009 的要求,在 15 min内,光通量或光强变化小于 0.5%
5	《LED 道路/隧道照明产品节能认证技术规范》《LED 筒灯节能认证技术规范》	1. 环境温度:25 ℃±1 ℃; 2. 相对湿度:不大于 65%; 3. 安装要求:安装在设计的使用位置; 4. 气流:应该保证照明产品周围的气流是由该产品所造成的正常对流气流,不允许对照明产品有振动和冲击; 5. 电源特性: 1) 产品测试所用的电源应该在 50 Hz 的额定工作频率下提供 220 V 正弦波形的电压,并保证测试过程中谐波含量不超过 3%; 2) 在稳定期间,电源电压应稳定在额定值的±0.5%范围内;测量时,电源电压应稳定在额定值的±0.2%范围内; 6. 产品的老化:老化 1 000 h; 7. 产品的稳定性:稳定时间随产品不同而不同,稳定状态通过如下方法判定:30 min 内对光输出和电功率进行至少 3 次读数,以 15 min 的读数计算,光输出和电功率的偏差应不大于 0.5%
6	《道路照明灯具系统节能认证技术规范》	1. 环境温度:25 ℃±1 ℃; 2. 安装要求:按设计位置进行安装; 3. 气流:灯具周围空气的运动速度应不超过 0.2 m/s。(对于允许较大环境温度容差的灯,可以接受较快的空气运动速度); 4. 电源特性:交流电源电压波形的谐波含量应尽可能低,并且不应超过基波的 3%; 5. 产品的老化:不需老化; 6. 产品的稳定性:光度稳定后才能开始测量
7	《广东省 LED 路灯产品评价标杆体系管理规范》	1. 环境温度:25℃±1℃; 2. 安装要求:按正常使用状态安装; 3. 气流:灯具周围空气的运动速度应不超过 0.2 m/s。(对于允许较大环境温度容差的灯,可以接受较快的空气运动速度);

续表 2-38

序号	标准规范	光电性能测试条件要求
7	《广东省 LED 隧道灯产品评价标杆体系管理规范》	4. 电源特性:交流电源电压波形的谐波含量应尽可能低,并且不应超过基波的 3%; 5. 产品的老化:不需老化; 6. 产品的稳定性:统一规定为:稳定 2 h 后测量
8	《广东省 LED 室内照明产品评价标杆体系管理规范》	1. 环境温度:25℃±1℃; 2. 安装要求:按正常使用状态安装; 3. 气流:灯具周围空气的运动速度应不超过 0.2 m/s。(对于允许较大环境温度容差的灯,可以接受较快的空气运动速度); 4. 电源特性:交流电源电压波形的谐波含量应尽可能低,并且不应超过基波的 3%; 5. 产品的老化:不需老化; 6. 产品的稳定性:统一规定为:稳定 2 h 后测量; 7. 环境亮度要求:亮度测试时,环境产生的亮度应低于 0.01 cd/m²

3.1.3.5　标准光电性能测试设备要求分析

　　LED 灯具性能或能效的国际标准 IEC/PAS 62722-1、IEC/PAS 62722-2-1、美国标准 IES LM-79、中国标准 GB/T 24907、中国质量认证中心节能认证规范 CQC 3127、CQC 3128、CQC 3105 和广东省 LED 路灯、LED 隧道灯、LED 室内照明等 3 个 LED 产品评价标杆体系管理规范中的光电性能测试设备要求详见表 2-39。

表 2-39　各国标准光电性能测试设备要求

序号	标准规范	光电性能测试设备要求
1	IEC/PAS 62722-1 《灯具性能　第 1 部分:一般要求》 IEC/PAS 62722-2-1 《灯具性能　第 2-1 部分:LED 灯具的特殊要求》	1. 电子仪器:电压表、电流表和功率表应达到 0.5 级或者更好。 2. 光度数据的测试设备:分布光度计
2	IES LM-79-08 《认定方法:固态照明产品的电气和光度测量》	1. 电子仪器: DC 输入的产品:使用 DC 电压表、电流表,电压表应连接在电源输入端,并显示输入功率; AC 输入的产品:使用 AC 功率表连接在电源和产品之间,测量 AC 功率和输入电压、电流。 2. 总光通量的测试方法: 　1) 积分球; 　2) 分布光度计。 3. 颜色特性测试方法: 首选积分球与光谱辐射计测量方法,其次可选用光谱辐射计或色度计的空间扫描方法

续表 2-39

序号	标准规范	光电性能测试设备要求
3	GB/T 24907—2010《道路照明用LED灯 性能要求》	1. 电气测量设备: 根据 GB/T 24824—2009 的要求,电测量仪表的精度等级满足被测电压、电流和功率实际测量误差小于 0.5%,即误差小于 0.5%的读数; 2. 总光通量的测试设备:分布光度计; 3. 颜色特性测试设备:分布光谱辐射计测量色度特性;积分球法测量平均颜色; 4. 测量谐波和功率因数的设备要求需满足 GB 17625.1—2003 附录 A 和附录 B 的要求
4	GB/T 24909—2010《装饰照明用LED灯》	1. 电子仪器:电压表、电流表和功率表; 2. 总光通量的测试设备:分布光度计; 3. 颜色特性测试设备:积分球＋光谱分析仪、测角色度计; 4. 亮度测试设备:亮度计
5	《LED 道路/隧道照明产品节能认证技术规范》 《LED 筒灯节能认证技术规范》	1. 电气测量设备:数字式仪表测量功率、线路功率因数; 2. 光度测试设备:分布光度计; 3. 初始相关色温测试设备:积分球或分布光度测试系统
6	《道路照明灯具系统节能认证技术规范》	1. 电子仪器:符合 0.5 级或更高要求的电压表、电流表和功率表; 2. 光度测试设备:分布光度计
7	《广东省 LED 路灯产品评价标杆体系管理规范》 《广东省 LED 隧道灯产品评价标杆体系管理规范》	1. 电子仪器:符合 0.5 级或更高要求的电压表、电流表和功率表; 2. 光度测试设备:分布光度计; 3. 平均相关色温测试设备:积分球＋光谱分析仪
8	《广东省 LED 室内照明产品评价标杆体系管理规范》	1. 电子仪器:符合 0.5 级或更高要求的电压表、电流表和功率表; 2. 光度测试设备:分布光度计; 3. 平均相关色温测试设备:积分球＋光谱分析仪及测角色度计; 4. 亮度测试设备:成像亮度计; 5. 蓝光危害测试设备:辐射安全测试系统

3.2 LED 控制装置标准规范分析研究

LED 灯具主要由 LED 控制装置、LED 连接器、LED 模块和相关配件组成,其中作为 LED 灯具的心脏——LED 控制装置对 LED 灯具的安全、性能、电磁兼容、能效等指标起着重要的作用。以下对 LED 控制装置国内外标准规范进行汇总和分析比较。

3.2.1 LED 控制装置标准规范汇总

LED 控制装置标准规范按照标准发布国家来源和标准内容等分类,对国际、欧盟、美国、日本、韩国、中国的安全、性能、方法、能效及电磁兼容等领域标准进行汇总,详见表 2-40。

表 2-40　LED 控制装置标准规范汇总

序号	国际/地区/国家	标准/规范编号	标准/规范内容	标准/规范类别
1	国际 IEC	IEC 61347-1	灯的控制装置　第 1 部分:一般要求和安全要求	安全
2	国际 IEC	IEC 61347-2-13	LED 模块用直流或交流电子控制装置的特殊安全要求	安全
3	国际 IEC	IEC 62384	LED 模块用直流或交流电子控制装置　性能要求	性能
4	国际 IEC	IEC 62386-207	可寻址数字照明接口　第 207 部分:控制装置的特殊要求 LED 模块(设备类型 6)	性能
5	国际 IEC	CISPR 15	电气照明和类似设备的无线电骚扰特性的限值和测量方法	电磁兼容
6	国际 IEC	IEC 61000-3-2	电磁兼容　限值　谐波电流发射限值(设备每相输入电流≤16 A)	电磁兼容
7	国际 IEC	IEC 61000-3-3	电磁兼容　限值　对每相额定电流≤16 A 且无条件接入的设备在公用低压供电系统中产生的电压变化、电压波动和闪烁的限制	电磁兼容
8	国际 IEC	IEC 61547	一般照明用设备电磁兼容抗扰度要求	电磁兼容
9	欧盟	EN 61347-1	灯的控制装置　第 1 部分:一般要求和安全要求	安全
10	欧盟	EN 61347-2-13	LED 模块用直流或交流电子控制装置的特殊安全要求	安全
11	欧盟	EN 62384	LED 模块用直流或交流电子控制装置　性能要求	性能
12	欧盟	EN 62386-207	可寻址数字照明接口　第 207 部分:控制装置的特殊要求 LED 模块(设备类型 6)	性能
13	欧盟	EN 55015	电气照明和类似设备的无线电骚扰特性的限值和测量方法	电磁兼容
14	欧盟	EN 61000-3-2	电磁兼容　限值　谐波电流发射限值(设备每相输入电流≤16 A)	电磁兼容
15	欧盟	EN 61000-3-3	电磁兼容　限值　对每相额定电流≤16 A 且无条件接入的设备在公用低压供电系统中产生的电压变化、电压波动和闪烁的限制	电磁兼容
16	欧盟	EN 61547	一般照明用设备电磁兼容抗扰度要求	电磁兼容
17	美国	UL 8750	用于照明产品的发光二极管(LED)设备	安全
18	美国	UL 1012	非 2 类电源单元	安全
19	美国	UL 1310	2 类电源单元	安全
20	美国	UL 60950-1	信息技术设备的安全	安全

续表 2-40

序号	国际/地区/国家	标准/规范编号	标准/规范内容	标准/规范类别
21	美国	NEMA SSL 1—2010	LED 装置、阵列或系统用电子驱动装置	安全性能
22	美国	ANSI C 82.77	谐波发射限制—照明电源的质量要求	电磁兼容
23	美国	FCC part 15	适用于电源工作频率小于 9 kHz 或是使用直流供电的 LED 照明产品	电磁兼容
24	美国	FCC part 18	适用于使用开关电源作为电源供应,而电源的工作频率大于 9 kHz 的 LED 照明产品	电磁兼容
25	日本	J 61347-1 JIS C8147-1	灯的控制装置　第 1 部分:一般要求和安全要求	安全
26	日本	J 61347-2-13 JIS C8147-2-13	LED 模块用直流或交流电子控制装置的特殊安全要求	安全
27	日本	JIS C8153	LED 模块用直流或交流电子控制装置　性能要求	性能
28	日本	電気用品の技術上の基準を定める省令	电气用品安全要求	安全 电磁兼容
29	日本	J 55015	电气照明和类似设备的无线电骚扰特性的限值和测量方法	电磁兼容
30	韩国	KS C IEC 61347-1	灯的控制装置　第 1 部分:一般要求和安全要求	安全
31	韩国	KS C IEC 61347-2-13	LED 模块用直流或交流电子控制装置的特殊安全要求	安全
32	韩国	KS C IEC 62384	LED 模块用直流或交流电子控制装置 性能要求	性能
33	韩国	KS C 7655	LED 模块用直流或交流电子控制装置	安全性能
34	韩国	K61547	通用照明设备——EMC 抗扰性要求	电磁兼容
35	韩国	K00015	电子照明和类似设备的无线骚扰特征的限值和测量方法	电磁兼容
36	中国	GB 19510.1	灯的控制装置　第 1 部分:一般要求和安全要求	安全
37	中国	GB 19510.14	灯的控制装置　第 14 部分:LED 模块用直流或交流电子控制装置的特殊要求	安全
38	中国	GB/T 24825	LED 模块用直流或交流电子控制装置　性能要求	性能
39	中国	GB 17743	电气照明和类似设备的无线电骚扰特性的限值和测量方法	电磁兼容
40	中国	GB 17625.1	电磁兼容　限值　谐波电流发射限值(设备每相输入电流≤16 A)	电磁兼容

续表 2-40

序号	国际/地区/国家	标准/规范编号	标准/规范内容	标准/规范类别
41	中国	GB 17625.2	电磁兼容 限值 对每相额定电流≤16 A且无条件接入的设备在公用低压供电系统中产生的电压变化、电压波动和闪烁的限制	电磁兼容
42	中国	GB/T 18595	一般照明用设备电磁兼容抗扰度要求	电磁兼容

3.2.2　LED控制装置安全标准规范比较分析

3.2.2.1　标准总体介绍

目前LED控制装置安全国际标准IEC 61347-2-13《LED模块用直流或交流电子控制装置的特殊安全要求》,适用于LED模块用直流或交流电子控制装置,与IEC 61347-1《灯的控制装置 第1部分:一般要求和安全要求》结合使用。欧盟标准EN 61347-2-13《LED模块用直流或交流电子控制装置的特殊安全要求》、EN 61347-1《灯的控制装置 第1部分:一般要求和安全要求》与IEC 61347-2-13、IEC 61347-1标准基本等同;我国的国标GB 19510.14《灯的控制装置 第14部分:LED模块用直流或交流电子控制装置的特殊要求》、GB 19510.1《灯的控制装置 第1部分:一般要求和安全要求》等同采用国际IEC 61347-2-13、IEC 61347-1标准。

美国对于半导体照明产品的安全要求主要体现在LED模块、LED控制模块、LED控制装置、LED灯具及相关配件上。其中,UL 8750《用于照明产品的发光二极管(LED)设备》为LED模块、LED控制模块、LED控制装置提出了详细的安全要求。现行的UL 8750提到,LED电源及LED驱动可以根据UL 1310《2类电源设备安全标准》、UL 1012《非2类电源设备安全标准》和UL 60950-1《信息技术设备的安全》中所适用的产品用途与使用环境选择适用标准进行使用进行评估,并且结合UL 8750中所列出的补充规定以判定其符合性。

日本经济产业省发布的电气用品安全法要求,LED控制装置可以依据日本第一项标准《電気用品の技術上の基準を定める省令》进行认证检测,也可以使用日本第二项标准JIS C 8147-2-13标准《LED模块用直流或交流电子控制装置的特殊安全要求》和JIS C 8147-1标准《灯的控制装置 第1部分:一般要求和安全要求》进行认证检测,由于我国大部分出口日本的PSE认证采用的是第二项标准,所以,下文分析中仅对日本第二项标准JIS C 8147-2-13标准,而不对第一项标准进行分析。

下面我们对LED控制装置安全类别的国际标准IEC 61347-2-13、欧盟标准EN 61347-2-13、美国标准UL 8750、UL 1310、UL 1012、UL 60950-1、日本标准JIS C 8147-2-13和中国标准GB 19510.14中的适用范围、条款要求、试验环境要求、主要技术指标差异等方面分别进行分析比较。

3.2.2.2　标准适用范围分析

国际标准IEC 61347-2-13适用于使用250 V以下直流电源和1 000 V以下,50 Hz或60 Hz交流电源的LED模块用电子控制装置,该控制装置的输出频率可以不同于电源频率。该标准规定LED控制装置是设计在安全特低电压或等效安全特低电压或更高的电压下能够为LED模块提供恒定电压或电流的控制装置,非纯电压或电流源类型的控制装置也包括在内。

欧盟 EN 61347-2-13、中国 GB 19510.14 和日本 JIS C 8147-2-13，与 IEC 61347-2-13 标准等同，所以适用范围也是跟 IEC 61347-2-13 标准保持一致。

美国 UL 8750 标准主要针对涵盖了工作在可见光 400 nm～700 nm 范围内的 LED 设备，该 LED 设备作为灯具或其他照明器具中的一个整体。该标准也适用于 LED 设备的零部件，包括该标准中定义的 LED 驱动、控制器、阵列、模块和封装。UL 8750 所适用的照明器具一般在依照美国国家电气法规（ANSI/NFPA 70）所列的非危险的环境下使用，并适用于 600 V 及其以下的电源分支。此外，该标准也适用于与诸如电池、燃料电池等类似的隔离式电源连接的 LED 光源。

美国 UL 8750 主要对 LED 产品的模块、电源及控制模块进行了规定，对于终端 LED 照明产品，最终还需结合 UL 有关终端照明设备的标准进行安全考核。这些标准主要包括：UL 1598《固定式灯具》、UL 153《便携式电子灯具》、UL 1573《舞台灯》、UL 48《信号灯》、UL 924《应急灯》、UL 1993《自镇流灯》、UL 1786《小夜灯》、UL 2108《低压灯系统》、UL 1574《轨道灯》、UL 676《水下灯具》、UL 1838《低压景观灯》、UL 1994《逃生出口路径标示系统照明》等。

UL 8750 所适用的供应电源包括如下几类：UL 1310《2 类电源》、UL 1012《非 2 类电源》、UL 60950-1《信息类设备》。照明器具的供应电源应符合以上所述标准之一，并根据照明器具的实际条件进行评估。

美国 UL 1310 标准主要对户内和户外使用的 2 类电源和电池充电器的安全要求进行规定，适用于直接插入的 2 类电源设备，即连接 120 V～240 V、15 A 的交流分支电路，和软线连接的 2 类电源设备，即连接 120 V～240 V、15 A 或 20 A 的带有至少 150 V 接地的交流分支电路。此类产品使用绝缘的变压器，可以包括整流器和其他元件，提供直流或交流电源。该类产品可以提供非制式直流输入插座，该插座预计用于从车辆用蓄电池适配器获得能量。此类产品预期可为低压设备供电，并符合电气法规 ANSI/NFPA 70。该标准包括产品在任何情况的输出负载下，输入的电源功率不超过 660 W。该标准范围并不包括配套特殊用途的最终产品的电源（例如：音频、视频、医疗、牙医用或工具类），应按照其配套使用用途增加相应的终端设备标准进行考核。该标准范围不包括用于电机启动的充电器，该类产品应用 UL 1236 进行考核。

美国 UL 1012 标准主要对非 2 类电源的安全要求进行了规定，适用于额定电压小于或等于 600 V 交直流的便携式、驻立式和固定式电源，而这些电源预定用于符合电气法规 ANSI/NFPA 70 的地方。该标准适用于某些特殊用途的电源，例如：供给一些家用电器、学校实验室、电话和有管通信设备、电子琴、工业设备、阴极保护设备；电源-电池充电组件；以及包括换流器的工业设备。这些电源分为额定值小于或等于 10 kVA 和大于 10 kVA 两类。组装完的以及在最终产品内安装的电源，应按照本标准的要求和最终产品的标准进行检测。电源-电池充电组件应按照本标准和电池充电器的有关要求进行检测。该标准不适用于防火保护或防盗保护的警报系统、静电空气吸尘器、游览车辆、商业或工业实验室设备所用电源。也不适用于其中包含有电源的电气装置或系统所用的电源。该标准不涉及电源对它们连接的设备或系统所产生的影响。

美国 UL 60950-1 标准，适用于电网电源供电的、电池供电的、额定电压不超过 600 V 的信息技术设备,包括电气事务设备(electrical business equipment)和与之相关的设备。该标准还适用于设计和预定直接连接到通信网络的信息技术设备。不考虑供电的方式;适用于设计使用交流电网电源作为通信传播媒介的信息技术设备。该标准规定的要求是为了减小操作人员和可能与设备接触的外行人员遭受着火、电击或伤害的危险。当特殊说明时,也包括维修人员。该标准旨在减小被安装的设备在按制造厂商所规定的方法进行安装、操作和维修时的危险,被安装的设备可以是由若干设备单元互连而成的系统,也可以是由若干独立的设备组成的系统。

由上述列举的各国标准适用范围中,可以了解到国际标准 IEC 61347-2-13、欧盟 EN 61347-2-13标准、中国 GB 19510.14 标准和日本 JIS C 8147-2-13 标准基本一致,都是将 LED 控制装置定义为:照明器具中的给 LED 模块提供额定电压或电流的部件。只要采用以上对应的灯的控制装置的标准进行测试并通过,即认为该 LED 控制装置满足 LED 控制装置标准的要求。但美国 UL 1310、UL 1012 和 UL 60950-1 标准中认为电源产品可以为多用途的电源产品,用于给 LED 模块供电时除用相应的电源标准进行考核外,还应考虑电源配套的终端产品范围,并附加终端产品标准的相应条款进行考核,如电源产品用于便携式电子灯具中,则此电源产品除用相应的电源标准(如 UL 1310、UL 1012 或 UL 60950-1)进行考核外,还需要附加终端产品——便携式电子灯具的标准 UL 153 相应条款进行考核。

3.2.2.3　标准条款要求分析

LED 控制装置安全国际标准 IEC 61347-2-13、欧盟标准 EN 61347-2-13、日本标准 JIS C 8147-2-13和中国标准 GB 19510.14 的条款要求详见表 2-41,美国标准 UL 8750、UL 1310、UL 1012 和 UL 60950-1 的条款要求详见表 2-42。

表 2-41　国际、欧盟、日本和中国标准条款要求

序号	适用标准	条款要求
1		标志
2		防止意外接触带电部件的措施
3		接线端子
4		保护接地装置
5		防潮与绝缘
6	IEC 61347-2-13 EN 61347-2-13 GB 19510.14 JIS C 8147-2-13	介电强度
7		故障试验
8		变压器加热试验
9		异常状态
10		结构
11		爬电距离和电气间隙
12		螺钉、载流部件及连接件
13		耐热、防火及耐漏电起痕
14		耐腐蚀

表 2-42　美国标准条款要求

序号	适用标准	条款要求
1	UL 8750	环境考量
2		机械结构
3		电气结构
4		性能测试
5		产品标识
1	UL 1310	机械组成
2		外壳
3		防腐蚀保护
4		开关
5		保护装置
6		部件
7		线圈绝缘
8		输入连接
9		输出连接
10		带电部件的防护
11		带电部件
12		应力消除
13		内部导线
14		线路隔离
15		绝缘材料
16		印刷线路板
17		接地
18		间距
19		泄漏电流试验
20		潮态后的泄漏电流试验和耐压试验
21		最大输出电压试验
22		最大输入试验
23		输出电流和容量试验
24		过流保护装置的验证试验
25		满载输出电流试验
26		正常发热试验
27		耐压试验

续表 2-42

序号	适用标准	条款要求
28	UL 1310	耐久试验
29		重复耐压试验
30		开关和控制器的过载和耐久试验
31		次级开关的过载试验
32		正常状态试验
33		异常状态试验
34		绝缘材料试验
35		应力消除试验
36		插头应力试验
37		输出连接试验
38		错误使用试验
39		接地导体试验
1	UL 1012	机架和外壳
2		可能导致人体伤害危险的未绝缘带电部件、漆包线和活动部件的可触及性
3		对使用人员和维护人员的防护
4		装配
5		防腐蚀
6		电源连接
7		输出连接
8		部件间的连接
9		电池充电器反冲保护
10		接地连接
11		内部部件的连接
12		接地电阻
13		导线弯曲空间
14		输出电路接地
15		带电部件
16		内部导线
17		线路隔离
18		绝缘材料
19		电动机

续表 2-42

序号	适用标准	条款要求
20	UL 1012	变压器
21		电阻器
22		开关和控制器
23		过载保护装置
24		保险丝和保险丝座
25		插座
26		灯座
27		电容器
28		印刷线路板
29		间距
30		次级电路
31		接地连接
32		内部部件的连接
33		泄漏电流试验
34		输入功率试验
35		温度试验
36		耐压试验
37		绝缘材料的试验
38		金属外壳的机械强度试验
39		应力消除和护套
40		开关和控制装置的过载试验
41		静态负载试验
42		冲击试验
43		限制输出电路的容量
44		过流保护试验
45		异常状态
1	UL 60950-1	元器件
2		电源接口
3		标记和说明
4		危险的防护
5		电击和能量危险的防护
6		SELV 电路

续表 2-42

序号	适用标准	条款要求
7		TNV 电路
8		限流电路
9		受限制电源
10		接地和连接保护措施
11		一次电路过流保护和接地故障保护
12		安全联锁装置
13		电气绝缘
14		电气间隙、爬电距离和绝缘穿透距离
15		布线、连接和供电
16		基本要求
17		与电网电源的连接
18		外部导线用的接线端子
19		交流电网电源的断开
20	UL 60950-1	设备的互连
21		结构要求
22		稳定性
23		机械强度
24		结构设计
25		危险的运动部件的防护
26		发热要求
27		外壳的开孔
28		防火
29		电气要求和模拟异常条件
30		接触电流和保护导体电流
31		抗电强度
32		异常工作和故障条件
33		与通信网络的连接
34		与电缆分配系统的连接

3.2.2.4 标准试验环境要求分析

LED 控制装置安全国际标准 IEC 61347-2-13、欧盟标准 EN 61347-2-13、日本标准 JIS C 8147-2-13、中国标准 GB 19510.14、和美国标准 UL 8750、UL 1310、UL 1012、UL 60950-1 的试验环境要求详见表 2-43。

表 2-43　各国标准试验环境要求

序号	适用标准	试验环境要求
1	IEC 61347-2-13	除另有规定外,各试验应在 10 ℃～30 ℃的环境温度下进行
2	EN 61347-2-13	除另有规定外,各试验应在 10 ℃～30 ℃的环境温度下进行
3	GB 19510.14	除另有规定外,各试验应在 10 ℃～30 ℃的环境温度下进行
4	JIS C 8147-2-13	除另有规定外,各试验应在 10 ℃～30 ℃的环境温度下进行
5	UL 8750	按特定产品标准要求进行
6	UL 1310	试验在 25 ℃的环境温度下进行
7	UL 1012	产品的宣称环境温度在 10 ℃～40 ℃,则试验在 25 ℃的环境温度下进行。 产品的宣称环境温度高于 40 ℃,则试验在比宣称值低不超过 5 ℃的环境温度下进行
8	UL 60950-1	试验在 25 ℃的环境温度下进行,或在制造商宣称的更高的环境温度下进行

3.2.2.5　标准主要技术指标差异分析

欧盟 EN 61347-2-13 标准等同采用 IEC 61347-2-13 标准,标准主要技术指标等同。

中国 GB 19510.14 标准是等同采用 IEC 61347-2-13 标准,标准主要技术指标等同。对于引用的其他国际标准中有被等同转化为我国标准的,则引用我国的这些国家标准或行业标准代替对应的国际标准,其余未等同转化为我国标准的国际标准,在标准中被直接引用。

美国 UL 8750、UL 1310、UL 1012 和 UL 60950-1 是美国 UL 制定的标准,与 IEC 61347-2-13 分属于不同的标准体系,它们在标准的总体结构、测试项目、条款要求等都存在较大的差异,所以,美国 UL 8750、UL1310、UL1012 和 UL 60950-1 对应的主要技术指标请参考本文中表 2-41 与表 2-42 的介绍。

日本 JIS C 61347-2-13:2008 是在 IEC 61347-2-13:2006 的基础上,添加了部分日本 JIS 自行规定的测试项目和差异要求。JIS C 8147-2-13:2008 与 IEC 61347-2-13:2006 的差异主要体现在术语、定义和一般要求事项、标示、防止意外接触带电部件、防潮性和绝缘性、耐压性、变压器温升和结构等方面:

(1) 术语、定义和一般要求事项(JIS C 8147-2-13 标准第 3 章和第 4 章)

JIS C 8147-2-13 与 IEC 61347-2-13 相比,增加了 0 类控制装置、Ⅰ类控制装置以及Ⅱ类控制装置的定义,引用了在 JIS C 8105-1 灯具一般安全要求中规定的 0 类照明灯具、Ⅰ类照明灯具以及Ⅱ类照明灯具的定义,其他的定义则与对应的国际标准相同。在一般要求事项方面,由于增加了独立型 0 类控制装置的定义,除满足 JIS C 8147-1 第 4 款的要求外,还要求满足附录 JA 的要求。

0 类控制装置只需采用基本绝缘,就可以满足防触电保护要求,也就是说,在使用时,即使有人体可以接触到的导体部件,也不要采取将其连接到电源侧配线的保护接地导体上的方式。Ⅰ类控制装置在防触电保护时,除了基本绝缘方式以外,还采取附加的安全防护措施,即使基本绝缘产生故障,也可以将人体接触到的带电部件连接到电源侧配线上的保护接地导体上。Ⅱ类控制装置则除了基本绝缘外,还具备双重绝缘或加强绝缘的安全防护的方式,但是它不具备保护接地结构或者不存在接地条件。独立式0类控制装置是指采用 JIS C 61558-1 中规定的、通过安全绝缘变压器等的手段,从输入电源进行绝缘供给 SELV 输出,只利用基础绝缘来进行触电保护的控制装置。独立式0类控制装置在最终的使用状态下,即使存在人体可能接触的导体部件,也没有使其与电源配线的保护接地导体连接的方法。即,在基础绝缘引起故障的情况下只能依赖环境。

（2）标示（JIS C 8147-2-13 标准的第 7 章）

除了满足国际标准中的各项强制性标示和自愿性标示要求外,JIS C 标准中添加了对调光器标示的要求。由于采用调节相位进行调光的调光器有很多的种类,可能会有不适用的调光器,所以规定如果 LED 控制装置需要与调光器组合使用时,则要对调光器的生产厂家名称或销售商进行标示。

（3）防止意外接触带电部件（JIS C 8147-2-13 标准的第 8 章）

IEC 61347-2-13 标准要求,对于等效 SELV（安全特低电压）的 LED 控制装置,必须满足双重绝缘或加强绝缘的要求,使可能接触的部分与带电部件绝缘。但是在Ⅲ类 SELV 电路中,如果没有对外壳进行接地,则变压器的初级一次级间,必须是双重绝缘或加强绝缘,次级侧输出线（可以接触的部分）和外壳之间必须是补充绝缘。但是在 0 类或者Ⅰ类 SELV 电路中,如果对外壳进行接地处理,变压器的初级一次级间可以是双重绝缘或加强绝缘,次级侧输出线和外壳之间可以是基本绝缘。

但在日本,JIS C 8105 规定 0 类照明器具只需通过基本绝缘就可以进行触电保护,所以在防止意外接触带电部件要求中,JISC 8147-2-13 追加了对 0 类控制装置的要求,适用于等效 SELV 控制装置的要求,在一定电压条件下允许暴露终端。

（4）防潮和绝缘性、耐压性（JIS C 8147-2-13 标准的第 11 章和第 12 章）

与 IEC 61347-2-13 相比,在等效 SELV 控制装置防潮和绝缘性要求事项中添加了对独立型 0 类控制装置的要求即"等效 SELV 控制装置以及 0 类的控制装置,互不相连的输入端子和输出端子之间的绝缘必须是充分的",其绝缘等级和绝缘电阻要求以 JIS C 8147-2-13 表 I.5 中的输入电路与输出电路之间的要求为基准,输入输出端子之间的绝缘等级为加强绝缘、绝缘电阻的值为 4 MΩ。在 JIS C 8105 中,虽然规定 0 类照明灯具满足基本绝缘条件即可以进行绝缘保护,但对绝缘电阻的性能方面,要求与双重绝缘和加强绝缘相同的电阻值 4 MΩ。

同样,在耐压性方面,JIS C 8147-2-13 追加了对 0 类控制装置的要求,耐压性要求与对等效 SELV 控制装置的要求相同。

（5）变压器温升和结构（JIS C 8147-2-13 标准的第 15 章）

在变压器温升要求方面,增加了对 0 类控制装置的要求,需要按照 JIS C 6065 中第 7.1 条进行试验。还规定如果采用热电偶方法进行测定,则按照从测定温度中增加 10 ℃ 的值进行判断。在结构要求上,增加了 JIS C 8303 和 JIS C 8358 中对插座的要求。

（6）附录（JIS C 8147-2-13 标准的附录 JA 和 JB）

与 IEC 61347-2-13 相比,JIS C 8147-2-13 还在附录 JA 中增加了对独立型 0 类控制装置规定要求。附录 JB 中增加了要求,即具有插座线的产品应满足 JIS C 8147-1 的规定事项。

　　JIS C 8147-2-13 标准必须与 JIS C 8147-1 标准共同使用，所以，在分析 JIS C 8147-2-13 标准与 IEC 61347-2-13 标准的主要技术指标差异时，同时还需考虑到 JIS C 8147-1 标准与 IEC 61347-1 标准的主要技术指标差异情况，详见表 2-44。

表 2-44　JIS C 8147-1 和 IEC 61347-1 主要技术指标差异

序号	章节	IEC 61347-1:2000	JIS C 8147-1:2005	主要技术性差异原因
1	3.定义	规定了 25 个常用术语的定义	增加了输出功率、变压式镇流器、二次电压、二次短路电流及额定最高周围温度的定义	由于日本电气安全法规定了日本特有的、必须标示的项目，所以增加了相关定义
2	4.一般要求事项	规定了与安全相关、独立型灯具控制装置的一般性事项	增加了描述：拥有双重绝缘或加强绝缘的内装式镇流器还应符合附录 I 的要求；没有外壳的由电路板和电子元件组成的控制装置，如果要将其装入灯具应符合 JIS C 8105-1 的要求；本身未装有外壳的整体式灯的控制装置应视为 JIS C 8105-1 第 0.5 章所定义的灯具的组成部件，并应将其装入灯具后进行试验	在 IEC 61347-1:2000 中没有提及，但是被增加到 2003 版中
3	5.试验说明	如果三个样品中有一个不合格，应在其他三个样品中重复进行试验，如果还有样品不合格，则认为不合格	删除了此项要求	JIS 标准比 IEC 标准更加严格，如果有不合格样品，则认为整体不合格
4	7.标志项目	规定了 17 项标志项目要求，具体标志位置参见具体标准	增加 3 项标志项目（qA、qB、qC），并在第 7 章 e)、i)、p)中追加了部分内容	根据日本电器用品安全法以及电气设备技术基准追加了标志要求
5	8.保护接地	规定了螺钉端子材料、接地合格性要求	增加了需要接地的条件、接地端子及插座线的规格要求	根据日本电器用品安全法的增加接地要求
6	12.介电强度	规定了介电强度试验方法和要求	增加了补充绝缘和加强绝缘的要求	在 IEC 61347-1:2000 中没有提及，但是被增加到 2003 版中
7	13.镇流器绕组的耐热试验	规定了试验方法和绝缘性能要求，其中用"电阻变化法"测量绕线温度的时间为"4 个小时之后"	用"电阻变化法"测量绕线温度的时间改变为"绕线温度开始稳定之后"；增加规定：试验中灯具电流测量用灯具只用于特性试验项目中，不用于其他试验项目	由于有些放电灯式镇流器稳定可能需要更长的时间，所以做出更改；明确划分耐热试验用灯具和灯具电流测量用灯具

续表 2-44

序号	章节	IEC 61347-1:2000	JIS C 8147-1:2005	主要技术性差异原因
8	18. 耐热、防火及耐漏电起痕	规定了防电击保护外部绝缘部件的耐热、防火及耐漏电起痕要求	在耐漏电起痕要求上,增加了要求的零部件和部位说明,使得需要考核的内容更加明确	在 IEC 标准中,不确定灯具控制装置的哪一个部位应具有耐漏电起痕要求,因此对部位加以明确
9	19. 耐腐蚀性	对铁质部件的防锈,规定了试验和评估要求	增加了镇流器上外露铁芯表面的耐腐蚀条件	增加不损害安全性的耐腐蚀条件

3.3 LED 光源标准规范分析研究

3.3.1 LED 光源标准规范汇总

LED 光源,包括 LED 模块和自镇流 LED 灯两种类型。LED 光源最近在国际、欧盟和各国都发布了一些新的安全、性能、能效等标准规范;LED 光源标准规范按照标准发布国家来源和标准内容等分类,对国际、欧盟、美国、日本、韩国、中国的安全、性能、方法、能效及电磁兼容等领域标准进行汇总,详见表 2-45。

表 2-45 LED 光源标准规范汇总

序号	国际/地区/国家	标准/规范编号	标准/规范内容	标准/规范类别
1	国际 IEC	IEC 62031	普通照明用 LED 模块 安全要求	安全
2	国际 IEC	IEC/PAS 62717	普通照明用 LED 模块 性能要求	性能
3	国际 IEC	IEC/TS 62504	普通照明用 LED 和 LED 模块术语和定义	定义
4	国际 IEC	IEC 62560	普通照明用 50 V 以上自镇流 LED 灯 安全要求	安全
5	国际 IEC	IEC/PAS 62612	普通照明用自镇流 LED 灯 性能要求	性能
6	国际 IEC	IEC/PAS 62707-1	发光二极管(LED)像素混合 第 1 部分:白色栅格和一般要求	性能
7	国际 CIE	CIE 127	普通照明用 LED 模块测试方法	方法
8	国际 CIE	CIE 177	白光 LED 的显色性	方法
9	国际 IEC	CISPR 15	电气照明和类似设备的无线电骚扰特性的限值和测量方法	电磁兼容
10	国际 IEC	IEC 61000-3-2	电磁兼容 限值 谐波电流发射限值(设备每相输入电流≤16 A)	电磁兼容
11	国际 IEC	IEC 61000-3-3	电磁兼容 限值 对每相额定电流≤16 A 且无条件接入的设备在公用低压供电系统中产生的电压变化、电压波动和闪烁的限制	电磁兼容
12	国际 IEC	IEC 61547	一般照明用设备电磁兼容抗扰度要求	电磁兼容
13	欧盟	EN 62031	普通照明用 LED 模块 安全要求	安全

续表 2-45

序号	国际/地区/国家	标准/规范编号	标准/规范内容	标准/规范类别
14	欧盟	EN 55015	电气照明和类似设备的无线电骚扰特性的限值和测量方法	电磁兼容
15	欧盟	EN 61000-3-2	电磁兼容 限值 谐波电流发射限值(设备每相输入电流≤16 A)	电磁兼容
16	欧盟	EN 61000-3-3	电磁兼容 限值 对每相额定电流≤16 A 且无条件接入的设备在公用低压供电系统中产生的电压变化、电压波动和闪烁的限制	电磁兼容
17	欧盟	EN 61547	一般照明用设备电磁兼容抗扰度要求	电磁兼容
18	美国	UL 8750	用于照明产品的发光二极管(LED)设备	安全
19	美国	ANSI C78.377	SSL 固态照明产品的色度规定	性能
20	美国	IESNA TM-16	LED 光源和系统的技术备忘录	导则
21	美国	IES TM-21	光源长期流明维持率预测	方法
22	美国	IES LM-80	LED 光源光通维持率测试方法	方法
23	美国	ANSI C136.37	道路和区域照明设备——道路和区域照明用固态光源	性能
24	美国	NEMA SSL 3	通用照明用高功率混合白光 LED	方法
25	美国	UL 1993	自镇流灯和灯适配器	安全
26	美国	ANSI C 82.77	谐波发射限制——照明电源的质量要求	电磁兼容
27	美国	FCC Part 15	适用于电源工作频率小于 9 kHz 或是使用直流供电的 LED 照明产品	电磁兼容
28	美国	FCC Part 18	适用于使用开关电源作为电源供应,而电源的工作频率大于 9 kHz 的 LED 照明产品	电磁兼容
29	日本	JISC 8154	普通照明用 LED 模块 安全要求	安全
30	日本	JISC 8155	普通照明用 LED 模块 性能要求	性能
31	日本	JISC 8156	普通照明用 50 V 以上自镇流 LED 灯 安全要求	安全
32	日本	JISC 8157	普通照明用 50 V 以上自镇流 LED 灯 性能要求	性能
33	日本	JISC 8152-1	照明用白光二极管(LED)测光方法——第 1 部分:LED 封装	方法
34	日本	JISC 8152-2	照明用白光二极管(LED)测光方法——第 2 部分:LED 模块和 LED 光引擎	方法
35	日本	電気用品の技術上の基準を定める省令	电气用品安全要求	安全电磁兼容
36	日本	J 55015	电气照明和类似设备的无线电骚扰特性的限值和测量方法	电磁兼容

续表 2-45

序号	国际/地区/国家	标准/规范编号	标准/规范内容	标准/规范类别
37	韩国	KS C IEC 62031	普通照明用 LED 模块　安全要求	安全
38	韩国	KS C 7659	隧道字母信号用 LED 模块　安全和性能要求	安全性能
39	韩国	KS C 7651	内置转换器的 LED 灯　安全和性能要求	安全性能
40	韩国	KS C 7652	使用外置转换器的 LED 灯　安全和性能要求	安全性能
41	韩国	KS C 7656	可移式 LED 灯　安全和性能要求	安全性能
42	韩国	KS R 8037	自行车用 LED 灯　安全和性能要求	安全性能
43	韩国	K61547	通用照明设备——EMC 抗扰性要求	电磁兼容
44	韩国	K00015	电子照明和类似设备的无线骚扰特征的限值和测量方法	电磁兼容
45	中国	GB 24819	普通照明用 LED 模块　安全要求	安全
46	中国	GB/T 24823	普通照明用 LED 模块　性能要求	性能
47	中国	GB/T 24824	普通照明用 LED　模块测试方法	方法
48	中国	GB/T 24826	普通照明用 LED 和 LED 模块术语和定义	定义
49	中国	GB 24906	普通照明用 50 V 以上自镇流 LED 灯　安全要求	安全
50	中国	GB/T 24908	普通照明用自镇流 LED 灯　性能要求	性能
51	中国	GB/T 29295—2012	反射型自镇流 LED 灯性能测试方法	方法
52	中国	GB/T 29296—2012	反射型自镇流 LED 灯　性能要求	性能
53	中国	GB 17743	电气照明和类似设备的无线电骚扰特性的限值和测量方法	电磁兼容
54	中国	GB 17625.1	电磁兼容　限值　谐波电流发射限值(设备每相输入电流≤16 A)	电磁兼容
55	中国	GB 17625.2	电磁兼容　限值　对每相额定电流≤16 A 且无条件接入的设备在公用低压供电系统中产生的电压变化、电压波动和闪烁的限制	电磁兼容
56	中国	GB/T 18595	一般照明用设备电磁兼容抗扰度要求	电磁兼容
57	中国	CQC 3129—2010	反射型自镇流 LED 灯节能认证技术规范	能效
58	中国	CQC 3130—2011	普通照明用非定向自镇流 LED 灯节能认证技术规范	能效
59	中国	GDBMT-TC-I 001-2012	广东省 LED 室内照明产品评价标杆体系管理规范	性能能效可靠性等

3.3.2　自镇流 LED 灯安全标准规范比较分析

3.3.2.1　标准总体介绍

LED 光源产品在不断发展、更新变化中,其中,自镇流 LED 灯作为新型的节能产品,正在逐步替换白炽灯,也有逐步替代自镇流荧光灯的趋势。

目前,自镇流 LED 灯安全的国际标准是 IEC 62560:2011,该标准于 2011 年 2 月正式发布;欧盟对于自镇流 LED 灯的标准 EN 62560-2012,该标准于 2012 年 10 月 15 日正式发布;美国采用 UL1993 自镇流灯和灯适配器的标准对自镇流 LED 灯安全进行测试和认证;日本对于自镇流 LED 灯采用日本第一项基准标准《電気用品の技術上の基準を定める省令》进行认证检测,该标准和 IEC 体系标准有着很大的不同;中国标准 GB 24906—2010 则在 2010 年发布,比 IEC 62560:2011 发布得早,没有完全等同 IEC 标准,因此 GB 24906 与 IEC 62560 有不少差异之处。

以下对自镇流 LED 灯安全的国际标准 IEC 62560、美国标准 UL 1993、日本标准《電気用品の技術上の基準を定める省令》、中国标准 GB 24906 中的适用范围、条款要求、主要技术指标差异等方面分别进行分析比较。

3.3.2.2　标准适用范围分析

国际标准 IEC 62560,适用 60 W 以下、电压在 50 V~250 V、灯头为 B15d、B22d、E11、E12、E14、E17、E26、E27、GU10、GZ10 及 GX53 的自镇流 LED 灯。中国标准 GB 24906 适用范围是跟 IEC 62560 标准的一样。

美国 UL 1993 标准适用范围:包括自带镇流器荧光灯及额定电压 120 V 的荧光灯适配器,且该产品专为符合国家电气法规 ANSI/NFPA 70 要求而设计。这些装置由电阻、电抗或电子(固态)型镇流器组成,其中不涉及中型对中型底座(E26)配件,诸如光电池、移动探测器、无线遥控或调光器等。这类装置不宜用于紧急出口装置或紧急出口指示灯上。具有新的或有别于那些符合初始标准产品的属性、特征、元件、材料或系统的产品以及具有火灾、电击或伤人隐患的产品,应该用附加的元件/制成品要求对前述产品进行评估以确定有必要保持标准初衷的用户安全标准。

日本第一项基准标准《電気用品の技術上の基準を定める省令》,依据《电气用品安全法施行令》附表二第九条,适用于额定电压 100 V~300 V、50 Hz 或 60 Hz、额定功率 1 W 及以上且有一个金属灯头的 LED 灯泡;为了更加明确 LED 灯泡的适用范围,《关于电器用品范围等的解释》(2012 年 4 月 2 日起实施),给出了以下补充:适用范围还包括标准 JIS C 8156(2011)规定的普通照明用球泡 LED 灯,以及与此相类似的球泡形 LED 灯,即标准 JIS C 8156 适用的额定功率 60 W 以下、额定电压大于 50 V 且小于或等于 250 V、使用 E 形(包括 E11、E12/E15、E14/E20、E17/E20、E26/E25)、B 形(B22d)或 GX53 灯头的自镇流 LED 灯,属于法规管制对象。不在 JIS C 8156(2011)范围内,但同时满足以下 3 个条件的,现阶段也属于被管制对象:

——灯泡的形状为球形;

——在家庭或类似场合,作为普通照明用;

——灯头符合 JIS C 7709。

下面几种不是 LED 灯泡的管制对象:

——直流供电且内部没有 AC/DC 转换电路;

——灯的形状是长条形或环形(原因:非球形);

——E39 灯头(原因:该种灯头,不在家庭或类似场合应用);

——灯头为器具合(插销)式(原因:灯头不符合 JIS C 7709 的规定);

——额定功率小于 1 W(原因:不在施行令规定的功率范围);

——圣诞树灯,归在"装饰灯具",不在 LED 灯泡的管制范围内。

3.3.2.3　标准条款要求分析

IEC 62560 标准条款主要包括标志、互换性、意外接触带电部件的防护、潮湿处理后的绝缘电阻和介电强度、机械性能、灯头温升、耐热性、防火与防燃、故障状态、爬电距离和电气间隙。

UL 1993 标准中的主要内容包括 28 个章节,分别为:

概述部分:(第 4 章)装配和包装、(第 5 章)结构、(第 6 章)灯管底座和灯座、(第 7 章)载流零件、(第 8 章)镇流器和电容、(第 9 章)间距、(第 10 章)聚合材料、(第 11 章)重量、尺寸和力矩、(第 12 章)需考虑的环境事项。

性能部分:(第 13 章)概述、(第 14 章)输入测量试验、(第 15 章)灯管启动和操作测量、(第 16 章)泄漏电流试验、(第 17 章)温度试验、(第 18 章)介电耐压试验、(第 19 章)谐波失真试验、(第 20 章)滴落试验、(第 21 章)环形荧光灯的消除张力试验、(第 22 章)调光电路的试验、(第 23 章)潮湿试验、(第 24 章)溅水试验、(第 25 章)冷冲击试验、生产和产品试验、(第 26 章)介电耐压试验。

标记部分:(第 27 章)装置标记、(第 28 章)说明。

日本省令 1 项《電気用品の技術上の基準を定める省令》第 1 项别表第八 1,为通用要求,它包括十二个章节,依次为:(1)材料、(2)结构、(3)零部件要求、(4)功率等电气参数的容差、(5)电磁兼容、(6)电压波动时的工作特性、(7)双重绝缘结构、(8)起动特性、(9)泄漏电流测试、(10)显像管要求、(11)太阳能电池要求、(12)标记。

日本省令 1 项《電気用品の技術上の基準を定める省令》第 1 项别表第八 2(86の6の2),为 LED 灯泡的特殊要求,它在通用要求的基础上,主要增加了如下内容:

——灯头带电部件必须为铜或铜合金;

——灯头尺寸必须符合标准 JIS C 7709-1 的要求;

——装有总容量超过 0.1 μF 的电容器的 LED 灯泡,其结构应能使其在额定电压下断开电源 1 s 后,不同极性的带电部件之间的电压不超过 45 V;

——光输出不得令人感到闪烁;

——设计和结构应能保证其在正常使用过程中不会发生冒烟、起火等危险;

——灯头的机械强度(抗扭矩)要求。

中国 GB 24906 标准的主要条款包括标志、互换性、意外接触带电部件的防护、潮湿处理后的绝缘电阻和介电强度、机械性能、灯头温升、耐热性、防火与防燃、故障状态、爬电距离和电气间隙。

3.3.2.4　标准主要技术指标差异分析

中国标准 GB 24906,在适用范围、总体结构、条款要求和主要技术指标等要求方面与国际标准 IEC 62560 标准基本相同,但也存在有一些差异,主要不同在于:国际标准 IEC 62560 比 GB 24906 增加了以下章节和条款:在第 13 章中,增加了 13.4"短路线路中电容器"和 13.5"电子部件故障条件"的要求,以及增加了第 14 章"爬电距离和电气间隙的要求";另外,在电气强度试验中的试验电压值等方面也存在差异。

日本《電気用品の技術上の基準を定める省令》与中国标准 GB 24906 是两个不同体系标准,标准差异很大,以下对两个标准的主要差异内容进行比较。

(1)绝缘电阻试验

日本《電気用品の技術上の基準を定める省令》进行别表八附表第三 1 及 2 的绝缘电阻试验为:在正常温度上升的试验前后,用 500 V 的绝缘电阻计测定的带电部件和机身表面的绝缘电阻是双重绝缘结构,限值应在 3 MΩ 以上;表 2-46 左栏所列的绝缘种类其绝缘电阻限值应大于或等于表右栏中所列数值。其他的绝缘体和带电部件的绝缘电阻在 1 MΩ

战略性新兴产业国内外标准法规解析

以上。

表 2-46　绝缘电阻限值

绝缘种类	绝缘电阻/MΩ
基本绝缘	1
附加绝缘	2
加强绝缘	3

GB 24906 标准规定的绝缘电阻限值为:灯头的载流金属件与灯的易触及部件之间的绝缘电阻应不小于 4 MΩ。

(2)灯头的机械强度试验

日本《電気用品の技術上の基準を定める省令》规定的灯头机械强度试验为:

对于适用表 2-47 所列灯头的灯具:向灯头插脚底部与灯具装卸时保持原样的部分之间缓缓施加表中所列扭矩时,不得有异常情况发生。

表 2-47　日本标准插脚灯头扭矩数值

灯头的种类及大小		扭矩(N·m)
2 个插脚的灯头	GX53	3
	B22d	3

对于适用表 2-48 所列灯头的灯具:向灯头螺口部分与灯具装卸时保持原样的部分之间缓缓施加表中所列扭矩时,不得有异常情况发生。

表 2-48　日本标准螺口灯头扭矩数值

灯头大小	扭矩/(N·m)
E11	0.8
E12	0.8
E14	1.15
E17	1.5
E26	3

GB 24906 标准规定的灯头机械强度试验为:未使用过的灯头施加表 2-49 规定的扭矩,扭矩不应突然施加,而应逐渐从零增加到规定值,对于不采用粘结方式固定的灯头,可允许在灯头与灯体之间有相对移动,但不应超过 10°。

表 2-49　中国标准灯头扭矩数值

灯头	扭矩/(N·m)
B15d	1.15
B22d	3
E14	1.15
E26 和 E27	3
GX53	3

（3）对眼睛保护的要求

日本《電気用品の技術上の基準を定める省令》规定普通照明用 LED 灯：光输出不得令人感到闪烁，要求 LED 灯的光输出波动频率大于 500 Hz 或者频率在 100 Hz～500 Hz 范围内并且光输出波形无缺陷（无峰值 5％以下的部分）。

GB 24906 对眼睛的保护要求在标志中提出并引用 IEC 62471 的测试方法和要求，与以上日本标准的方法和要求差异很大。

（4）断电后电容放电试验

日本《電気用品の技術上の基準を定める省令》规定装有电容器的 LED 灯，切断电源时，灯头的异极充电部位间的电压 1 s 后不得大于 45 V。但，从灯头的异极充电部位所观察到的电路的综合静电容量不超过 0.1 μF 的 LED 灯不受此限。

GB 24906 中没有断电后电容放电试验的要求。

3.4　LED 连接器标准规范分析研究

3.4.1　LED 连接器标准规范汇总

LED 连接器标准规范按照标准发布国家来源和标准内容等分类，对国际、欧盟、日本、韩国、中国的安全、性能、方法、能效及电磁兼容等领域标准进行汇总，详见表 2-50。

3.4.2　LED 连接器安全标准规范比较分析

LED 连接器国际标准是 IEC 60838-2-2，欧盟标准 EN 60838-2-2，日本标准 JIS C 8121-2-2、韩国标准 KS C IEC 60838-2-2，和中国标准 GB 19651.3 都是在国际标准 IEC 60838-2-2 的基础上制定的，与 IEC 60838-2-2 差异不大。

表 2-50　LED 连接器标准规范汇总

序号	国际/地区/国家	标准/规范编号	标准/规范内容	标准/规范类别
1	国际 IEC	IEC 60838-1	杂类灯座　第 1 部分　一般要求和试验	安全
2	国际 IEC	IEC 60838-2-2	杂类灯座　第 2-2 部分：LED 模块用连接器的特殊要求	安全
3	欧盟	EN 60838-1	杂类灯座　第 1 部分　一般要求和试验	安全
4	欧盟	EN 60838-2-2	杂类灯座　第 2-2 部分：LED 模块用连接器的特殊要求	安全
5	日本	J 60838-1 JIS C 8121-1	杂类灯座　第 1 部分　一般要求和试验	安全
6	日本	JIS C 8121-2-2	杂类灯座　第 2-2 部分：LED 模块用连接器的特殊要求	安全
7	韩国	KS C IEC 60838-1	杂类灯座　第 1 部分　一般要求和试验	安全
8	韩国	KS C IEC 60838-2-2	杂类灯座　第 2-2 部分：LED 模块用连接器的特殊要求	安全
9	中国	GB 19651.1	杂类灯座　第 1 部分　一般要求和试验	安全
10	中国	GB 19651.3	杂类灯座　第 2-2 部分：LED 模块用连接器的特殊要求	安全

第三篇

战略新兴产业之——
光伏产品相关标准法规

1 国内外光伏产业发展战略与规划

石油危机和全球气候暖化,是促使世界各国开拓可再生能源资源的重要推动原因。目前世界上可有效利用的可再生能源,包括风能、太阳能、生物能、水力发电、地热能等。

太阳能是地球上巨大的无污染能源,地球上每秒钟可获得的太阳能相当于燃烧 500 万 t 优质煤发出的热量。太阳能是太阳内部连续不断的核聚变反应过程产生的能量。从理论计算出,地球表面某一点 24 h 的年平均辐射强度为 $0.20 \ kW/m^2$,相当于有 102 000 TW 的能量。由于太阳能资源储量的"无限性"、存在的普遍性、利用的清洁性、利用的经济性特点,太阳能开发利用已成为当今国际上一大热点。

1.1 全球太阳能光伏的总体发展

从第一次空间应用到现在,光伏业已有超过 40 年的历史。随着硅片加工技术进一步成熟,光电转换效率的提高以及其他类型技术的发展,整个发电系统成本呈现持续下降的趋势。从 2000 年～2010 年十年间,全球太阳能光伏行业呈现强劲增长的趋势。尽管经历了金融危机,但 2009 年光伏市场仍然取得了 15% 的增长,总安装量提高了 45%,达到了 22.9 GW。(注:这里的 45% 提高指的是累计安装量,截至 2008 年全球安装总量为 15.6 GW,2009 年为 22.8 GW)这主要取决于德国市场安装量从 1.8 GW 提高到 3.8 GW,几乎翻了一番,占全球 52%。除了德国,其他国家也发展迅速,意大利安装了 711 MW,成为第二大市场。欧洲以外的国家也同样发展迅速,日本安装了 484 MW,美国则安装了 470 MW,其中包括 40 MW 的离网系统。捷克和比利时 2009 年分别安装了 411 MW 和 292 MW,但鉴于这些国家的规模和光伏发展过快,未来数年很可能无法保持这样的发展速度。发展中国家中,中国 2009 年安装了 160 MW,印度则有约 30 MW 的安装量。EPIA 认为这些市场的前景广阔,但仍需进一步观察。欧盟国家 2009 年总安装量达 5.6 GW,占全球安装总量的 78%,其中德国占据了欧盟份额的 68%。欧洲以外的新兴市场开始发展,如加拿大和澳大利亚,而日本和美国也同时显示了巨大潜力,将成为未来数年市场的增长点。

然而 2011 年与 2012 年,受欧洲金融紧缩政策的影响,全球的光伏行业发展趋势有着微妙的变化。根据 NPD Solarbuzz 的 2012 年第一季报,2011 年前三个季度光伏需求增长缓慢,但制造厂商对产量和出货量的过度乐观导致 2011 年整个产业链的价格快速下跌。虽然 2011 年第四季度全球光伏终端市场总收入稍为回暖(达到了 354 亿美元),但是由于出货量和价格的双重下降,垂直整合的西方和日本厂商已经连续三个季度面对负利润,同时中国一线厂商的毛利率也从 12% 下滑到 7%。

与欧洲市场的下滑相比,中国大陆、台湾和其他非欧美日厂商产量的市场份额从 2010 年第四季度的 69% 上升到 2011 年第四季度的 78%。

根据 NPD Solarbuzz 发布的 Solarbuzz Quarterly 季度报告指出,2012 年第四季度中国成为全国最大的光伏组件终端市场,中国市场需求占全球终端市场总需求量的 33%。EPIA 的报告也显示,2013 年,亚太地区(APAC,包括中国大陆、日本、韩国,澳大利亚,中国台湾地区和泰国等),占全球光伏市场份额 53%,超越欧洲(29%),跃居第一位。而中国则以 11.8 MW 的年安装量成为世界 2013 大光伏市场最大光伏国。具体见表 3-1 和表 3-2。

表 3-1　年度 PV 市场变化(2000-2010)(来源:EPIA)

国家或地区	发电电量/MW										
	2000 年	2001 年	2002 年	2003 年	2004 年	2005 年	2006 年	2007 年	2008 年	2009 年	2010 年
中国	0	11	15	10	9	4	12	20	45	228	520
亚太经合组织	5	5	7	8	10	13	33	59	300	258	473
世界其他地区	88	56	80	77	29	10	118	63	115	130	417
北美	23	31	46	65	92	117	149	212	349	539	983
日本	112	135	185	223	272	290	287	210	230	483	990
欧盟	52	94	139	199	707	1 005	983	1 950	5 130	5 619	13 246
总计	280	331	471	581	1 119	1 439	1 581	2 513	6 168	7 257	16 629

表 3-2　全球光伏历年累计光伏安装量(2000-2010)(来源:EPIA)

国家或地区	发电电量/MW										
	2000 年	2001 年	2002 年	2003 年	2004 年	2005 年	2006 年	2007 年	2008 年	2009 年	2010 年
中国	19	30	45	55	64	68	80	100	145	373	893
亚太经合组织	38	43	49	57	66	80	112	170	466	718	1 191
世界其他地区	758	814	894	971	1 000	1 010	1 128	1 190	1 303	1 427	1 844
北美	146	177	222	287	379	496	645	856	1 205	1 744	2 727
日本	318	452	637	860	1 132	1 422	1 708	1 919	2 149	2 632	3 622
欧盟	181	275	414	613	1 319	2 324	3 307	5 257	10 387	16 006	29 252
总计	1 459	1 790	2 261	2 842	3 961	5 399	6 980	9 492	15 655	22 900	39 529

1.2　德国

1.2.1　德国光伏发展概况

德国是全球发展光伏最早的国家之一,在全球光伏市场的占有率将近一半。德国 85% 的光伏设备架设在屋顶上,德国于 1991 年制定了 1 000 户太阳电池屋顶计划,新可再生能源法规定光伏发电上网电价为 0.5 欧元/kW·h~0.6 欧元/kW·h;政府补贴总计 15.6 亿欧元,并实行零贷款利率,10 年偿还。这大大推动了光伏市场和产业发展,使德国成为继日本之后世界光伏发电发展最快的国家。仅仅 4 年(1999 年~2003 年)时间,德国光伏市场增加了 10 倍,成本下降 20%。2004 年,新安装的并网发电系统大约 200 MW,总销售额超过

10 亿欧元,就业人数约 15 000 人见图 3-1。德国可再生能源满足 50％以上总能耗需求。

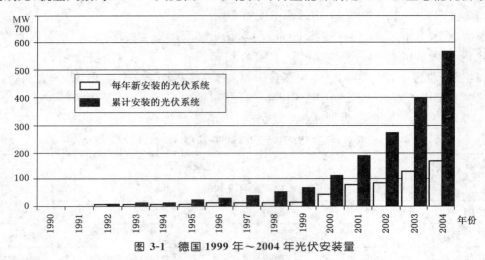

图 3-1　德国 1999 年～2004 年光伏安装量

经过多年发展,德国市场已成为世界光伏企业的主战场。德国光伏市场份额自 2004 年以来保持世界首位长达四年,直到 2008 年才被激增的西班牙市场超越。

德国光伏市场的年新增装机容量的增速高峰出现在 2000 年及 2004 年,增速分别达到 200％和 300％以上,这两次超常规增长的主要推动因素是德国首创的上网电价补贴政策的推出和修订。

2008 年～2009 年间的金融危机使得光伏发电项目融资困难,加之 2008 年使光伏产品供不应求的西班牙市场受到其政府的装机容量上限约束,全球对光伏产品需求暂时疲弱,迫使组件供应商大幅降低价格。降温的下游市场刺破了多晶硅现货市场的泡沫,使多晶硅原料告别暴利时代,使得下游厂商成本进一步下降,对低价的承受能力增强,所带来的最终结果是 2009 年全年光伏组件价格平均同比下降 40％～50％,光伏系统的其他配件价格也受需求疲弱和经济危机的影响而降价,使整个光伏系统成本下降 25％～30％,超过了德国政府的上网电价下调幅度。出乎政府预料的“成本-补贴下降循环”,使得在德国安装光伏系统的经济性在 2009 年下半年显得非常突出,需求大幅回升,出现了月安装量达数百兆的天量。

同时,由于下游用户普遍预期光伏系统安装成本短时间内难以再次大幅下降,且德国大选中综合考虑组件市场变化以及其社会可再生能源附加费负担,提出 2010 年起加快 FIT 降低速度,德国光伏市场出现了“机不可失,时不再来”的安装热情,德国市场的增长使得全球光伏装机容量没有出现大幅萎缩。

2012 年德国新装光伏发电设备总装机容量达到 7 630 兆瓦,打破 2011 年 7 500 兆瓦的最高纪录。至此,德国光伏累计装机 32.4 GW,人均已达 398 W。据 OFweek 行业研究中心分析认为,由于传统欧洲市场出于补贴资金等方面的考虑,欧洲各国的上网电价补贴下调较为严厉,可能将对各国的新装光伏有不同程度的影响。

德国太阳能游说团体 BSW 近日公布报告称,2013 年德国新增光伏装机在 2012 年达到顶峰后出现最大跌幅,较 2012 年下降 55％至 3.3 GW。BSW 称,2013 年 10 MW 以上的大型太阳能项目新增数量下滑明显,下降幅度达到 64％,小型太阳能项目新增数量则下降 12％。补贴下降是太阳能新增装机下滑明显的主要原因,其中 1 MW 至 10 MW 的中型太阳能项目补贴已经下降至原来的1/3。

尽管如此,2013 年太阳能发电仍占到德国电力供应总量的 5％,发电量较 2012 年增长6％。德国的光伏安装量及发展预测见图 3-2。

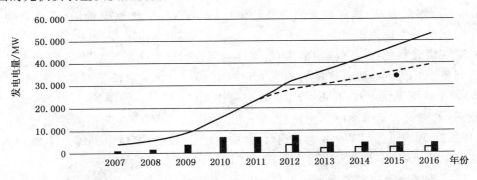

	2007	2008	2009	2010	2011	2012	2013	2014	2015	2016
□ 欧洲光伏产业协会 稳健适度	1.271	1.809	3.806	7.408	7.485	4.000	2.000	3.000	3.000	3.000
■ 欧洲光伏产业协会 政策驱动						8.000	5.000	5.000	5.000	5.000
-- 欧洲光伏产业协会 稳健适度（追加）	4.170	5.979	9.785	17.193	24.678	28.700	30.700	33.700	36.700	39.700
― 欧洲光伏产业协会 政策驱动（追加）						32.700	37.700	42.700	47.700	52.700
● 国家目标 2015									34.279	

图 3-2　德国 2006 年～2010 年光伏安装量近年光伏安装量及前景预测（来源 EPIA）

1.2.2　德国能源政策

1990 年,德国政府制定了 1 000 户太阳电池屋顶计划,取得良好效果。1998 年德国政府进一步提出"10 万屋顶计划"(100,000 Roofs Program),并于 2000 年开始实施,争取从这些屋顶上取得 300 MW 太阳电。此举极大地刺激德国乃至世界的光伏市场。"10 万屋顶计划"大致分为两个方面,一方面是政府鼓励居民在自家屋顶上安装太阳能光伏发电系统,发出的电由政府强制命令电网公司出资收购。这样,每个家庭都有了安装的动力,因为安装太阳能发电设备后卖电的钱,不仅能回收成本,还能产生利润。十万、二十万个屋顶的独立太阳能发电系统,并网发出的电力很是可观;第二个方面,政府或者说电网公司收购资金也不是白白支出,而是由社会公摊了。办法也很简单,就是把太阳能或者风能发的电,与水电、火电、核电等在电网上进行平摊,平均的结果,是居民的消费电价略有上涨,但上涨的幅度不高,平均一户家庭一个月只多花一欧元。2000 年德国《新能源法》明确了分类电价制度,固定电价实际上成为项目融资的担保,十分有利于中小企业的项目融资。2000 年 4 月,德国政府引入了适用于十万屋顶计划低息贷款组成的"税收返还"政策(Feed-In Tariff)。太阳能产品提供商承诺价格执行 20 年,并将太阳能能源并入公用电力网络后,每千瓦时电力的输出将获得政府约 50 欧分的回报;对那些新订立合约,每年此承诺价格将减少 5％,以鼓励太阳能生产厂商缩减技术成本,对德国太阳能市场形成积极而强大的促进,使其市场规模从每年低于 20 MW 一跃扩张到每年 130 MW,吸引投资者的参与,保持市场持续发展。成本由全部电力用户分担,因而公用事业部门也没有受到消极的冲击,政府也无须每年拨出款项。2005 年德国光伏的安装量猛增到 870 MW,占世界市场的 47.86％,为世界瞩目。

德国 2000 年开始实施上网电价法规(Feed-in tariff law),规定上网电价为 0.99 马克/(kW·h)。2004 年修改了上网电价法,不但使上网电价更加合理、更加符合各种不同电站实际成本和投资者的利益,更加容易操作也更加科学。通过法规把市场经济的规律引入到可再生能源的发展中,又通过全网平摊法解决了上网电价法实施中的资金问题,让市场经济规律和市场行为发挥作用,避免了政府行为的种种弊端,从而使德国的可再生能源发展成为世界的一支独秀。德国的榜样引起了世界各国赞誉和效仿,现在全世界已经有 35 个国家和 7 个地区(欧洲、亚洲、澳洲和美国的部分州)都先后实施了上网电价法(包括全网平摊法),其中欧洲的响应最为积极。

从德国光伏产业应用的领域来看,主要应用在屋顶光伏系统。2009 年德国光伏屋顶系统占到整个光伏发电装机容量的 80%,其中 10 kW～100 kW 的屋顶光伏系统比例最高,达到 54%。地面光伏电站占 19%,光伏建筑一体化仅占 1%。德国政府通过调整光伏发电补贴政策,来实现对光伏发电总量的控制。此前,德国宣布在 2022 年前停止全部 17 座核电站,按照 2010 年 600 TW·h 电力消费,其中 23% 为核电,核电全部停止需要大约 150 GW 的新能源装机,其中光伏发电将占据较大的比重。

按照德国政府制定的能源转型目标,到 2025 年,德国可再生能源的比例要达到 40%～45%,2035 年继续上升至 55%～66%。要实现这一目标,对《新能源法》的改革将不可避免,相关改革的主要目标是限制电价继续上涨。过去几年,德国对《新能源法》进行了多次评估和修订,补贴额度也随着市场成本的下降而降低。今后,除了应对电价上涨以外,如何有效克服风能、太阳能等新能源的不稳定性,也是一大难题。这不仅需要加强电网建设升级,还需要提高电力市场与新能源电力的匹配度。

1.3 美国

1.3.1 美国光伏发展概况

美国是最早进行光伏并网发电的国家,自 1974 年开始陆续颁布推动能源可持续发展的相关法令,光伏产业被列入发展优先领域,先后出台《太阳能研发法令》、《太阳能光伏研发示范法令》、《能源税法》、《税收改革法》、《能源政策法令》等法令,从发展目标、资金、研发等各个方面支持光伏技术及产业的商业化发展。美国能源部提出逐步提高绿色电力的发展计划等,制定了太阳能发电的技术发展路线图,其中太阳能光伏发电预计到 2020 年将占美国发电装机增量的 15% 左右,累计安装量达到 2 000 万 kW,保持美国在光伏发电技术开发、制造水平等方面的世界领先地位。20 世纪 80 年代初开始实施 PVUSA 计划,即光伏发电公共电力规模的应用计划;1996 年,在美国能源部的支持下,又开始了一项称为"光伏建筑物计划",投资 20 亿美元。同年,美国加州创立 5.4 亿美元的公共收益基金以支持可更新能源(renewables)的发展。这一可更新能源最低成本计划(Renewables Buy-Down Program)为具有安装能力的太阳能系统提供 3 美元/W 的资金补贴,这样每半年,折扣水平下降 20 美分/W。加州太阳能产业协会(CalSEIA)最近已提议扩展此项计划,而其他的州也在仿效加州的做法并尝试新的计划:20 个州已有政府或公共事业部门支持的折扣;其他 17 州,包括加州在内,已经建立可更新能源资产标准(renewable portfolio standards)以提高可更新能源的使用量;美国西南部的亚利桑那州、西部内陆的内华达州等还保留一部分资产标准用于太阳能能源。2006 年加州政府投入 30 亿美元支持光伏产业的发展,实施 50 美分的固定上网电价,该支持性电价每年降低 20% 等措施,都极大地推动光伏发电的产业化。

1997 年 6 月,克林顿总统宣布实施"百万太阳能屋顶"计划和"净流量表"体制,每个光伏屋顶将有 3 kW～5 kW 光伏并网发电系统,有太阳时,屋内向电网供电,电表倒转;无太阳时,电网向家庭供电,电表正转,每月只需交"净电费"。计划到 2010 年安装 100 万套太阳能屋顶,主要是太阳能光伏发电系统和太阳能热利用系统,进一步将光伏发电建筑一体化推向高潮。这项计划的提出,是由社会发展的趋势所决定的,也是美国致力于太阳能开发、研究的工作人员长期努力的结果。

美国联邦和各州政府对可持续能源的重视和支持,也是美国产业积极重整、乐观进取的重要动力。联邦政府几十年如一日,将可持续能源作为决定美国未来国际竞争力的关键领域之一予以重视。除了政府拨款资助研究发展以外,还建立了数目可观的技术商品化示范项目。各州政府为鼓励发展可持续能源工业,纷纷推出产业税务优惠政策,吸引可持续能源工业在本州投资。美国有 12 个州实施可再生能源配额制,普遍得到了可再生能源公司和民众的支持,德克萨斯州最为成功。1998 年克林顿政府提出的综合电力竞争条例,设立了可进行交易和存入银行的可再生能源信用证,提高配额制度的灵活性和效率,信用证的价值为 1.5 美分/kW·h。此外,美国还有 6 个州实行公共效益基金政策,但各州的具体做法和收费标准不尽相同,实践证明这是一种有效的筹集资金用于可再生能源发电的手段。

美国各州的税收和补贴政策对并网光伏市场的高速增长起到了至关重要的作用。尤其在加州,2000 年～2001 年能源大危机的出现让当地政府加快了对新能源的支持力度。在加州地方政府 Buy down、Pioneer program、Water and Power PV program 等各种刺激政策的鼓励下,2002 年加州的并网光伏建筑安装容量达到 15.3MW,占到整个并网分布市场的 68%,成为美国名副其实的"太阳能城"。另外,加州还提出了宏伟的"California Solar Initiative",从 2007 年正式开始实施。2009 年加州的并网安装量占到了全国的 53%,对美国各州还起着巨大的示范拉动作用。夏威夷、佛罗里达、哥伦比亚、新泽西等资源丰富、零售电价较高的地区,也是光伏的潜力市场。

2010 年 12 月 6 日,40 岁的布赖恩沙茨正式被委任为夏威夷州的第十一任副州长。这位致力于公共事务的 70 后领导人上任后积极推进建设清洁能源经济社会,并确立了夏威夷在 2030 年清洁能源(包括太阳能、风能、生物质能、地热能、水电、海浪和海洋热能等)占能源需求 70% 的目标。目前,这个比例是 10%。为此,夏威夷将采取诸如减免税等多项优惠措施,鼓励企业投资研发清洁能源技术和绿色产品。

在夏威夷,太阳能发电已经可以同普通电网媲美了,也就是说,太阳能产生的电力,其销售价格已经低于平均传统火电价格了,因为这些地方的光照时间长,光能充足,加之传统电力价格比较高。在夏威夷檀香山市中心的中心区,正在通过更多使用可再生的清洁能源,减少对进口石油的依赖。位于檀香山的夏威夷财政部已经安装完成 1 005 块太阳能光伏(PV)板。该系统每天节省 300 美元的电力成本。该项目正在实施的节能措施包括为 10 幢楼宇安装一个新的能源管理体系,改善空调设备、照明系统、节约用水、景观灌溉系统控制,修改建筑围护结构,桌面电脑的电源管理以及节约能源的教育计划等,预计可节省政府公用事业费用 30%,同时减少温室气体排放费用约 50 万英镑。

1.3.2　美国光伏产业政策

在美国,太阳能应用最广的 10 个州是:加利福利亚州、新泽西州、内华达州、亚利桑那州、科罗拉多州、宾夕法尼亚州、新墨西哥州、佛罗里达州、北卡罗里纳州和德克萨斯州。经过多年的发展,加州成为美国主要的光伏系统市场,它占据了 60% 全美国的光伏组件安装量。考虑到极高的太阳辐射与某些州(例如加利福尼亚州)较高的电价,因此发展太阳能的潜力显著。光伏系统的经济性也各异,而加州拥有很好的光照资源,零售电价也较高。

美国的光伏系统安装补贴政策模式与欧洲国家不同,主要包括纳税抵扣、初装补贴和上网电价,同时辅以其他融资或审批扶持政策。2006年,美国联邦政府将光伏系统初装成本抵税比例由10%上调至30%,但民用系统仍有2 000美元的补贴上限。2009年起,美国联邦政府的30%光伏系统初装成本抵税政策对民用系统的补贴上限取消,实质上增加了对民用系统的补贴,将有力促进美国光伏市场的发展。美国光伏安装分布情况见图3-3。

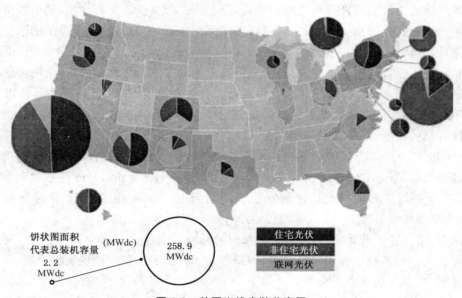

图 3-3 美国光伏安装分布图

1.3.3 美国光伏发电前景分析

此前,奥巴马新能源政策已明确要求,到2012年美国电量的10%来自于可再生能源。太阳能光伏发电是再生能源的重要组成部分,美国最近通过《联邦投资赋税优惠 The Federal Investment Tax Credit (ITC)》法案,太阳能光伏发电投资额的30%可获政府现金补助。

美国在能源政策变化方面发出积极的信号。美国有良好的基础和可靠的政策,将保证该能源行业持续不断增长。据 GTM 研究和 SEIA(美国太阳能产业协会)的2011年美国太阳能光伏市场调察报告显示,美国太阳能光伏装机容量在2011年增长了109%。在2011年安装的1.855 GW 太阳能光伏项目中,其中大部分的增长来自于商业和公共项目,都分别达到了800 MW 和758 MW。

美国能源部(DOE)推出了一项可能使光伏制造业面临"洗牌"的新计划,以刺激国内光伏公司的发展,该计划名为 SUNPATH。SUNPATH 旨在发展同样有利的投资环境,鼓励美国企业能够把公司、研发以及生产制造留在国内,目的则在于增加国内太阳能生产市场,并以此带动经济发展。

2012年2月,美国国会通过了《1千万太阳能屋顶法案》(10 Million Solar Roofs Act of 2011),要求在2020年12月31日前,美国国内至少安装1千万台分布式太阳能能源系统。4月通过《2012年太阳能能源部署法》(Solar Energy Deployment Act of 2012),继续2011年的资助政策,在2013年~2017的财政年将继续太阳能补助计划,建立一个竞争性赠款计划,符合条件的太阳能设备的设计和采购,安装在屋顶上或公用的停车场。此议案特别强调需要考虑使用的材料和组件为美国制造。而 5 月份通过的《国内税收法》修订案中,继续对使用太阳能源的纳税人提供税收减免政策,但强调需为美国制造及使用。

从美国对国内的太阳能政策法规看来,美国并没有如欧洲国家一样取消或降低太阳能补贴;而另一方面,SUNPATH 计划着力于增加国内太阳能生产市场,并以此带动经济发展。总体来看,有助于美国本地太阳能光伏行业的继续稳步发展。美国光伏行业公布了到 2030 年的前景规划(见图 3-4),到 2025 年,太阳能发电能占全国发电量的一半。美国已明确提出,到 2050 年,温室气体排放将在 1990 年水平的基础上降低 80%。美国要实现"总量控制和碳排放交易"计划,必然会长期支持太阳能光伏发电等可再生能源的开发。

但另一方面,据美国国家能源部能源信息部估计,太阳能发电是所有发电技术中成本最高的,约 396 美元/MW。这是风能平准化成本的两倍,燃煤发电的四倍。并且这种分析的假设是公司运营的大规模发电。而装在屋顶的小型装置成本更高,因为它们没有批量购买和安装的优势。而且在国内政策的保护作用下,成本问题短期内难以实现突破。

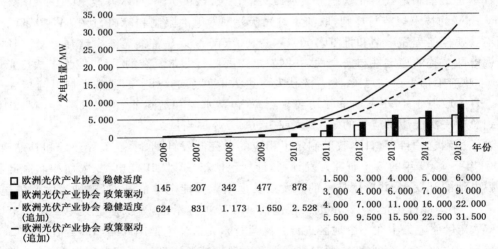

图 3-4　美国近年光伏安装量及前景预测(截至 2015 年)(来源:EPIA)

1.4　日本

1.4.1　日本光伏发展概况

日本光伏市场规模化需求最早形成。早在 1974 年第一次石油危机后,日本政府便开始"阳光计划"支持可再生能源的研究,其中包括光伏技术。1993 年,"新阳光计划"代替了"阳光计划",继续支持可再生能源的研发,2002 年又有专项光伏技术研发计划出台。

同时,日本政府于 1994 年~2005 年便开始对居民安装光伏系统进行补贴。虽然补贴逐步降低,但由于技术的进步和生产规模的扩大,光伏系统价格不断降低,日本光伏系统新增装机容量也逐年提升。但在 2002 年民用系统补贴取消后,新增装机容量增速逐年下降,甚至在 2006 年和 2007 年由于系统安装成本的上升而出现了新增容量负增长,在 2008 年受新政策出台和油价电价上涨刺激,新增容量重回增长。

日本支持光伏产业发展的基本思路是政府积极扶持,企业主动跟进,全民积极参与,经过十多年的努力,在阳光计划、新阳光计划和一系列其他激励政策的支持下,形成了全球范围内颇具竞争力的光伏行业。日本非常重视电网系统的安全与稳定,常规项目的并网审批程序非常复杂。

日本的光伏装机以家庭系统为主力军,2010年,日本家庭光伏系统的市场渗透率约为16％。2009年小型住户光伏发电成本约为25日元/(kW·h),在10％初装补贴下,发电成本已能够达到上网平价。

日本福岛核灾难促使日本大力发展本国可再生能源,以提高对其能源结构的贡献。这也因此为光伏产业带来了巨大的机遇。从IMSResearch了解到,根据一项新的"日本光伏市场"报告,受惠于世界上最有吸引力的光伏激励政策,日本的太阳能市场蓬勃发展。2013年,日本的光伏新装机容量为6.9 GW,排名世界第二。

1.4.2 日本太阳能光伏政策分析

为了扶持光伏产业,日本政府采取了非常积极的政策措施,在现场实验的基础上制定相对应的标准和规范,允许光伏发电优先并网,对光伏产业的发展起到巨大推动作用。

日本是最早制定扶持光伏产业发展政策的国家。1990年,日本修改Electric Utility Industry Law的技术规范与规则,取消了对光伏并网发电的限制和障碍,100 kW以下的光伏并网不需要任何程序申请和批复,100 kW～150 kW也只是备案无需申请和批复。日本非常重视电网系统的稳定性与安全性,并网发电需要履行非常复杂的手续,但为了扶持光伏产业,日本政府不怕失误与风险,允许光伏发电进入电网系统,对于产业的发展具有极大示范作用。日本政府于1996年宣布了可再生能源(包括水电和地热能)的发展目标,到2010年将占到总的一次能源供应量的3.1％(或1 900万吨油当量)。

为了达到这一目标,日本政府制定了相应的研究开发计划、示范工程计划和补贴政策。如2001年～2005年的5年研究开发计划,计划包括新一代太阳能电池、大面积非晶硅和多晶薄膜电池的开发,公共应用技术的开发以及远期太阳能电池的开发(如纳米太阳能电池、染料电池、小球晶硅电池等)。示范工程包括:BIPV工程示范,光伏住宅集中并网示范(200座3 kW光伏住宅集中在一个地区进行并网运行),光伏住宅推广计划(1994年～2002年已经安装了80 000套),地方新能源促进计划和企业新能源资助计划等。日本于1994年启动了"新阳光计划",提出"新阳光计划"的主要目的是在政府领导下,采取政府、企业和大学三者联合的方式,共同攻关,克服在能源开发方面遇到的各种难题。"新阳光计划"的主导思想是实现经济增长与能源供应和环境保护之间的平衡。为保证"新阳光计划"的顺利实施,政府每年要为该计划拨款570多亿日元,其中约362亿日元用于新能源技术开发。"新阳光计划"即将光伏发电作为国策,以50％的补助额度鼓励居民使用太阳能发电,在光伏发电、光伏电池的生产发展方面进步很快,以每年超过60％的速度增长。

但自2006年开始,日本政府取消补贴政策,日本光伏产业的发展势头被遏制,全球第一的位置也逐渐被德国、西班牙等国取代。2007年日本光伏装机容量甚至还出现了负增长。2007年4月～6月日本光伏业总产出190 MW(百万瓦),仅为2006年同期的86％,其中,日本内需为43 MW,为2006年同期的62％。截至2007年底日本的太阳能电池累积采用量为1.92 GW,仅为德国的一半。与此相对应的则是日本光伏生产厂商国际地位的下降。2008年日本第一大太阳电池生产厂商夏普的产能仅为473 MW,不仅远远落后于德国Q-cell的570.4 MW和美国First Solar的504 MW,甚至还落后于中国无锡尚德的497.5 MW。

似乎已经意识到了本国光伏产业逐渐被欧洲甩开的趋势,加之传统能源成本不断提升及环境保护的重要性,日本政府已经有意重启太阳能补助方案。日本政府在 2008 年 7 月内阁会议确定的"构建低炭社会行动计划"中提出的目标为:争取 2020 年太阳能电池的采用量(按发电量计算)增加到 2005 年度实际采用量的 10 倍,到 2030 年增至 40 倍,并在 3 年~5 年后,将太阳能电池系统的价格降至目前的一半左右。而从 2009 年 1 月起日本已经恢复了面向家庭用途的补助制度,每千瓦补助 7 万日元。

日本从 2011 年 4 月起采用新的电价补助费率:顺应太阳能面板价格下滑,家庭生产太阳能收购价将降至 42 日元/kW;因应政府终结安装补助费用,小企业生产多余太阳能收购价将提升到 40 日元/kW。2011 年 8 月,日本政府颁布立法,对光伏实行强制上网电价,要求其全国 10 家电力公司购买过剩的太阳能电力:电力部门以商品价格购买多余的光伏电量,并实行补贴政策。具体的补贴政策是在安装光伏发电系统时进行工程补贴,这一补贴"逐年递减",从一开始补贴 50%,分十年逐年递减,到第十年时补贴减到零。除了光伏系统的安装补贴外,还允许光伏发电系统"逆流"向电网馈电,意味着以同等电价购买光伏系统的发电量。该法令于 2012 年 7 月 1 日正式开始实施。

1.4.3 日本光伏发电前景分析

2009 年 4 月,日本将 2020 年的光伏发电总容量目标提高到 28 GW,2030 年目标提高到 56GW。日本政府制定了"新国家能源战略"以改变其严重依赖石油的传统能源结构,增强能源安全。其中以 2030 年为目标年份制定了 4 个方面的量化目标。在光伏方面的目标是到 2030 年光伏发电的成本要具备与火电相竞争的能力,继续在供需方面实施补贴和减免税收等措施促进光伏技术的应用。同时建立光伏产业集团。为了实现此目标,日本通产省在研发与推广方面采取降低成本、扩大生产和应用规模的措施。降低成本主要依靠技术进步,系统推广主要依靠应用示范,由此培育机构和私人用户的市场需求。日本环境省重点考虑的是通过支持示范项目,推动光伏系统的应用和推广,使之成为减少温室气体排放的有效途径。日本光伏安装量及发展前景见图 3-5 和表 3-3。

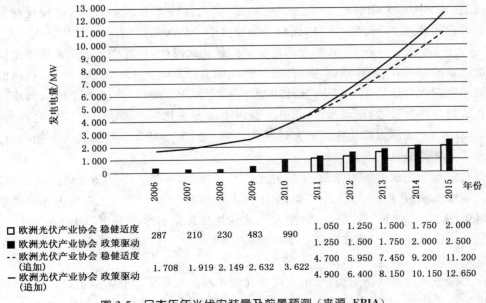

	2006	2007	2008	2009	2010	2011	2012	2013	2014	2015
□ 欧洲光伏产业协会 稳健适度	287	210	230	483	990	1.050	1.250	1.500	1.750	2.000
■ 欧洲光伏产业协会 政策驱动						1.250	1.500	1.750	2.000	2.500
-- 欧洲光伏产业协会 稳健适度 (追加)						4.700	5.950	7.450	9.200	11.200
— 欧洲光伏产业协会 政策驱动 (追加)	1.708	1.919	2.149	2.632	3.622	4.900	6.400	8.150	10.150	12.650

图 3-5 日本历年光伏安装量及前景预测(来源:EPIA)

表 3-3　日本光伏产业 2030 年远景规划主要指标（来源：overview of "PV Roadmap Toward 2030"）

年份	2002	2007	2010	2020	2030
光伏电力系统成本（日元/kW·h）	50	30	23	14	7
光伏组件生产成本（日元/W）	250	140	100	75	50

1.5　中国

1.5.1　中国光伏发展概况

从地理位置上看，我国太阳能资源非常丰富，理论储量每年达 17 000 亿吨标准煤。太阳能资源开发利用的潜力非常广阔。我国地处北半球，南北距离和东西距离都在 5 000 km以上。在我国广阔的土地上，有着丰富的太阳能资源。大多数地区年平均日辐射量在 4 kW·h/m² 以上，西藏日辐射量最高达 7 kW·h/m²（青藏高原地区，平均海拔高度在 4 000 m 以上，大气层薄而清洁，透明度好，纬度低，日照时间长）。

我国太阳能年辐照总量超过 5 000 MJ/m²，年日照时数超过 2 200 h 以上的地区约占国土面积的 2/3 以上。夏季我国从北纬 15° 的海南三亚到北纬 55° 的漠河，有效日照时间均在 10.5 h 以上。冬季有效日照时间均在 7.2 h 以上。而太阳有效照射角，冬季日出后为 180°，夏季更可达到 228°～272°，我国发展太阳能产业，具有得天独厚的优势。若将全国太阳能年辐照总量的 1% 转化为可利用能源，就能满足我国全部的能源需求。数字证明，发展太阳能非常适合中国国情。

20 世纪 80 年代开始，我国太阳能电池开始进入萌芽期，研发工作在各地陆续展开，但进展缓慢。20 世纪 80 年代末期，国内先后引进了多条太阳能电池生产线，使中国太阳能电池的生产能力由原来的几百 kW（千瓦）一下子提升到 4.5 MW，这种产能一直持续到 2002 年，产量则只有 2 MW 左右。1998 年，我国政府开始关注太阳能发电，拟建第一套 3 MW 多晶硅电池及应用系统示范项目。天威英利新能源有限公司的董事长苗连生，争取到了这个项目的批复，成为中国太阳能产业第一个"吃螃蟹"的人。1999 年，2 cm×2 cm 砷化镓太阳能电池的转换效率达 22%。2001 年，无锡尚德建立 10 MW（兆瓦）太阳电池生产线获得成功，2002 年 9 月，尚德第一条 10 MW 太阳电池生产线正式投产，产能相当于此前四年全国太阳能电池产量的总和，一举将我国与国际光伏产业的差距缩短了 15 年。2001 年，我国的太阳能电池年生产能力已达 4.5 MW，累计用量超过 20 MW。2003 年 12 月 19 日，天威英利的项目正式通过国家验收，全线投产，填补了我国不能商业化生产多晶硅太阳能电池的空白。截至 2003 年底，我国太阳能电池的累计装机已经达到 55 MW，部分晶硅太阳能电池出口。我国光伏发展情况见图 3-6。

得益于欧洲光伏市场的拉动，中国的光伏产业在 2004 年之后经历了快速发展的过程，连续 5 年增长率超过 100%。2007 年，据中国太阳能协会统计，我国太阳能电池的产量约为 1180MW，比 2006 增长近 3 倍，占世界 1/4，光伏组件产量占世界一半以上。我国已成为世界第三大光伏电池生产国，仅次于日本和德国。到 2010 年，中国已经成为世界最大光伏电池组件生产国。

作为最主要的光伏制造商，中国在世界光伏市场中几乎完全缺席。但是，由于高日照时长和电力需求激增，中国光伏潜力巨大，但如何发展主要取决于政府的决定，中国光伏的市场仍未完全打开。光伏发电和常规发电的高价差限制了其在中国的增长。多年来,中国光伏市场较多的集中于离网农村电气化工程,这仅仅实现了很小的安装量。截止 2008 年底,中国累计光伏装机量仅为 145 MW。

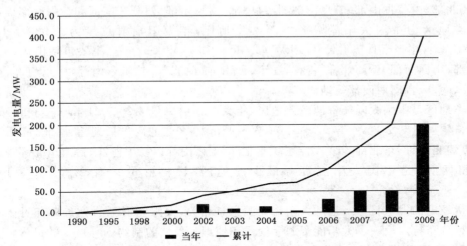

图 3-6　中国 1990 年以来国内市场的年装机和累计装机(MW)(资料来源:《中国两岸光伏产业发展报告》)

2010 年,我国累计光伏装机量达到 800 MW,当年新增装机容量达到 500 MW,同比增长 166％。2011 年,在全球光伏产业整体萎缩的情况下,我国光伏发电增长依然强劲,新增装机容量达到 2.9 GW,比 2010 年增长了近 5 倍。

1.5.2　我国光伏发电应用地区环境特点分析

大体上说,我国约有三分之二以上的地区太阳能资源较好,特别是青藏高原和新疆、甘肃、内蒙古一带,利用太阳能的条件尤其有利。根据各地接受太阳能总辐射量的多少,可将全国划分为四个太阳能资源带,如表 3-4 所示。

表 3-4　中国太阳能资源

名称	类别	指标 [kW·h/(m²·s)]	占国土面积	地　区
最丰富带	I	＞1 750	17.4％	西藏大部分,新疆南部以及青海、甘肃和内蒙古的西部
很丰富带	II	1 400～1 750	42.7％	新疆北部、东北地区及内蒙古东部、华北及江苏北部、黄土高原、青海和甘肃东部、广东沿海一带和海南岛
丰富带	III	1 050～1 400	36.3％	东南丘陵区、汉水流域及四川、贵州、广西西部等地区
一般带	IV	＜1 050	3.6％	川黔区

I 类地区为中国太阳能资源最丰富的地区,年太阳辐射总量 6 680 MJ/m² ～ 8 400 MJ/m²,相当于日辐射量 5.1 kW·h/m²～6.4 kW·h/m²。这些地区包括宁夏北部、甘肃北部、新疆东部、青海西部和西藏西部等地。以西藏西部最为丰富,最高达日辐射量

6.4 kW·h/m²,居世界第二位,仅次于撒哈拉大沙漠。

Ⅱ类地区为中国太阳能资源较丰富地区,年太阳辐射总量为 5 850 MJ/m²～6 680 MJ/m²,相当于日辐射量 4.5 kW·h/m²～5.1 kW·h/m²。这些地区包括河北西北部、山西北部、内蒙古南部、宁夏南部、甘肃中部、青海东部、西藏东南部和新疆南部等地。

Ⅲ类地区为中国太阳能资源中等类型地区,年太阳辐射总量为 5 000 MJ/m²～5 850 MJ/m²,相当于日辐射量 3.8 kW·h/m²～4.5 kW·h/m²。主要包括山东、河南、河北东南部、山西南部、新疆北部、吉林、辽宁、云南、陕西北部、甘肃东南部、广东南部、福建南部、苏北、皖北、台湾西南部等地。

Ⅳ类地区是中国太阳能资源较差地区,年太阳辐射总量 4 200 MJ/m²～5 000 MJ/m²,相当于日辐射量 3.2 kW·h/m²～3.8 kW·h/m²。这些地区包括湖南、湖北、广西、江西、浙江、福建北部、广东北部、陕西南部、江苏北部、安徽南部以及黑龙江、台湾东北部等地。四川、贵州两省,是中国太阳能资源最少的地区,日辐射量只有 2.5 kW·h/m²～3.2 kW·h/m²。

光伏发电的发电量与当地的太阳能资源息息相关,太阳能资源的分布具有明显的地域性。这种分布特点反映了太阳能资源受气候和地理等条件的制约。

例如,我国目前太阳能光伏发展最迅速的为华东地区(地域意义上的华东地区包括:山东省、江苏省、江西省、浙江省、安徽省、福建省和上海市,共六省一市)。此区域属于二类地区,太阳能资源很丰富带。

此区域的光伏发展龙头江苏省,自进入 21 世纪以来,发展迅猛,在技术上一步跨越与发达国家落后 15 年的差距,在生产规模上成为中国光伏产业发展的主导力量和世界上一支重要力量。因此,及早谋划、完善政策、争取支持,打造南京江宁开发区、无锡高新区两个分工不同的具有世界重要影响的光伏产业基地,是抢占全球光伏产业制高点、开拓利用光伏太阳能和调整优化能源结构的重要举措。

1.5.3 我国光伏能源政策

近 10 年来我国光伏行业发展迅猛,从组件及材料厂商的角度,技术上是由于产品技术不断成熟和成本的下降,而政策上则是主要得益于欧美国家推行的屋顶计划及各国减免税政策和补贴政策的推动。而我国,则于 2009 年相继出台了《太阳能光电建筑应用财政补助资金管理暂行方法》和《关于实施金太阳示范工程的通知》等政策,并先后启动了两批总计 290 MW 的光伏电站特许权招标项目。

此政策中,对于并网光伏发电项目原则上按光伏发电系统及其配套输配电工程总投资的 50% 给予补助,偏远无电地区的独立光伏发电系统按总投资的 70% 给予补助。光伏发电关键技术产业化和产业基础能力建设项目,给予适当贴息或补助。

2010 年开始,由财政部、科技部、国家能源局联合发布文件,对"金太阳示范工程和太阳能光电建筑应用示范工程"的有关政策进行了大幅度的调整。此外,宣布在全国建立 13 个光伏发电集中示范园区,以此为依托,推动中国光伏产业的应用。并公开表示力争 2012 年以后每年国内应用规模不低于 1 000 MW。

1.5.4 我国太阳能光伏能源发展前景

1.5.4.1 我国太阳能光伏产业发展前景

在世界光伏生产市场方面,中国与美国、欧盟的光伏贸易战正在升级。2012 年 11 月

7日美国决定对华光伏产品征收反倾销和反补贴关税：美国国际贸易委员裁定从中国进口的晶体硅光伏电池及元件实质性损害了美国相关产业。美国将对中国产晶体硅光伏电池及组件征收 18.32%～249.96% 的反倾销税，以及 14.78%～15.97% 的反补贴税。本次终裁结果标志着美国对华太阳能补贴贸易调查案的终结，美国商务部将向从中国进口的相关产品征收"双反"关税。

同样地，2012 年 9 月初，欧盟委员会宣布对中国产光伏元件、硅片等发起反倾销调查。11 月 8 日，反补贴大棒再度落下，欧盟委员会发布公告称，欧洲太阳能企业协会 9 月 26 日向欧盟委员会提出申诉，指控从中国进口的太阳能电池板及其主要部件得益于不公平的政府补贴，欧盟从即日起启动相关调查。

按照欧盟的贸易防御政策，此次调查将需要 13 个月的时间。如果有充分证据证明上述补贴指控属实，欧盟可以在 9 个月内征收临时的反补贴关税，而这将是欧盟委员会迄今为止接到的最大一起反补贴申诉。

目前，中国光伏产业进入重新洗牌、优胜劣汰的阶段，应该从强化行业管理、完善技术标准入手，大力推动行业整合。

1.5.4.2　我国太阳能光伏发电行业发展前景

而与中国光伏产业面临的洗牌截然相反，随着近年光伏发电成本急速下降，国家政策可再生能源政策在"十二五"计划中重要战略意义的推动下，我国太阳能发电行业面临着前所未有的良好发展局面。为达到在 2020 年安装 20 GW 的目标，中国已于 2011 年 8 月 1 日出台 FIT 政策，制定了全国统一的太阳能光伏发电标杆上网电价，按项目核准及建成时间的不同，上网电价分别核定为 1.15 元/kW·h 和 1 元/kW·h。中国电力需求及光伏发电量见表 3-5。

表 3-5　中国电力需求及太阳能光伏发电量（来源：CPIA）

年份	2010（实际）	2020	2030
中国电力需求（万亿瓦时）	4.192	6 949	8.776
中国光伏发电占总电力的百分比（%）	<0.5%	1.30	4.60
光伏发电总量（万亿瓦时）	<2	90	404
总光伏装机容量（GW）	0.8	60	269

当前我国光伏发电应用项目有以下 3 类：

（1）太阳能光电建筑应用示范项目

2009 年 3 月财政部印发了《太阳能光电建筑应用财政补助资金管理暂行办法》的通知，推动太阳能光电建筑应用示范项目的发展。在该通知下发后，2009 年 9 月下达首批项目，预算 12.7 亿元，装机规模 91 MW，111 个项目。2010 年第二批项目，预算 11.95 亿元，装机规模 90.2 MW，99 个项目。

（2）金太阳示范工程

2009 年 7 月 16 日，财政部、科技部和国家能源局下发了《关于实施金太阳示范工程的通知》，支持光伏发电技术在各类领域的示范应用及关键技术产业化。2009 年 11 月公布了294 个项目，装机容量达 642 MW，总投资 200 亿元。但是，由于种种原因，后来实际批准的只有 200 MW。

在金太阳示范工程和太阳能光电建筑应用示范工程实施一段时间后,针对实施过程中出现的问题,有关部委 2010 年 9 月发布了《关于加强金太阳示范工程和太阳能光电建筑应用示范工程建设管理的通知》,重新规定了关键设备统一招标、示范项目选择和调整以及补贴标准的相关细则。

(3) 大型并网光伏电站

自 2009 年起,我国政府采取特许权招标的办法,公开招标了 14 座大型并网光伏电站,总装机规模达 290 MW。2011 年第三批光伏电站特许权招标规模估计将达到 500 MW。

纵观我国的光伏发展历程,不难推测出我国光伏发电的发展趋势如下:

① 光伏发电将继续在无电地区通电建设中发挥主要作用

尽快解决无电人口通电问题具有重大社会效益,将继续得到我国各级政府的高度重视。无电地区均地处偏远、交通不便,人口居住分散,光伏发电(风光互补发电)几乎成为唯一选择。经过多年市场化推广已取得成功的经验,见图 3-7。市场加适度补贴方式将使无电地区通电建设目标加速实现。

图 3-7 青海湖畔节能示范牧民住宅模型(已建)

② 基本商业化的光伏应用市场有望加快发展步伐

在外部大环境的带动下应用市场将会得到更多关注。光伏企业产品研发力度将得到加强,应用产品将会不断拓宽。随着光伏成本的继续降低,光伏技术应用在一些"特殊领域",其经济性也会逐渐显现。农村、牧区、渔业等纯商业零售市场随国家对通电建设的支持力度加大会受到一定影响,但部分地区用户对产品更新换代的需求将使这个市场长期持续。通讯、石油、铁路、气象、交通、海事等方面的应用有望继续扩大。纯商业化光伏市场也有望拓宽到 BIPV 领域。

③ 大型荒漠电站建设将在上网电价的支持下成为投资热点

技术相对简单、成熟、发电"度电成本"在各种应用方式中一般可以做到最低。并网障碍（政策、技术、经济、环境）小，电网收购方式简单、易行，易于被电网接受。在"上网电价"法的支持下，投资企业"有利可图"，能够实现可持续发展。国有大型电力公司、大型投资企业和大型光伏公司投资热情高。中西部地区太阳能资源和适合建站的土地资源丰富，各级地方政府积极支持。国家对建设项目的总量和进程易于调控。

④ 与建筑结合的光伏发电系统将得到更广泛的推广应用

技术含量相对较高，设计、施工相对复杂，建设成本一般高于地面应用。发电效果一般也低于地面应用。并网售电在我国障碍（政策、技术、经济、管理）较大，给电网企业增加难度。分布式电源，灵活性强、安全性高。贴近负荷，最适合低压端就近并网或独立供电或做备用应急电源。便于分散投资，有利于市场化、商业化运作。已开始引起房产开发商和建筑师及公众的注意，成为现代建筑中的"时尚元素"和"绿色概念"见图3-8和图3-9。光伏公司对该领域有更大的关注度。欧洲、日本等有成功的经验可以借鉴。

图 3-8　我国的应用实例（威海市民广场 BIPV 效果图，兴业太阳能）

图 3-9　我国的应用实例（曲面安装 BIPV——青岛火车站，兴业太阳能）

⑤ 聚光技术（CPV）商业应用开始起步

聚光技术是使用透镜或反射镜面等光学条件，将大面积的阳光汇聚到一个小面积的太阳能电池片上进行发电的太阳能发电技术。一般而言，聚光技术主要指在高倍聚光下，利用耐高温的族元素化合电池发电。除电池以外，聚光发电系统还需要跟踪器、聚光器和冷却装置。聚光系统对阳光直射的要求很高，需要跟踪器的精确对焦，跟踪器技术尚未突破是聚光技术发展的主要障碍。目前已有大量的企业和高校致力于跟踪器技术的改进研究，预计其技术问题可以在几年内得到解决。

IEA 在 2010 年 5 月发表的太阳能光伏路线图中陈述,光伏发电时能商用的可靠技术,在世界几乎所有地区都具有产期增长的巨大潜力。该路线图中预测:从 2010 年开始,光伏发电占全球总电力的比例将不断上升。2020 年达到 1.3％,2030 年升至 4.6％。对比中国巨大的电力需求,中国要达到 IEA 技术路线图中提出的光伏发电比例的全球平均水平,累计光伏安装量在 2020 年需达到 60 GW,2030 年达 270 GW。中国与全球的光伏装机量的对比见图 3-10。

按 EPIA 董事会主席 Murray Cameron 的话说:"中国目前已将平准化能源成本控制在 1.4 元/kW·h～1.5 元/kW·h 之间,已显示出比柴油动力峰值装机容量更大的竞争力。除此之外,通过范式转移,中国将在 2020 年将平准化能源成本降低至 0.65 元/kW·h,并于 2030 年将此成本降低至 0.45 元/kW·h。"他进一步补充道:"到 2020 年,整个阳光地带光伏发电的竞争力将高于所有其他峰荷发电,而到 2030 年,光伏发电成本将低于所有其他常规发电技术成本"。中国发电成本预测见图 3-11。

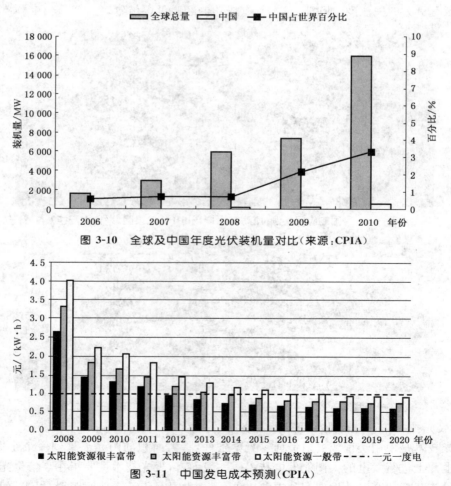

图 3-10　全球及中国年度光伏装机量对比(来源:CPIA)

图 3-11　中国发电成本预测(CPIA)

有充分理由相信,在能源需求不断上涨,能源结构逐步调整,光伏发电成本不断下降,较好的光照资源和应用条件等多重因素的驱动下,在未来的数年内,中国光伏市场将逐步发展,成为全球重要的光伏市场之一。

1.5.4.3　我国太阳能光伏产业地区布局

我国的光伏制造业在技术上和成本上都具备了领先优势,随着光伏产品制造成本的不断降低和光电转换效率等技术指标的不断提升,光伏发电产业必然在不远的将来具备与传统能源电力竞争的优势。结合我国的地域和经济特性,可以从以下几个方面推动光伏发电在各个领域的规模化应用。

根据2008年3月3日发布的发改能源(2008)610号文《可再生能源发展"十一五"规划》,我国不同地区的太阳能光伏发电布局见表3-6:

表3-6　中国太阳能发电重点领域和区域

技术类别	规划目标(万千瓦)	重点地区
并网光伏发电	10	西藏、甘肃、内蒙古、新疆、甘肃等
城市屋顶系统和大型标志性建筑	5	北京、上海、广东、江苏、山东等
光伏电站	5	拉萨、敦煌和鄂尔多斯等
边远地区供电	15	西藏、青海、甘肃、新疆、云南、四川等地
太阳能热发电	5	内蒙古等
合计	40	

到2010年,我国的光伏应用市场布局见表3-7和表3-8。

表3-7　截至2010年光伏市场分布

市场	累计安装/MW	市场份额/%
农村电气化	80	32.0
通信和工业	40	16.0
光伏应用产品	30	12.0
光伏建筑并网	50	20.0
大型光伏(荒漠)电站	20	20.0
累计安装总量	250	100

表3-8　全国平均不同发电系统的年利用小时数

不同地区	水平面年太阳辐射(kW·h/m²)	倾斜面年太阳辐射(kW·h/m²)	独立光伏电站有效利用时数	建筑并网系统有效利用时数	开阔地并网系统有效利用时数
西北地区	1 610.80	1 828.41	1 250	1 450	1 540
东南沿海	1 364.65	1 502.04	1 000	1 200	1 250
全国平均	1 497.73	1 665.23	1 100	1 250	1 350

2　光伏产品市场准入技术法规

国际市场对光伏产品的准入有严格的规定,需要满足相关的安全、性能和安装要求,光伏产品经过相应的测试和认证才能进入市场。

不同国家政府出台了一系列的光伏产品财政补贴政策,光伏系统运营商们将不仅仅可以通过光伏发电获利,还将得到国家资助。许多国家正在加快其太阳能计划,国家补贴对于制造商、进口商、安装商、投资者和运营商来说都是一个重要措施,通过及时及准备充分的申请可获得证书。

欧洲国家针对逆变器有特殊要求。光伏逆变器出口到欧洲主要的测试标准是EN 50178,EN 62109,DIN VDE-0126 等;出口到美国逆变器的测试标准主要是 UL 1741;英国市场是 G83;德国并网要求 VDE 0126 认证;意大利要求 DK 5940 认证;澳洲要求 AS认证;瑞典要求 SEMKO 认证;挪威要求 NEMKO 认证;日本主要是 JET、JQA 认证;韩国主要是 KEMCO 认证;其他亚非国家现在基本认可 TüV 证书。我国主要有金太阳工程认证、CQC 认证。

2.1 欧盟光伏产品市场准入法规和标准

目前欧洲是全球最大的太阳能消费市场,2011 年全年新增 1 157 MW,约占全球市场的40%。欧盟的可再生能源白皮书及相伴随的"起飞运动"是驱动欧洲的光伏产业发展的重要标志。德国、丹麦、意大利、英国、西班牙也开始制定本国的可再生能源法案,通过给予大量补贴和政策优惠,加速驱动光伏工业的发展。

光伏产品进入欧盟市场要满足的基本法规就是 CE 标志的法规,主要包括低电压指令、电磁兼容指令。低电压 LVD 指令适用于产品的额定电压在交流 50 V～1 000 V 之间和/或直流75 V～1 500 V 之间的产品。产品按照相应的协调标准进行测试,来证明符合欧盟低电压指令。

光伏组件的协调标准如下:

EN 61215:2005　　地面晶体硅光伏组件性能要求

EN 61646:1997　　地面薄膜光伏组件性能要求

EN 61730-1:2007　　光伏组件安全符合性认证—第 1 部分:结构要求

EN 61730-2:2007　　光伏组件安全符合性认证—第 2 部分:测试要求

光伏逆变器的协调标准如下:

EN 50178:1997　　用于电力安装的电气设备

EN 62109-1:2010　　光伏发电系统逆变器安全要求

光伏发电系统用贮能电池的协调标准如下:

EN 61427:2005　　太阳能光伏能量系统用蓄电池和蓄电池组——一般要求和测试方法

EMC 指令适用于产品具有发射电子干扰或者可能被电子干扰影响的情况,因此光伏逆变器还要通过如下协调标准的测试来证明符合 EMC 指令。

EN 61000-6-2:2005　　电磁兼容性—第 6-2 部分:一般标准—工业环境干扰

EN 61000-6-4:2007　　电磁兼容性—第 6-4 部分:总规范—工业环境的辐射标准

EN 61000-3-11:2000　　电磁兼容性—第 3-11 部分:限值—电压变化的限制—公共低电压供电系统的电压的闪动和波动—用于空调连接的额定电压大于或等于 75 A 的设备

EN 61000-3-12:2005　　电磁兼容性—第 3-12 部分:与输入电流每相 16 A 和 75 A 的公用低压系统连接的设备产生的谐波电流的限值

原则上,光伏产品只要符合了低电压指令和 EMC 指令,即可加贴 CE 标志,在欧盟市场上销售,可以自我声明的方式。尽管法律并没有要求认证,但产品设计和型式批准的认证仍然是必须的。首先想在欧盟销售产品的人,如进口商或制造商,必须通过 CE 标志来说明产品符合了现行的法规要求。检查符合性是将产品投入市场的人的责任。而检查符合性是可以通过进行相关的认证来证明的。而且欧盟的买家为了确保产品质量,通常要求必须提供欧盟认可实验室(Notify Body)的测试报告或者甚至要求制造商提供某个指定认证机构的认证报告(比如 TUV、VDE、SGS、ITS 等),在这些情况下,制造商也只能取得这些机构的认证,或寻找有互认协议的认证机构。

另外,有些国家为了鼓励太阳能产业,政府为太阳能产品提供补贴,在这种情况下,政府会建立一种认证体系,通过该种认证的光伏产品,才能获得补贴。例如:英国微型发电产品认证计划 MCS。

英国微型发电产品认证计划 MCS(The Microgeneration Certification Scheme),是英国正在实行的一个特殊计划,由英国微型发电产品认证计划委员会来管理补贴发放和光伏税率的调整。MCS 是有政府背景的独立机构,为微型发电产品进行标准认证。在英国,一旦用户购买拥有 MCS 认证的产品,政府将提供补贴。并且从 2010 年 4 月起,拥有 MCS 认证的光伏产品的用户还可以将余下的电力卖给国家电网,MCS 认证是基于获得授权的 NCB 颁发的测试报告,再进行工厂生产控制体系审核来完成的。目前有两个规范文件:一个是 MCS005《产品认证体系要求:太阳光伏组件》,依据的标准是 BS EN 61215 和 BS EN 61646;另一个是 MCS010《工厂生产控制的一般要求》。

总而言之,制造商不论是在自己的实验室进行测试,还是委托第三方实验室测试,或者是申请某个认证机构的认证测试,所依据的都是下述标准:

EN/IEC 61215　地面用晶体硅光伏组件设计鉴定和定型

EN/IEC 61646　地面用薄膜光伏组件设计鉴定和定型

EN/IEC 61730-1　光伏组件安全要求—第 1 部分:结构要求

EN/IEC 61730-2　光伏组件安全要求—第 2 部分:试验要求

2.2　美国光伏产品市场准入法规

2.2.1　安装使用法规

在美国,电气产品的安装和使用必须符合美国 NEC 电气法规。NEC 电气法规是由美国国家防火协会(NFPA)负责制定和发布的,NEC 电气法规几乎被美国所有的 50 个州视为技术法规,用来规范新建筑及装备的电气安装。NFPA 发布的最新版 NEC 是 2014 版,在第 690 条中对太阳能光伏产品提出了特殊要求,在进行光伏产品设计的时候需要考虑产品最终安装使用,也就是需要符合 NEC 法规,否则当地的电气工程师不会允许产品安装使用,就更谈不上符合相应的安全规范并取得合法的认证标识。

2.2.2　安全和性能法规

光伏产品的制造商必须通过美国 OSHA(美国职业安全健康局)认可的测试实验室(NRTL)的测试与认证,才能将光伏产品销售到美国市场。任何独立的第三方检测及认证机构,都可以向 OSHA 申请成为 NRTL。只要符合要求,OSHA 可以批准其进行相应产品的测试及认证,并颁发 OSHA 的认可标识。不同 NRTL 向 OSHA 申请认可,根据自己的测试能力申请相应的测试和认证范围,NRTL 所采用的标准主要为 ANSI、ASTM、UL 或 FM。但是由于 NRTL 获得 OSHA 认可的时间有先后,所以他们进行测试的时候也有相应的差异。经过 OSHA 认可的 NRTL 实验室的名单见 www.osha.gov/dts/otpca/nrtl/index.html。

对于光伏组件，在美国执行的安全标准为 UL 1703，而在加拿大采用的标准为 UL-C1703，这两者有一些细微的差异。比如：冲击测试的低温要求。UL 1703 为零下 35 ℃，而 UL-C1703 在加拿大为零下 30 ℃。

对于光伏逆变器，在美国光伏逆变器的安全标准为 UL 1741，在加拿大为 CAC107.1。UL 1741 及 CAC107.1 标准包括如下光伏产品：独立光伏逆变器、充电控制器及交流组件等相应的产品。

一般逆变器需要标示最大输入电压，这也是光伏的开路电压，额定电压的选择也要根据开路电压与最大的输入电压来选择。另外还有最大工作电压，最大工作电压一般是最大输入电压的 0.8 倍。还有最小工作电压，另外还有一个标称工作电压。一般是在最小工作电压与最大工作电压的 25%～75% 之间，如果这样的逆变器进行 CEC 测试，其最大持续输出功率只需要在标称下测试就可以了。

目前光伏逆变器最大输入电压是有一定的限定，主要是由于受到相应的电气法规中对于低电压的定义的要求，在北美，最大输入电压为 600 V，而在欧洲最大输入电压为 1 000 V。

只要制造商持有任何一个 NRTL 的测试与认证报告，那么产品即可进入市场。但美国的个别州有自己特殊的太阳能光伏激励计划，如加州、佛罗里达州等。

2.2.3 美国个别州的特殊光伏激励计划

2.2.3.1 加州能源委员会 CEC 认证——加州太阳能计划

加州能源委员会（CEC）认证，其认证规则为 CEC-300-2008-006《新建太阳能房屋伙伴指南》，CEC 认证对光伏组件的功率、电压、电流、辐照度以及正常工作环境温度等执行严格的测试。

以充沛的阳光让全球观光客趋之若鹜的加州是美国经济最发达、人口最多的州，其拥有丰富的可再生能源资源，对于可再生能源的使用历史可追溯到 20 世纪。19 世纪末 20 世纪初，南加州便开始有大量家庭利用"加州阳光"加热家庭的热水；为了进一步推动太阳能发电，2006 年加州政府推行《加州太阳能计划》（California Solar Initiative），宣布自 2007 年起至接下来的 10 年间，针对家用及商用并网太阳能发电系统，拨出超过 33 亿美元的安装补贴，并将目标设在 2016 年达到 3GW 的安装量。此项计划包括 3 个部分：加州公用事业委员会（California Public Utilities Commission，CPUC）监管的《加州太阳能计划》（CSI）、加州能源委员会（California Energy Commission，CEC）监管的《新建太阳能房屋伙伴计划》（New Solar Homes Partnership，NSHP）以及公营电力机构管理的补助计划。配合上述三项补贴计划的实施，CEC 依据《加州太阳能发电鼓励计划指南》（Guidelines for California's Solar Electric Incentive Programs），建立"太阳能电气设备合格名录"，规定只有被列入到该名录的光伏设备，申请者才能享有《太阳能鼓励计划》下的财政补贴。这个计划类似中国的家电惠民计划，家电制造商除了要符合必要的 3C 认证，还要单独申请惠民计划，通过一系列特殊的测试要求，才能获得惠民计划认证。

在太阳能设备合格名录中，主要包括四类设备：非聚光平板型太阳光电组件、其他太阳能发电技术、变流器、太阳能系统性能计量设备。

获得 CEC 列名认证的要求如下：

安全及可靠性评估——由具备美国国家认可测试实验室（NRTL）资格的认证机构，测试确认太阳光电组件是否符合 UL 1703 标准。

性能评估——由国际实验室认可组织（ILAC）所认可的实验室，依据 IEC 61215 或 IEC 61646（具体使用哪个标准，取决于结构类型）标准，进行表 3-9 所指定的测试，以评定光伏组件的性能，并针对表 3-10 所列的性能参数，提供相关的测试数据报告。表 3-10 中的参数可由制造商自行测量并提供，但需注意：制造商所测量的量产组件的最大功率（测量方法见 UL 1703 第 44.1 条）与自我声明的容许误差范围内的最低功率值（见 UL 1703 第 48.2 条），都不能低于提交给 CEC 报告中所列的最大功率值的 95%。

表 3-9　太阳光电组件需通过的 IEC 测试项目

标准章条	IEC 61215（晶矽型）	IEC 61646（薄膜型）
第 10.2 条	最大功率测试（MPD）	
第 10.4 条	温度系数测量（MTC）	
第 10.5 条	电池片标示的工作温度测量（NOCT）	
第 10.6 条	标准测试条件（STC）和 NOCT 条件下的电性能测量	
第 10.7 条	低辐照度下的电性能测量（PLI）	
第 10.18 条	—	光劣化测试（Light Soaking）

表 3-10　需要测试的光伏组件性能参数

参　数	符　号	单位	注
最大功率	P_{max}	W	1
最大功率下的电压	V_{pmax}	V	1
最大功率下的电流	I_{pmax}	A	1
开路电压	V_{oc}	V	1
短路电流	I_{sc}	A	1
电池标示工作温度	NOCT	℃	3
温度系数	β_{voc}（在 V_{oc} 时） β_{vpmax}（在 V_{pmax} 时） α_{Isc}（在 I_{sc} 时） α_{Ipmax}（在 I_{pmax} 时） γ_{pmax}（在 P_{max} 时）	%/℃	2
最大功率和最低辐照度下的电压	V_{low}	V	4
最大功率和最低辐照度下的电流	I_{low}	A	4
最大功率和电池标示工作温度下的电压	V_{NOCT}	V	5
最大功率和电池标示工作温度下的电流	I_{NOCT}	A	5

注 1：在标准测试条件下，依据 IEC 61215 第 5 章进行老化预处理或依据 IEC 61646 第 10.8 条进行光劣化测试后的测量值。

注 2：依据 IEC 61215 和 IEC 61646 第 10.4 条进行测试和计算。

注 3：依据 IEC 61215 和 IEC 61646 第 10.5.2 条进行测试。针对与建筑结合使用的光伏组件，需采用特定的方式安装测试样品。

注 4：在低辐照度条件下，依据 IEC 61215 和 IEC 61646 第 10.7 条进行测试。

注 5：在电池标示工作温度条件下，依据 IEC 61215 和 IEC 61646 第 10.8 条进行测试。

申请列名程序

产品完成上述的安全和性能测试及认证后,制造商便可连同 UL 1703 测试认证报告和 IEC 61215/IEC 61646 测试报告,将"太阳光伏组件列名申请表"邮寄到"太阳光伏组件列名程序"所指定的收件人。若产品符合 CEC 列名认证条件,则被列入"太阳光伏组件合格名录"。

2.2.3.2 佛罗里达太阳能中心——FSEC 认证

FSEC 是美国佛罗里达州太阳能中心(The Florida Solar Energy Center),该机构制定了太阳能设备的性能标准,在该州生产或销售的太阳能设备都必须符合 FSEC 标准。

在美国佛罗里达州法律第 377.705 节中规定佛罗里达太阳能中心 FSEC 负责制定佛罗里达州的太阳能设备标准,并对所有在佛罗里达州生产或销售的太阳能设备进行认证。在佛罗里达州法律要求下,FSEC 已建立了光伏组件和光伏系统的认证计划。该认证计划的目的是:

——为佛罗里达居民提供可靠、安全、优质的光伏系统;

——为消费者提供一种方法,能够了解到被认证的光伏系统的信息,包括安装商名称、地址、电话和佛罗里达承包商许可证号;

——利用准确的光伏组件性能参数,为佛罗里达的消费者/或机构提供他们想要的输出功率的认证光伏系统;

——提供光伏系统认证证书和检查表,列出需要符合的电气法规的各项要求。当地的建筑官员可利用证书和检查表作为依据来发放光伏系统的安装许可。为满足上述目的,FSEC 已建立了一套光伏组件和系统认证程序。

光伏组件认证程序

光伏组件认证程序包括两方面:安全和功率参数。在安全方面,FSEC 认证要求光伏组件必须经过 NRTL 实验室测试是安全的。而在光伏组件功率参数方面,FSCE 认证程序允许采用以下三种方式之一:

——FSEC 功率参数:由 FSEC 进行光伏组件功率参数的测试;

——基于另一个认可实验室测试的功率参数:由另一个认可实验室进行光伏功率参数的测试,但 FSEC 要对结果进行审核。对于审核合格的,由另一个认可实验室所测得的功率结果被转化成标准试验条件(如有必要),并由 FSEC 认证。对于这种认证方式,光伏组件必须按照 FSEC 201-05 和 FSEC 202-05 标准进行测试;

——基于 UL 1703 最低要求的功率参数(即铭牌功率的 90%):由某一 NRTL 实验室按照 UL 1703 测试的所有光伏组件,可以被这种功率参数认证所接受。

根据佛罗里达州法律,FSEC 负责设定测试、认证服务的收费标准。

2.3 日本光伏产品市场准入法规和标准

随着近年来市场饱和度上升、欧债危机导致的补贴下降甚至取消、美国"双反"政策等一系列负面因素的影响,中国光伏企业正在经历着前所未有的严峻考验,必须转变市场策略,寻找新的增长点。欧洲光伏产业协会 EPIA 前不久发布报告指出,今后五年全球光伏装机量将增长 200%~400%,亚洲及其他新兴市场将超越欧洲成为主导市场。这表明,中国光伏产业未来实现增长的重点将从欧美传统市场,转移至亚太等新兴区域。其中经历了福岛核电站重大事故的日本,由于已经进入"无核"状态,必将大力发展新能源作为战略性举措,以弥补巨大的用电缺口。日本政府推出了各种补贴政策,2012 年 FIT 费率将维持 2011 年的水平,即 42 日元/(kW·h),为期 10 年。自 2012 年 7 月起,商业系统所发电力将全额回购,FIT 费率定为 42 日元/(kW·h)(约合人民币 3.36 元/(kW·h))的价格,为期 20 年。这个 FIT 数值是光伏业内消费老大德国的 3 倍。从 2012 年 7 月 1 日起,日本政府开始用 42 日元/(kW·h),收购太阳能上网电力,预计系统投资报酬率约为 30%,远远高于意大利、德国等其他国家,这种高投资报酬率,让国内外太阳能业者开始争先开拓日本市场。

2.3.1　JET 认证

事实上,在日本并没有要求光伏产品必须要认证,但制造商却愿意参加认证,以便使光伏产品获得市场认可,且具有竞争力,目前日本市场上的光伏产品认证主要有 JET 认证(JET PVm 证书)。JET 是日本唯一的光伏组件第三方认证机构,依据 IEC 61215/IEC 61646 和 IEC 61730 标准测试。

JET PVm 认证是由日本电气安全环境研究所 JET(Japan Electrical Safety & Environment Technology Laboratories)颁发的证书,是对太阳能电池组件的性能、信赖性及安全性的确保认证。值得注意的是 JET 认证为自愿性认证。

JET 于 2003 年 4 月获得 JET PVm 认证资格,开始从事光伏组件的相关认证和产品检测。JET PVm 的认证对象是:在地上设置的光伏组件,获得证书的企业可以享受日本政府机构提供的补贴。颁发的证书,是对太阳能电池组件的性能、可靠性及安全的权威准入认证,凭该认证可享受日本相关政府机构提供的各项补贴。

JET 认证的目的是确保光伏组件的可靠性和安全性以推广光伏系统的运用,从而服务于用户。光伏产品样品在通过与 IEC 相协调的 JIS 标准测试以及质量管理体系的工厂审查后,才授予 JET 认证。

经过认证的产品的可信度将会得到提升。产品上的 JET PVm 认证标志证明该产品通过了第三方测试机构 JET 的一系列测试,符合相关国际标准。认证有效期为 5 年。注册后,工厂需每年接受定期工厂审查以确保认证在 5 年内有效。

如何申请认证——客户需填写 JET 申请表格。JET 在进一步确认表格内容以及测试所需的样品后接受申请。

性能及安全测试——递交的所有样品代表大批生产的产品接受符合性测试。对于已经通过 JET 认证的有类似规格的组件,JET 基于两者的不同只测试必要项目。

工厂审查——工厂审查由首次工厂审查(与符合性测试同时进行)和定期工厂审查组成。首次工厂审查是为了确保生产体系适宜继续生产。定期工厂审查是为了每年跟踪。

JET 认证标志见图 3-12。

JET 认证范围:

在地上设置的太阳光发电系统使用的非聚光形的地上用结晶系统、薄膜系统太阳能电池模块,最大系统电压在 45 V 以上。

JET 认证标准:

最初认证的标准有:

图 3-12　JET 认证标志图

IEC 61215（JIS C 8990）地面晶体硅光伏组件性能要求

IEC 61646（JIS C 8991）地面薄膜光伏组件性能要求

2006 年以后又增加了下述安全标准：

IEC 61730-1（ JIS C 8992-1）：PV 光伏组件安全符合性认证—第 1 部分：结构要求

IEC 61730-2（JIS C 8992 -2）：PV 光伏安全符合性认证—第 2 部分：测试要求

最近 JET 增加了一个新认证标准：

JIS Q 8901 地面光伏组件——可靠性保证体系的要求（设计、生产、产品保证期）

2.3.2 J-PEC 认证

日本太阳能光电协会（Japan Photovoltaic Energy Association：略称 J-PEA）是对太阳能光伏发电导入的支持和补助金政策制定机构，其新设部门——太阳能光电普及扩展中心（Japan Photovoltaic Expansion Center：略称 J-PEC），主要负责补助金申请、审核、支付等工作。简单地说，获得了 J-PEC 认证就有申请卖电补贴的资格。J-PEC 是 2009 年开始实施的光伏系统住宅安装补贴计划。光伏系统应符合可再生能源固定价格收购制度（FIT）的要求，并被注册为经批准的系统。在 10 kW 以下的住宅系统补贴项目（J-PEC）中，对光伏组件的要求均与对应的 IEC 标准一致，并且强制要求进行 UL 790 火焰燃烧测试；在 10 kW 以上的工业系统补贴项目中，光伏组件等部件除了需要满足相关要求（与 J-PEC 要求类似）外，组件的生产过程还必须满足相应的 JIS Q 8901 要求（有关认证要求见 www.j-pec.or.jp）。

2.4 我国光伏产品市场准入法规和标准

目前我国还没有光伏产品的强制性认证法规，但有自愿性认证。然而，我国正在不断加大对太阳能光伏产品的推广力度，太阳能光伏市场潜力巨大。2009 年 7 月，财政部、科技部、国家能源局联合印发了《关于实施金太阳示范工程的通知》，通知要求财政补助资金支持的项目"采用的光伏组件、控制器、逆变器、蓄电池等主要设备必须通过国家批准认证机构的认证"。

通过金太阳认证的光伏产品如晶体硅光伏组件、薄膜硅光伏组件、聚光型光伏产品、独立光伏系统、控制器、并网逆变器等主要部件都可加贴"金太阳认证标志"。

按照《关于实施金太阳示范工程的通知》规划，其实施阶段只有 2-3 年，而 2013 年开始已经停止新增审批。2013 年 8 月，国家发改委发布《关于发挥价格杠杆作用促进光伏产业健康发展的通知》，取代"金太阳示范工程"，我国采用"度电补贴"的方式促进光伏产业的发展。

金太阳认证标志见图 3-13。

图 3-13　金太阳认证标志图

光伏产品认证范围见表3-11：

表3-11 光伏产品认证范围

认证项目	认证实施规则	认证模式
024001 晶体硅光伏组件	CQC 33-471541—2009 地面用晶体硅光伏组件认证规则	
024002 薄膜光伏组件	CQC 33-471542—2009 地面用薄膜光伏组件认证规则	
024003 独立光伏系统	CQC 33-464141—2009 独立光伏系统认证规则	
024004 离网控制器、逆变器	CQC 33-461232—2009 控制器、逆变器控、控制逆变一体机认证规则	型式试验 ＋工厂检查 ＋工厂监督
024005 并网逆变器	CQC 33-461239—2010 光伏发电系统用逆变器/控制器认证规则	
024006 光伏系统用贮能电池	CQC 33-464142—2010 光伏发电系统用贮能电池认证规则	
024007 光伏组件用接线盒	CQC 33-462192—2010 光伏组件用接线盒认证规则	

金太阳认证适用的标准：

（1）光伏组件认证适用的标准：

GB/T 9535—1998 地面用晶体硅光伏组件 设计鉴定和定型

GB/T 18911—2002 地面用薄膜光伏组件 设计鉴定和定型

（2）并网逆变器认证适用的标准：

CNCA/CTS 0004—2009：400 V以下低压并网光伏发电专用逆变器技术要求和实验方法

GB/T 19939—2005：光伏系统并网技术要求

IEC 62109-1：2010：光伏发电系统逆变器安全要求

IEC 62116：2008：光伏并网系统用逆变器防孤岛测试方法

（3）离网控制器/逆变器/控制逆变一体机认证适用的标准：

GB/T 19064—2003 家用太阳能光伏电源系统技术条件和试验方法

（4）光伏发电系统用贮能电池认证适用的标准：

GB/T 22473—2008 储能用铅酸蓄电池

IEC 61427：2005 太阳能光伏能量系统用蓄电池和蓄电池组 一般要求和测试方法

3 光伏产品标准规范分析

3.1 光伏产品标准发展历史

光伏行业标准起源于1975年，主要由美国NASA的喷气推进实验室（JPL），欧盟委员会的联合研究中心（JRC）以及美国国家可再生能源实验室（NREL）推动。

JPL实验室启动了 Flat-Plate Solar Array 平板太阳能阵列（FSA）项目，陆续制定了 BlockⅠ～BlockⅤ系列规范，成为光伏行业中第一个针对地面用晶体硅光伏组件质量测试规范。BlockⅠ～ BlockⅤ中包括了以下的测试项目：热循环试验、湿度循环试验、循环压力载荷测试、扭曲测试、热斑测试、冰雹试验以及电绝缘性能测试。

1980年，欧洲JRC试验中心 CEC 201 规范文件，其中包括了冰雹试验、紫外暴露试验、风压试验、热循环试验、湿热循环试验和热降解试验。CEC 201 的主要突破为：提出了紫外暴露试验，此试验反映了太阳辐照对光伏组件的老化影响效应。

1981年，IEC/TC 82 太阳能光伏发电系统标准技术委员会成立，开始进行 IEC 光伏标准的制定工作。

1981年，JRC试验中心提出了 CEC 501 规范文件，与 CEC 201 有了很大的变化，增加了扭曲试验、湿冻试验以及臭氧、二氧化硫、盐雾等腐蚀气体试验。并且，提出了 NOCT（nominal operating cell temperature）的测试条件。NOCT 后来成为验证光伏组件性能的一个重要指标。此后，在 1984 年发布 CEC 502 当中，首次提出了户外试验。

到了1986年，美国 UL 公司发布针对光伏组件安全性标准 UL 1703，成为美国市场准入的基本标准之一。

1989年日本发布了本国的晶硅组件质量测试标准——JIS C8917，此标准经过逐步的发展和完善，成为日本国内最重要的太阳能光伏质量标准。

1993年 IEC 正式发布晶硅质量测试标准——IEC 61215，这成为第一份非政府正规质量测试标准，该标准基于在 1988 年发布的草案，其中许多测试方法来自 CEC 501～CEC 502 系列。在 1996 年，发布了针对薄膜组件的性能标准 IEC 61646，它基于 IEEE 1262 标准，但增加了光浸试验（light-soaks）。IEC 61215 与 IEC 61464 经过多年的反复完善，成为了 IEC 最核心的光伏性能标准，也是国际上光伏组件最重要的两个性能标准。

3.2 国内外光伏组件标准体系

现行国内外主要的光伏产品标准包括以下几个系列：

第一类是 IEC 标准，IEC 的光伏标准主要由 IEC/TC 82 太阳光伏能源系统（Solar photovoltaic energy systems）技术委员会负责制修订，有现行标准 64 个，是目前国际上使用最多最广泛的光伏标准系列。

第二类为 ASTM 标准，ASTM 下设的技术委员会 E44 太阳能、地热能和其他替代能源（Solar，Geothermal and Other Alternative Energy Sources），其中涉及太阳能光伏的现行标准 22 个，主要为性能试验方法的标准。

第三类为其他国际或国外标准，如 IEEE、ISO、美国 UL 及日本 JIS 标准。

第四类为我国的光伏标准，主要参照 IEC 标准系列，但由于起步较晚，现仅有标准 20 余项。

3.2.1 IEC 光伏组件标准体系

IEC/TC 82，是 IEC 体系中专门负责光伏标准的技术委员会，IEC/TC 82 的名称为太阳光伏能源系统（Solar photovoltaic energy systems），成立于 1981 年，秘书处设在美国。IEC/TC 82 的目的，是为光伏转换（太阳能转换为电能）系统以及其系统的各组成部分提供国际标准。

IEC 光伏标准的体系框架,是与 IEC/TC82 的标准工作组所对应的。IEC/TC82 包括以下 6 个工作组/联合工作组:

——WG1(总体术语工作组),其目的是为 IEC 光伏标准提供总体术语。WG1 目前只有一个标准:IEC TS 61836—2007《太阳光伏能源系统　术语、定义和符号》。

——WG2(非聚光式组件工作组),其目的是制修订非聚光式地面光伏组件(晶体组件与薄膜组件)的标准。WG2 有 20 个现行标准,为一般地区提供光电性能、环境试验、质量保证和质量评估。

——WG3(系统工作组),其目的是为光伏系统的设计与维护提供通用指南。WG3 有16 个现行标准,包括光伏系统参数、性能要求以及系统应用等方面。

——WG6(系统平衡元件工作组),其目的是为光伏系统的平衡元件提供国际标准。WG3 有 3 个现行标准,并有 4 项标准正在制定中,为一般地区提供性能、安全、环保适应性(可靠性)、质量保证和质量评估。

——WG7(聚光组件工作组),其目的是为光伏聚光器和接收器提供国际标准。WG7有 1 个现行标准 IEC 62108—2007《聚光器光伏(CPV)模块和组件 设计鉴定和定型》,并正在制定关于聚光器光伏性能测试、安全性能以及聚光跟踪规范等方面的标准。

——JWG1(IEC/TC 82/TC 88/TC 21/SC 21A 联合工作组),主要负责制修订分散式农村电气化(DRE)方面的标准。

另外,IEC/TC 82 与 TC 21 曾组成联合工作组 JWG(电池 Batteries),负责 IEC 61427—2005《光伏能源系统(PVES)用二次电池和蓄电池组——一般要求和试验方法》的制定,此标准现在由 IEC/TC 21 归口。

表 3-12 列出了 IEC 太阳能电池及光伏组件标准清单。

表 3-12　太阳能电池及光伏组件的国际标准

标准号	版本	发布日期	标准名称
IEC 60891	2.0	2009-12-14	晶体硅光伏器件测量特性 I‐V 的温度修正和辐照度修正的方法
IEC 60904-SER	1.0	2011-10-31	光电器件—系列标准
IEC 60904-1	2.0	2006-09-13	光电器件—第 1 部分:光电池电流-电压性能的测定
IEC 60904-2	2.0	2007-03-20	光电器件—第 2 部分:标准太阳能电池的要求
IEC 60904-3	2.0	2008-04-09	光电器件—第 3 部分:地面用光伏器件的测量原理及标准光谱辐照度资料
IEC 60904-4	1.0	2009-06-09	光电器件—第 4 部分:参考太阳能装置 建立校准溯源性的程序
IEC 60904-5	2.0	2011-02-17	光电器件—第 5 部分:用开路电压法确定光伏器件的等效电池温度(ECT)
IEC 60904-7	3.0	2008-11-26	光电器件—第 7 部分:光伏器件测量过程中引起的光谱失配误码差的计算

续表 3-12

标准号	版本	发布日期	标准名称
IEC 60904-8	2.0	1998-02-26	光电器件—第8部分:光伏器件光谱回应的测量
IEC 60904-9	2.0	2007-10-16	光电器件—第9部分:太阳能模拟器性能要求
IEC 60904-10	2.0	2009-12-17	光电器件—第10部分:线性测量方法
IEC 61194	1.0	1992-12-15	独立光伏系统的特性参数
IEC 61215	2.0	2005-04-27	地面用晶体硅光伏组件设计鉴定和定型
IEC 61345	1.0	1998-02-26	光伏组件的紫外试验
IEC 61646	2.0	2008-05-14	地面用薄膜光伏组件设计鉴定和定型
IEC 61683	1.0	1999-11-25	光伏系统功率调节器效率测量程序
IEC 61701	2.0	2011-12-15	光伏组件的盐雾腐蚀试验
IEC 61702	1.0	1995-03-22	直接耦合的光伏水泵系统的额定值
IEC 61724	1.0	1998-04-15	光电系统性能监测—测量、数据交换和分析指南
IEC 61725	1.0	1997-05-30	太阳辐照在一天中分布的分析表达式
IEC 61727	2.0	2004-12-14	光伏系统电网接口的特性
IEC 61730-1	1.2	2013-03-14	光伏系统安全鉴定—第1部分:结构要求
IEC 61730-2	1.1	2012-11-23	光伏系统安全鉴定—第2部分:测试要求
IEC 61829	1.0	1995-03-31	晶体硅光电矩阵 I-V 特性的现场测量
IEC/TS 61836	2.0	2007-12-13	太阳光伏能量系统术语定义和符号
IEC 61853-1	1.0	2011-01-26	光伏模块性能测试和能量等级—第1部分:辐照度和温度性能测量以及额定功率
IEC 62093	1.0	2005-03-29	光电系统的系统平衡元件设计鉴定自然环境
IEC 62108	1.0	2007-12-07	太阳能聚光器(CPV)模块和组件设计资格和类型
IEC 62109-1	1.0	2010-04-28	光伏电力系统用电力变流器的安全—第1部分:一般要求
IEC 62109-2	1.0	2011-06-23	光伏电力系统用电力变流器的安全—第2部分:逆变器的特殊要求
IEC 62116	1.0	2008-09-24	并网连接式光伏逆变器孤岛防护措施测试方法
IEC 62124	1.0	2004-10-06	台式独立光电系统—设计检定
IEC 62253	1.0	2011-07-05	光伏泵系统—设计鉴定和性能测量
IEC/TS 62257-1	2.0	2013-10-14	农村用电气化用小型、可再生能源和混合系统的推荐规范—第1部分:IEC 62257系列及农村用电气化的简介
IEC/TS 62257-7	1.0	2008-04-09	农村用电气化用小型、可再生能源和混合系统的推荐规范—第7部分:发电机

续表 3-12

标准号	版本	发布日期	标准名称
IEC/TS 62257-7-1	2.0	2010-09-29	农村用电气化用小型、可再生能源和混合系统的推荐规范—第 7-1 部分:光伏发电机
IEC/TS 62257-7-3	1.0	2008-04-09	农村用电气化用小型、可再生能源和混合系统的推荐规范—第 7-3 部分:发电装置、农村电气化系统用发电装置的选择
IEC/TS 62257-8-1	1.0	2007-06-21	农村用电气化用小型、可再生能源和混合系统的推荐规范—第 8-1 部分:独立式电气化系统的电池和电池管理系统的选择—适用于发展中国家的汽车冷却铅酸电池的特定案例
IEC 62446	1.0	2009-05-13	网格连接光伏系统、系统文件、试运行测试和检查的最低要求
IEC 62509	1.0	2010-12-16	光伏系统用蓄电池充电控制器—性能和功能
IEC/TS 62548	1.0	2013-07-26	光伏矩阵—设计要求
IEC 62670-1	1.0	2013-09-25	光伏聚光器—性能测试—第 1 部分:标准条件
IEC 62716	1.0	2013-06-27	光伏组件—氨腐蚀测试
IEC/TS 62727	1.0	2012-05-30	光伏系统—太阳能跟踪器规范

3.2.1.1　IEC 光伏组件标准

IEC 光伏组件的标准,主要可分为以下四类:光伏组件安全要求、光伏组件性能要求标准、光伏组件环境试验方法标准、光伏组件特性规定以及特性参数的测量方法。

(1)第一类是光伏组件安全要求系列,包括两个标准:

——IEC 61730-1《光伏组件安全要求　第 1 部分:结构要求》

——IEC 61730-2《光伏组件安全要求　第 2 部分:试验要求》

IEC 61730 系列描述了太阳能电池基本的结构要求,从而保证太阳能电池在其使用期内,在电工和机械方面工作时的安全性。标准中有明确的主题来评定由于机械和环境的作用而导致的电击、火灾、人身伤害的阻止措施。IEC 61730-1 针对结构的特殊要求,IEC 61730-2 则概述了试验要求。

IEC 61730 给各种应用种类的太阳能电池规定一个基本的要求,但它不可能包含所有国家或地域性的构造规则。例如不含有海上和交通工具上应用的太阳能电池要求。同样,IEC 61730 标准也不适用于交流太阳能电池。

IEC 61730 是保证太阳能电池基础结构的一个基本指导。这些要求用于减小误用或者错误使用组件或者使得内部构件的损坏(从而可能导致火灾、电击、人身伤害等相关安全危害)。该系列标准说明了安全结构的基本要求以及那些与太阳能电池最终使用的相关试验。

IEC 61730 标准针对光伏组件不同的安全等级开展不同要求的试验,采用 IEC 61140 的安全分级,见表 3-13。

表 3-13　IEC 61140 定义安全等级与光伏组件的对应选择

等级	等级描述	对应的光伏组件
A	公众可接近的、危险电压、危险功率条件下应用	通过本等级鉴定的太阳能电池是属于公众可能接触的、大于直流 50 V 或 240 W 以上的系统。通过 IEC 61730-1 和应用等级 A 评估的组件,满足安全等级 Ⅱ 要求
B	限制靠近、具有危险电压、危险功率条件下应用	通过本等级鉴定的太阳能电池可用于以围栏、特定区划或其他措施限制公众接近的系统。通过本应用等级鉴定的太阳能电池只提供了基本的绝缘保护,满足安全等级 0 的要求
C	限定电压、限定功率条件下应用	通过本等级鉴定的太阳能电池只能用于公众有可能接触的、低于直流 50 V 和 240 W 的系统。通过 IEC 61730-1 和等级 C 鉴定的组件,满足安全等级 Ⅲ 的要求

　　IEC 61730 采用分组的试验程序,每个组件都安排在不同的安全测试以及组件性能测试中,不同试验有其先后顺序,每个组件也必须按照其试验流程进行。而其中的具体试验方法,IEC 61730-2 中一般没有详细的叙述,而是引用 UL 1703、IEC 61215 与 IEC 61646 等的试验方法。

　　IEC 61730-1 标准适用于太阳光电(PV)模块的基本构造要求,以便在预期的寿命中提供安全电气与机械操作。评估由机械与环境应力所产生的电击、失火与个人伤害的预防。尝试定义太阳光电模块各种应用等级的基本要求,但并不包含所有国家或地区的建筑法规,不涵盖船舶与汽车应用的特定要求。本标准不适用于具有整合的交流变流器的模块(交流模块)。本标准所述的测试顺序可能无法测试 PV 模块在所有可能应用上的所有可能安全事项。本标准已使用现有的最佳测试顺序。有一些问题,如在高压系统内由于破损模块所产生电击的潜在危险,应在系统设计、位置、接近的限制与维护程序上加以注意。测试的种类包括:一般检查、电击危险、火灾危险、机械应力与环境应力。

　　IEC 61730-2 标准规定了太阳能电池的试验要求,尽可能详细说明太阳能电池在不同应用等级的基本要求,以使其在预期使用期限内提供安全的电气和机械运转要求,并且针对由机械或外界环境影响所造成的电击、火灾和人身伤害的保护措施进行评估。IEC 61730-1 所提供的是结构要求,而 IEC 61730-2 的部分则是说明试验要求。

　　IEC 61730 不适用的太阳能电池类型:海上用太阳能电池、交通工具太阳能电池、交流型太阳能电池。

　　IEC 61730-2 试验类型(共 6 类):预处理试验、基本检查、电压危害试验、火灾试验、机械压力试验、结构试验。

　　预处理试验:热循环、湿冷冻试验、湿热试验、紫外线试验

　　基本检查:外观检查

　　电压危害试验:接近性测试、剪切试验、接地连续性试验、脉冲电压试验、绝缘耐压试验、湿漏电流试验、引出端强度试验。该试验的目的是使操作人员避免由于接触组件由于设计、结构或环境操作引起的错误而带电的部分引起的电击和人身伤害。

　　注:电压危害试验的通过与失败标准不同于依据 IEC 61215 和 IEC 61646。

火灾试验:温度试验、热斑试验、防火试验、旁路二极管热试验、反向过电流试验。说明:该试验用于评估组件由于操作或结构引起的潜在的火灾危险。

　　机械压力试验:组件破损量试验、机械负荷测试。该试验目的是使机械故障引起组件伤害降到最低。

　　结构试验:局部放电试验、导线管弯曲试验、接线盒敲打试验。本测试目的就是评估太阳能电池模块在抵抗风、雪、冰或静态负荷下的承受能力。

　　根据光伏组件的应用等级而开展的试验项目见表 3-14 所示。

表 3-14　IEC 61730 的试验要求

章节	试验	A	B	C	■必做　□不做　■无规定	执行标准	参考标准
4.2	预处理试验	■	■	■	MST 51 热循环		IEC 61215, IEC 61646
		■	■	■	MST 52 湿冻		
		■	■	■	MST 53 湿热		
		■	■	■	MST 54 紫外预处理		
4.3	总体检查	■	■	■	MST 01 目视检查		IEC 61215, IEC 61646
4.4	电冲击危害试验	■	■	■	MST 11 无障碍试验	ANSI/UL 1703	
		■	■	■	MST 12 剪切试验(玻璃表面不要求)	ANSI/UL 1703	
		■	■	■	MST 13 接地连续性试验(金属边框要求)	ANSI/UL 1703	
		■	■	■	MST 14 脉冲电压试验	IEC 60664-1	
		■	■	■	MST 16 绝缘耐压试验		IEC 61215, IEC 61646
		■	■	■	MST 17 泄漏电流试验		
		■	■	■	MST 42 引出端强度试验		
4.5	火灾危险试验	■	■	■	MST 21 温度试验	ANSI/UL 1703	
		■	■	■	MST 22 热斑试验		IEC 61215, IEC 61646
		■	□	□	MST 23 着火试验	ANSI/UL 790	
		■	■	■	MST 24 旁路二极管热试验		IEC 61215
		■	■	■	MST 26 反向过流试验	ANSI/UL 1703	
4.6	机械力学试验	■	■	■	MST 32 组件破坏试验	ANSI Z97.1	
		■	■	■	MST 34 机械载荷试验		IEC 61215, IEC 61646

续表 3-14

章节	试验	A	B	C	■必做　□不做　▨无规定	执行标准	参考标准
4.7	组件测试				MST 15 局部放电试验	IEC 60664-1	
					MST 33 导管弯曲试验	ANSI/UL 514C	
					MST 44 接线盒敲落试验	ANSI/UL 514C	
8	试验				组件应分成两组，按标准中的图1程序进行测试		
9	合格判据				每个样品皆通过试验，则认为组件通过安全测试，否则组件不满足安全测试		

（2）第二类是光伏组件的设计鉴定和定型标准，也就是性能标准，主要根据组件的材料来区分，有以下 3 个标准：

——IEC 61215　地面用晶体硅光伏组件　设计鉴定和定型

——IEC 61646　地面用薄膜光伏组件　设计鉴定和定型

——IEC 61208　聚光器光伏（CPV）模块和组件　设计鉴定和定型

其中，除了 IEC 61208，由于 CPV 组件不太常用，故关注度不高，IEC 61215 与 IEC 61464 都是国际上最常用的光伏组件性能标准。而日本标准 JISC 8917 或我国国标 GB/T 9535 都是从这两个 IEC 标准衍生出来的。

与 IEC 61730 考虑的着重点不一样，IEC 61215 与 IEC 61464 关注光伏组件在实际的户外长期使用时的性能情况。由于组件的使用寿命一般至少是 20 年～30 年，所以相关的可靠性试验，是用来验证组件在 20 年后的老化情形。IEC 61215 试验程序的目的是，在尽可能合理的经费和时间内确定组件的电性能和热性能，表明组件能够在规定的气候条件下长期使用。通过此试验的组件的实际使用寿命期望值将取决于组件的设计以及它们使用的环境和条件。

目前在 IEC 61215 的光伏组件试验项目中，除了目视检查以及最开始进行的紫外预处理程序，总共有 16 项测试项目。大体分为 3 类：环境试验、电性能测试与机械性能测试。其中属于环境试验的包括户外暴露试验、紫外试验、热循环试验、湿冻试验和湿热试验（共 5 项）；属于电性能测试的项目，包括最大功率测量、绝缘电阻测试、泄漏电流试验、温度系数测定、NOCT 及其工作下的性能测试、低辐照下性能测试、旁路二极管耐热测试、热斑试验（共 8 项）。而机械性能的试验包括引出端强度试验、机械加载试验和冰雹试验（共 3 项）。其中涉及的试验方法标准主要有 IEC 60904 和 IEC 60891。

IEC 61646 组件的测试项目与试验顺序与 IEC 61215 基本类似，主要区别在于减少了紫外预处理试验，而增加了光老炼（light soaking）试验。

（3）第三类为环境试验方法标准，目前主要有两个：

——IEC 61345　光伏组件紫外试验

——IEC 61701　光伏组件盐雾腐蚀试验

虽然在 IEC 61215 和 IEC 61646 中也有对紫外试验的方法规定（经过多次修订后，紫外试验方法的要求逐渐详细),而 IEC 61345 作为专门的光伏组件紫外试验标准,除了含有分别针对晶硅组件、薄膜组件的紫外试验的试验序列以外,还对试验光源设备提供了建议。

而 IEC 61701 则针对受盐雾影响的不同等级,给出了组件的不同试验条件要求。这与 IEC 60068-2-52《环境试验—第 2 部分:试验方法:试验 Kb:盐雾 交变(氯化钠溶液)》中的规定是一致的。

(4)第四类是针对光伏组件特性的规定以及特性参数的测量方法。主要有 IEC 60891、IEC 61829 以及 IEC 60904 和 IEC 61853 两个系列。

IEC 60891 与 IEC 61829 均是针对光伏组件最重要的特性,即 Ⅳ 特性,IEC 60891 是对进行 Ⅳ 特性测量时温度与辐照度的校准方法,而 IEC 61829 则是针对晶硅光伏阵列的 Ⅳ 特性测量方法。

IEC 60904 是针对光伏器件的参数要求或者测量要求,目前有 9 个现行标准(IEC 60904-6 修订后合并到 IEC 60904-2:2007 中),涵盖测量方法与设备的要求,这些标准清单见表 3-15。

表 3-15 IEC 60904 系列标准

标准号	标准名称
IEC 60904-1	光伏器件—第 1 部分:光伏电流—电压特性的测量
IEC 60904-2	光伏器件—第 2 部分:标准太阳电池的要求
IEC 60904-3	光伏器件—第 3 部分:地面用光伏器件的测量原理及标准光谱辐照度数据
IEC 60904-4	光电器件—第 4 部分:参考太阳能装置 建立校准溯源性的程序
IEC 60904-5	光伏器件—第 5 部分:用开路电压法确定光伏(PV)器件的等效电池温度(ECT)
IEC 60904-7	光伏器件—第 7 部分:光伏器件测量过程中引起的光谱失配误差的计算
IEC 60904-8	光伏器件—第 8 部分:光伏器件光谱响应的测量
IEC 60904-9	光电器件—第 9 部分:太阳模拟器的性能要求
IEC 60904-10	光伏器件—第 10 部分:线性测量方法

IEC 61853 系列是光伏组件的性能测试和节能评价的标准系列,目前已发布的仅有 IEC 61853-1 标准,针对光强和温度性能测量和额定功率来评估光伏组件的性能。IEC 61853-2 则已经在制定中,是针对组件的光谱响应、入射角和工作温度的测量。

3.2.1.2 IEC 光伏系统标准

IEC 的光伏系统标准主要有 4 类。

第一类为系统总体的标准,有两个标准:

——IEC 61277 地面用光伏(PV)发电系统—概述和指南

——IEC 62124 独立光伏系统—设计检验

其中 IEC 62124 标准规定了适用于独立光伏发电系统的技术规格、测试方法和程序。这些系统包含一个或多个组件、支撑结构、蓄电池、充电控制器和典型直流负载。

第二类为系统特性参数测量的标准。其中 IEC 61194《独立光伏系统的特性参数》为总体规定,另外还有 IEC 61683 与 IEC 61724,分别规定电功率调节器的测量方法,以及测量、数据转换和分析导则。

第三类为系统应用的要求,主要规定光伏系统在具体应用中的要求,包括耦合光伏水泵系统、光伏系统并网接口要求、技术要求以及运行测试要求。

第四类为系统平衡元件的相关标准,包括电源转换器、逆变器、电池充电器、电池和蓄电池组等系统平衡元件的要求和测试方法。

3.2.1.3　IEC光伏农村电气化标准

IEC的光伏农村电气化标准规范,主要包括IEC/PAS 62111以及IEC/TS 62257系列。

其中,IEC/PAS 62111是农村电气化可再生能源的使用规范,描述了农村电气化系统的功能规格、各组成部分的设计、实施。

IEC/TS 62257系列为农村电气化用小型可更新的能源和混合系统的推荐规范,有17个现行标准,包括概述、用户要求、项目发展、系统设计、保护措施、运行与验收规范、发电机、微系统与微电网、集成系统、PV照明系统等。由于农村电气化的应用推广不断扩大,此系列标准仍在不断的扩充和完善中。

3.2.2　ASTM光伏组件标准体系

在ASTM标准中涉及太阳能光伏的现行标准有22个,主要为性能试验方法的标准,包括环境试验(循环温湿模拟、海水环境模拟)、机械性能试验(冰球试验)、电性能试验(光谱响应、绝缘特性、接地连续性)等,见表3-16。

表3-16　ASTM光伏标准

序号	标准号	标准名称
1	ASTM E927—2010	日光模拟地面光伏测试的规范
2	ASTM E948—2009	模拟日光下,使用比对电池的光伏电池电性能的测试方法
3	ASTM E973—2010	光伏器件和光伏比对电池光谱失配参数测定方法
4	ASTM E1021—2012	光伏电池光谱响应的测量方法
5	ASTM E1036—2008	利用比对电池测定非聚光地面光伏电池模拟器电特性的方法
6	ASTM E1038—2010	通过撞击推动冰球法测定光电池组件抗冰雹能力的试验方法
7	ASTM E1040—2010	非聚光地面光伏比对电池的物理性能规范
8	ASTM E1125—2010	用光谱图表校准初级非聚光地面光伏比对电池的试验方法
9	ASTM E1143—2010	根据试验参数测定光电器件参数线性度的试验方法
10	ASTM E1171—2009	循环温度和湿度环境中光伏组件的试验方法
11	ASTM E1362—2010	非聚光光伏二次基准比对电池校准试验方法
12	ASTM E1462—2012	光伏组件绝缘完整性和接地路径连续性的试验方法
13	ASTM E1597—2010	海洋环境用光伏电池模拟器盐水浸没压力和温度测试方法
14	ASTM E1799—2008	光伏组件目视检验的规程
15	ASTM E1802—2007	光伏组件潮湿绝缘完整性测试的试验方法
16	ASTM E1830—2009	确定光伏组件机械完整性的试验方法
17	ASTM E2047—2010	光伏电池阵列绝缘完整性试验方法

续表 3-16

序号	标准号	标准名称
18	ASTM E2236—2010	测量非聚光非接点光伏电池盒模块的电性能和频谱响应的试验方法
19	ASTM E2481—2008	光伏组件过热保护测试的试验方法
20	ASTM E2527—2009	自然光下地面聚光光伏模块和系统的电性能测试方法
21	ASTM E2685—2009	用于光伏组件表面切削试验的钢片规范
22	ASTM E2848—2011	光伏非聚光系统性能的试验方法

3.2.3　其他国际或国外标准体系

除了以上 IEC 光伏标准和 ASTM 标准体系以外，现行的还有 IEEE 的标准或推荐规范，如 IEEE STD 1513《聚光光伏组件认证推荐测试》、IEEE STD 929《光伏系统并网推荐规程》以及 IEEE STD 1547《分布式电源接入电力系统标准》系列。而在 ISO 标准方面，ISO 9845-1 用于规定太阳光的参数，也经常用于光伏系统的检测中。

美国 UL 也制定了多项光伏相关的标准，主要包括：

——UL 1703：平板光伏组件和板块，主要着重于太阳能电池的性能测试、安全测试和长期可靠度测试三大验证区块，其中含有 23 项测试项目。

——UL1741 太阳能发电系统用逆变器、电源转换器及连接设备至供电系统安全认证标准

——UL4703 太阳能光伏用电线

此外，日本工业标准协会 JIS 颁布了 26 余项标准，来规范太阳能电池及光伏组件的生产和使用，日本的太阳能电池及光伏组件标准清单见表 3-17。

表 3-17　日本的太阳能电池及光伏组件的标准

序号	标准号	标准名称
1	JIS C 8910:2001	原基准太阳能电池
2	JIS C 8911:1998	二次标准晶体太阳能电池
3	JIS C 8913:1998	晶体太阳能电池输出功率测定方法
4	JIS C 8914:1998	晶体太阳能光伏模件输出功率测定方法
5	JIS C 8915:1998	晶体太阳能电池和模件的光谱响应测定方法
6	JIS C 8916:1998	晶体太阳能电池和模件输出电压和输出电流温度系数的测定方法
7	JIS C 8917:1998	晶体太阳能光伏模件的环境和耐久性测试方法
8	JIS C 8918:1998	晶体太阳能光伏模件
9	JIS C 8919:1998	晶体太阳能电池及模件输出功率的室外测试方法
10	JIS C 8931:1995	二级标准非晶体太阳能电池
11	JIS C 8932:1995	二级标准非晶体太阳能电池组件
12	JIS C 8934:1995	非晶体太阳能电池输出功率测定方法
13	JIS C 8935:1995	非晶体太阳能模件输出功率测定方法

续表 3-17

序号	标准号	标准名称
14	JIS C 8936:1995	非晶体太阳能电池和模件的光谱响应测定方法
15	JIS C 8937:1995	非晶体太阳能电池和模件的输出功率和输出电流的温差系数的测定方法
16	JIS C 8938:1995	非晶体太阳能电池模件环境和耐久性测试方法
17	JIS C 8939:1995	非晶体太阳能光伏模件
18	JIS C 8940:1995	非晶体太阳能电池和模件的输出功率的室外测定方法
19	JIS C 8951:1996	太阳能模组通则
20	JIS C 8953:2006	晶体硅光电矩阵 I-V 特性的现场测量
21	JIS C 8960:2004	光电发电术语

3.2.4 我国光伏标准体系

我国的光伏国家标准由 SAC/TC 90 全国太阳光伏能源系统标委会归口,该标委会负责全国太阳光伏能源系统等专业领域标准化工作。

截至 2013 年 4 月,国内发布现行的光伏标准共计 95 项,在研的标准项目共计 117 项,其中国家标准 86 项,行业标准 31 项。按照光伏产业链来划分,光伏标准大致可以分为基础通用标准、光伏制造设备标准、光伏材料标准、光伏电池和组件标准、光伏部件标准、光伏系统标准和光伏应用标准七大类。

我国现行光伏标准以电池和组件标准以及光伏应用标准为主。在研标准中,光伏材料标准项目所占比例最大。在现行光伏标准中,光伏设备标准、光伏材料标准、光伏部件标准和光伏应用标准以自主制定为主,电池和组件标准以及光伏系统标准以转化 IEC 标准为主。主要的光伏电池和组件标准见表 3-18。

表 3-18 我国现行的光伏电池和组件标准清单

序号	标准号	标准名称	采标情况
1	GB/T 2296—2001	太阳电池型号命名方法	
2	GB/T 2297—1989	太阳光伏能源系统术语	
3	GB/T 6492—1986	航天用标准太阳电池	
4	GB/T 6494—1986	航天用太阳电池电性能测试方法	
5	GB/T 6495.1—1996	光伏器件 第 1 部分:光伏电流—电压特性的测量	IEC 60904-1:1987
6	GB/T 6495.2—1996	光伏器件 第 2 部分:标准太阳电池的要求	IEC 60904-2:1989
7	GB/T 6495.3—1996	光伏器件 第 3 部分:地面用光伏器件的测量原理及标准光谱辐照度数据	IEC 60904-3:1989
8	GB/T 6495.4—1996	晶体硅光伏器件的 I-V 实测特性的温度和辐照度修正方法	IEC 60891:1987
9	GB/T 6495.5—1997	光伏器件 第 5 部分:用开路电压法确定光伏(PV)器件的等效电池温度(ECT)	IEC 60904-5:1993

续表 3-18

序号	标准号	标准名称	采标情况
10	GB/T 6495.7—2006	光伏器件 第 7 部分:光伏器件测量过程中引起的光谱失配误差的计算	IEC 60904-7:1998
11	GB/T 6495.8—2002	光伏器件 第 8 部分:光伏器件光谱响应的测量	IEC 60904-8:1998
12	GB/T 6495.9—2006	光伏器件 第 9 部分:太阳模拟器性能要求	IEC 60904-9:1995
13	GB/T 29195—2012	地面用晶体硅太阳电池总规范	
14	GB/T 29595—2013	地面用光伏组件密封材料 硅橡胶密封剂	
15	GB/T 6496—1986	航天用太阳电池标定的一般规定	
16	GB/T 6497—1986	地面用太阳电池标定的一般规定	
17	GB/T 9535—1998	地面用晶体硅光伏组件 设计鉴定和定型	IEC 61215:1993
18	GB/T 11010—1989	光谱标准太阳电池	
19	GB/T 11011—1989	非晶硅太阳电池电性能测试的一般规定	
20	GB/T 18210—2000	晶体硅光伏(PV)方阵 I-V 特性的现场测量	IEC 61829:1995
21	GB/T 18479—2001	地面用光伏(PV)发电系统 概述和导则	IEC 61277:1995
22	GB/T 18911—2002	地面用薄膜光伏组件 设计鉴定和定型	IEC 61646:1996
23	GB/T 18912—2002	光伏组件盐雾腐蚀试验	IEC 61701:1995
24	GB/T 19064—2003	家用太阳能光伏电源系统技术条件和试验方法	
25	GB/T 19393—2003	直接耦合光伏(PV)扬水系统的评估	IEC 61702:1995
26	GB/T 19394—2003	光伏(PV)组件紫外试验	IEC 61345:1998
27	GB/T 19939—2005	光伏系统并网技术要求	
28	GB/T 20046—2006	光伏(PV)系统电网接口特性	IEC 61727:2004
29	GB/T 20047.1—2006	光伏(PV)组件安全鉴定 第 1 部分:结构要求	IEC 61730-1:2004
30	GB/T 20513—2006	光伏系统性能监测 测量、数据交换和分析导则	IEC 61724:1998
31	GB/T 20514—2006	光伏系统功率调节器效率测量程序	IEC 61683:1999
32	GB/T 28866—2012	独立光伏(PV)系统的特性参数	IEC 61194:1992
33	GB/T 29196—2012	独立光伏系统 技术规范	
34	GB/T 29319—2012	光伏发电系统接入配电网技术规定	
35	GB/T 29320—2012	光伏电站太阳跟踪系统技术要求	
36	GB/T 29321—2012	光伏发电站无功补偿技术规范	
37	GB/T 30152—2013	光伏发电系统接入配电网检测规程	
38	GB/T 30153—2013	光伏发电站太阳能资源实时监测技术要求	

从表 3-16 可见,我国的光伏标准基本上采用 IEC 标准的体系和架构,主要来源为等同采用、修改采用 IEC 相应标准(共 20 项)。在此基础上我国特有的标准(10 项),如命名方法、航天相关的太阳能电池标准。

而与 IEC 现有的光伏标准相比,我国国标的数目相对较少,还有 30 多项 IEC 标准未被采用为国家标准。另一方面,我国国家标准更新的时间周期也较长,在 IEC 已有新版标准发布数年后,仍未有正式完成采用新版 IEC 标准的对应国家标准的更新。例如 GB/T 9535、GB/T 18911 与 GB/T 19394 此三项光伏组件的性能测试及试验方法标准,IEC 对应标准已分别于 2005 年和 2008 年更新了版本,而我国则仍未正式发布新的对应标准。

3.3 典型光伏产品标准解读——UL 1703 标准分析

UL 1703《平板光伏组件和板块》,是美国 UL 实验室于 1986 年制定的针对平板型太阳能电池面板与太阳能电池模块的安全标准。有别于 IEC 61215(针对太阳能电池模块的电与热性能进行测试),UL 1703 则是以更严格的角度去考核,主要着重于太阳能电池的性能测试、安全测试和长期可靠性测试三大验证区块,其中含有 23 项测试项目,以确认这些材料能长期承受户外恶劣的使用环境,降低灾害发生的机率。所以 UL 1703 比 IEC 61215 有更为严苛的安全性要求。

UL 1703 的试验项目根据测试的类型可以分为以下 5 类,见表 3-19。

表 3-19　UL 1703 的试验项目

类型	试验项目	章节	对应的 IEC 标准
环境试验	加速老化试验(密封材料)	34	
	温度循环试验	35	IEC 61215
	湿冻试验	36	IEC 61215
	气体腐蚀试验	37	IEC 61701(仅盐雾)
电性能试验	组件温度测量		
	湿绝缘电阻试验	27	IEC 61215 为泄漏电流测试
	电压电流测量	20	IEC 61215(测量 STC 和 NOCT 下的性能)
	漏电流试验	21	
	接合电阻测量	25	
	热斑耐压试验	39	IEC 61215
机械试验	拉伸试验	22	
	推压试验	23	
	切割试验	24	
	接线端扭矩测试	29	
	碰撞试验	30	IEC 61215 为冰雹试验
	机械载荷试验	41	IEC 61215
	布线稳定性试验	42	IEC 61215 为接线端子稳定性

续表 3-19

类型	试验项目	章节	对应的 IEC 标准
安全测试	绝缘耐压测试	26	
	反向电流过载测试	28	
	防火测试	31	
	喷水试验	33	
	电弧试验	40	
诊断测量	金属涂层厚度试验	38	

综上 UL 1703 的测试当中,有不少专门针对光伏材料的试验或测试,这在 IEC 61215 以及 IEC 61646 当中都是没有考虑到的,故相比较而言,UL 1703 更着重于组件及材料的安全性能。而 IEC 61215 中则有更多的环境试验(例如湿热试验、紫外试验),以及组件在工作时的电特性测试(如低辐照下的性能、最大功率测量等),其考虑的着重点在于经过一系列测试后,组件的性能指标能否达到要求。

而同样就环境试验标准而言,试验参数也有不一样的地方。UL 1703 的温度循环试验,低温/高温条件分别为－40 ℃/90 ℃,与 IEC 61215 的低温/高温:－40 ℃/85 ℃相比,高温条件更加严酷。但是 UL 1703 则只是在开路情况下进行 200 周期的温度循环,而 IEC 61215则是在电阻加载下进行。

除此以外,UL 1703 的整个试验序列的进行与 IEC 61215 和 IEC 61646 的序列也有较大的区别:UL 1703 单个序列的组件,一般只进行一种环境试验,而 IEC 61215 和 IEC 61646则有环境试验的顺序组合。可见,UL 1703 的试验序列的思想更加注重于组件能否经受严酷的环境条件;而 IEC 61215 和 IEC 61646 的目的则在于如何重现组件的失效情况。

第四篇

战略新兴产业之——
风电产业产品法规和标准

随着煤炭、石油、天然气等能源的不断消耗,开发和利用可再生能源已经成为世界各国保障能源安全、加强环境保护、应对气候变化的重要措施。风能作为一种清洁的可再生能源,越来越受到世界各国的重视。全球的风能约为 2.74×10^9 MW,其中可利用的风能为 2×10^7 MW,比地球上可开发利用的水能总量还要大 10 倍。

风力发电是当前人们利用风能的主要形式。在各类新能源中,风力发电具有技术相对成熟、开发规模较大、成本相对较低的特点,深受世界各国的关注。风力发电机是利用风力带动叶片旋转,风能转化为机械能,通过发电机把机械能转化为电能的装置。

近年来,全球风电机组装机容量不断增加,很多国家都针对本国国情发布了风电产业的发展战略、政策法规和标准规范,促进风电产业的快速发展。各国(地区)的发展战略、政策法规和标准规范不尽相同。本文针对各国风电产业的发展战略、政策法规和标准规范进行分析综述,希望给风电行业从风电机组的设计、制造、工艺,到认证、运行和维护提供一定的参考。

1 风电产业发展战略与规则

1.1 各国发展风电产业规划

1.1.1 美国风电发展规划

美国能源部计划到 2020 年海上风电容量将至 1 000 万 kW,2030 年达到 5 400 万 kW,而海上风能的有效利用将有助于实现奥巴马提出的到 2035 年全国 80% 的电力来自可再生能源的目标。

美国为发展风电产业制定了一系列政策和措施:电力收购法规保障,强制市场准入机制,经济鼓励激励政策,包括投资补贴、价格补贴和税收优惠政策。

1.1.2 德国风电发展规划

德国的可再生能源激励政策主要是以高额补贴为特征。近年来德国政府用于风力发电的财政支持累计达 20 亿美元,几乎每台风机都得到了补助,平均每台风力发电机补助金额达 4.6 万欧元/400 kW。经济部下属的德国政策银行可以为销售额低于 2.6 亿欧元的中小风电场提供高达总投资额 80% 的融资。另外,德国政府对风力发电有额外补贴。一是资本补贴,按风机容量的大小和叶轮面积给予补贴;二是产出补贴,根据德国电力法的规定,电力公司必须购买风电场发出的电,并且以所有用户的平均价格的 90% 购进。用于补贴的经费一半来源于电力公司的利润,另一半来源于政府财政;三是所有风电项目还可得到德国复兴银行和 DTA 银行的低息贷款,利率为 2.5％～5.1％不等;四是扶持风力发电设备制造业。规定制造商在发展中国家开发风力发电,最多可获得装备出口价格 70％的出口信贷补贴。

1.1.3　丹麦风电发展规划

丹麦政府欲将可再生能源占全国能源消耗总量的比例从 2007 年的 21％提高到2025 年的 30％,并强调届时丹麦将风力发电机的装机总容量从当时的 3 GW 翻番提高到6 GW。

丹麦政府建立了风电产业发展的自愿体系,投资风能和其他可再生能源可以免交碳税,并通过对外援助支持风机出口;政府提供投资补贴(太阳能热利用和生物质能补贴 30％、风能补贴 15％);另外,丹麦政府非常重视和支持风电技术开发和研究,大力支持风电示范工程。

1.1.4　荷兰风电发展规划

荷兰风力发电产业早些时候采用固定电价的机制,但由于其不够稳定,又尝试了如绿电市场等机制。荷兰政府还制定了到 2020 年可再生能源的比例达到 10％。1990 年荷兰政府制定了国家环境战略来完善再生能源的支持机制,它包括如下 4 个方面的政策:①温室气体减排费,为了减少二氧化碳等温室气体的排放,电力公司必须购买所有的再生能源发电,并且可以提高小用户电费最多达 2％,用于补贴再生能源发电。②优惠电价,风电的平均电价为 13 荷兰分/(kW·h)～14 荷兰分/(kW·h),最高达 20.3 荷兰分/(kW·h),风电与常规电能的电价差额主要由温室气体减排费来支付。③投资补贴,荷兰能源环境部可向风电投资者提供高达总投资额 35％的补贴。另外,对于再生能源,增值税由 17.5％减少到 6％。同时还建立了一个新的税收和再生能源投资基金等支持机制。④绿色电价制度,2000 年荷兰电力总消费的 3％来自可再生能源,大约 30％的居民自愿购买了绿色电力。1998 年荷兰颁布的新电力法令,引进了绿色证书计划,规定用户有购买最低限量的绿色电力的义务。根据该计划,每向电网中输入 100 万 kW·h 的可再生能源电量厂商就会获得一份绿色证书。达不到要求的公司要支付 5 荷兰分/(kW·h)的罚金,绿色证书的市场价格为 3 荷兰分/(kW·h)～5 荷兰分/(kW·h)。

1.1.5　西班牙风电发展规划

西班牙也采用欧洲的目标,即:到 2010 年 12％的电能来自于可再生能源,设定了到 2010 年每年有 21.5 兆亿 kW·h 电,或每年 9 000 MW 的装机。这个目标后来被提高到 2011 年的 13 000 MW 的装机,或 28.6 兆亿 kW·h 电。而且之后风力发电收入的税收可以延期缴纳达 15 年。

西班牙政府对风电产业的政策支持主要是财政补贴和电力收购。中央政府和地方政府对风力发电有财政补贴,在规划发电厂、提出项目申请时,就得到优先照顾,而且国家法令规定电力公司必须收购可再生能源发出的电。其次,在工厂正常运行后,根据发电量来进行补贴(每发一度电,补贴多少)和实行价格保护。2002 年 12 月 27 日又发布了关于调整2003 年电力价格的第 1436 号法令,规定了 2003 年的电价。对风力发电发出的电,每度的补贴是 0.026 640 欧元/(kW·h),政府规定的固定电价是 0.062 145 欧元/(kW·h)。正是依据这些法律和法令,保障了风力发电的市场和利润。另外,在集资方面政府允许发行债券。例如:加里西亚地方政府、银行(CAIXA GALICIA)和风力发电开发公司(DESARROLLO

EOLICOS)共同发行风力发电债券（BONOS EOLICOS），让老百姓和企业参与开发风力发电。

1.1.6　法国风电发展规划

法国政府能源与原材料总公司在2007年完成的研究报告中明确提出，加快法国风能的开发步伐和加大对法国风能开发区的支持力度。风力发电开发区是法国政府近年来为促进风能发电向规模化、产业化方向发展而采取的一项重要政策措施。根据现行风电产业方面的法规，新建风力发电开发区首先须由市镇一级的地方政府提出申请，由上级省政府予以批准，同时规定，建立风力发电开发区，必须进行充分的项目论证，包括对本地区风力资源，以及本地区自然风貌景观，历史建筑和遗迹的保护等方面，进行充分细致的调研和评估工作。此外，还必须考虑到风力发电开发区电力进入国家电网的可行性。

2006年7月，法国政府制定了风电进入国家供电网的条例。根据该条例，从2007年7月14日起，凡属法国风力发电开发区生产的风电，法国电力公司下属的法国电网公司均有义务予以收购，并负责将风力发电开发区生产的电力纳入该公司的供电网络。法国电力公司下属的电网公司按照8.35欧分/（kW·h）的价格予以全面收购风力发电开发区生产的电力，此外，法国政府还规定，风力发电开发区在购买风力发电设备时，可以享受相应的税收优惠。政府同时鼓励普通家庭也参与风力发电业务，甚至希望有条件的居民在其自家的庭院里安装小型的家用风力发电设备，凡安装高度小于或等于12 m的风力发电机组属于家用小型设备，可以不受政府对风力发电设备各项管理规定的限制。如果安装高度超过12 m的大型风力发电设备，则必须事先获得所在地省政府或市镇政府发放的安装许可证。近年来，家用风力发电设备销售市场已经在法国悄然兴起。

1.1.7　印度风电发展规划

印度规定了相关关税来鼓励进口风机零部件，对于风机制造中特殊的轴承、变速箱、偏航零部件、传感器、转子叶片制造的部件和原材料免征关税，对用于风机制造的液压刹车部件、万向耦合器、刹车钳、风机控制器和转子叶片的关税则减少征收，对用于发电机制造的部件采取免税政策。印度也根据大部分国际测试认证标准，制定了风机的国家认证标准，由非传统能源资源部（MNES）管理。近年来，印度政府实行了特许权项目，已经规划了50个风力发电场。一些省份的扶助政策也刺激了近期的发展。

1.1.8　日本风电发展规划

日本规划可再生能源到2010年要占到日本基本能源的3%，而且每个电力零售商到2010年必须有1.35%的销售来自风力发电。政府也制定了官方目标到2010年风机安装容量增加到3 000 MW。政府为风力发电制定了固定电价，计划在15-17年的固定合同期内以居民用电的零售价来购买可再生能源所生产的电力。日本的新能源与工业技术发展组织（NEDO），补贴了私人公司风机安装费用的1/3，并且地方政府还补贴了一半的装机费用。

1.1.9　我国风电发展规划

我国在《"十二五"能源发展规划》和《可再生能源发展规划》中对风电等新能源的发展规模和速度进行了总体部署，提出"十二五"期间，中国风电发展的主要目标：到2015年底，风电总装机容量达到1亿kW，年发电量达到2 000亿kW·h，风电在电力消费中的比例超过

3％。"十二五"期间,风电机组整机设计和核心部件制造技术取得突破,基本形成完整的、具有国际竞争力的风电装备制造产业体系。到 2015 年底,风电整机年生产能力达到3 000 万 kW。

在"十一五"科技计划的引领下,国内科研机构、企业通过消化吸收引进技术、委托设计、与国外联合设计和自主研发等方式,国内叶片、齿轮箱、发电机等部件的制造能力已接近国际先进水平,满足主流机型的配套需求,并开始出口;轴承、变流器和控制系统的研发也取得重大进步,开始供应国内市场。

根据我国发布的《国民经济和社会发展第十二个五年规划纲要》,在"十二五"期间,我国规划风电新增装机 7 000 万 kW 以上。从我国能源规划、二氧化碳减排目标及产业发展需求来看,我国风力发电科技的战略需求主要体现在以下 3 个方面:

(1) 特大型风电场建设的需要

"十二五"期间,国家规划建设 6 个陆上和 2 个海上及沿海风电基地,迫切需要在特大型风电场风资源评估、风电场设计、并网消纳与智能化运营管理和大容量、高可靠性、高效率、低成本的风电机组等方面进行科技开发和创新,为我国特大型风电场建设提供技术保障。

(2) 大规模海上风电开发的需要

我国海上风电已经起步,"十二五"期间潮间带和近海风电将进入快速发展、规模化开发阶段,因此,需要开展海上风电机组研制及产业化关键技术研究,加强工程施工与并网接入等海上(潮间带)风电场开发系列关键技术研究,为大规模海上风电开发提供技术支撑。

(3) 风电自主创新体系、能力建设与人才培养的需要

"十二五"期间,结合国家能源产业和风电科技发展战略的总体部署,迫切需要建立公共研发测试服务体系,根据我国环境条件和地形条件等开发出具有自主知识产权的风电设计工具软件系统,在整机设计集成与关键部件制造领域实现技术突破,实现产、学、研、用相互结合共同发展,为我国风电装备性能优化及自主设计提供条件和支持,保障我国风电产业的持续、快速和稳定增长。

为促进我国风电发展,政府采取了一系列措施。首先,对风电国产化率提出了要求。2005 年 7 月出台的《关于风电建设管理有关要求的通知》,明确规定了风电设备国产化率要达到 70％以上,未满足国产化率要求的风电场不许建设,进口设备要按章纳税。其次,风电全额上网。2006 年 1 月 1 日开始实施的《中华人民共和国可再生能源法》要求电网企业为可再生能源电力上网提供方便,并全额收购符合标准的可再生能源电量。再次,对风电企业实施财税扶持。考虑到现阶段可再生能源开发利用的投资成本比较高,为加快技术开发和市场形成,《可再生能源法》分别就设立可再生能源发展专项资金,为可再生能源开发利用项目提供有财政贴息优惠的贷款,对列入可再生能源产业发展指导目标的项目提供税收优惠等扶持措施作了规定。在国家新颁布的企业所得税法中也提出对于国家鼓励发展的产业和项目,可以给予企业所得税的优惠。

(1)《中华人民共和国可再生能源法》

《中华人民共和国可再生能源法》由中华人民共和国第十届全国人民代表大会常务委员会第十四次会议于 2005 年 2 月 28 日通过,自 2006 年 1 月 1 日起施行。在这部法律中,通过减免税收、鼓励发电并网、优惠上网价格、贴息贷款和财政补贴等激励性政策来激励发电企业和消费者积极参与可再生能源发电。对风电而言,《可再生能源法》无疑为其长远发展

提供了必要的法律保障。

在随后颁布的配套法规《可再生能源发电有关管理规定》对发电企业和电网企业的责任等方面作了明确阐述,《可再生能源发电价格和费用分摊管理试行办法》则在电价的制定和费用分摊等方面作了具体规定,指出风力发电项目的上网电价实行政府指导价,电价标准由国务院价格主管部门按照招标形成的价格确定。

《可再生能源法》及其相关法律的颁布,在风电等可再生能源发展的过程中具有里程碑的意义,它不但把风电的发展列入法律法规作为一项长期的政策来执行,而且同时也加强了法律的实际操作性,提升了风电的战略地位。

(2)《关于促进风电产业发展实施意见》

为了贯彻落实《可再生能源法》,实现风电自主化建设和风能资源的有序开发利用,支持风能资源评价、规划编制和风电产业体系建设工作,国家发展改革委和财政部研究制定了《促进风电产业发展实施意见》。

我国风电发展尚处于起步阶段,存在风能资源评价和规划工作滞后、风电产业体系不健全、技术创新能力不强、关键技术和装备依赖进口、风电场盲目建设等问题,针对以上问题,该法规提出了"在风能资源详查的基础上,制定风电发展和电网配套建设规划,实现风能资源的有序开发利用";"建立比较完善的风电产业化体系,培育具有自主知识产权和品牌的风电制造产业,实现风电自主化建设"的基本原则,开展的工作内容包括:风能资源详查和评价,建立国家风电设备标准、检测认证体系,支持风电技术开发能力建设、风电设备产业化和开展适应风电发展的电网规划和技术研究。

(3)《关于加快风力发电技术装备国产化的指导意见》

为了加快风力发电技术装备国产化进程,提高风力发电设备的质量,推动我国风力发电事业快速、健康发展,国家经济贸易委员会研究提出了《关于加快风力发电技术装备国产化的指导意见》。

该指导意见提出"以风力发电技术装备的系统集成为重点,由风力发电场通过公开招标的方式,选择总装厂,总装厂与其签订供货合同,保证机组的可靠性和发电量。总装厂通过招标选购零部件,国内暂时不能生产的零部件可以进口。通过签订合同,以经济利益为纽带,把示范风力发电场、总装厂和零部件生产厂联系在一起,共担风险,共同推进风力发电机组国产化进程"的实施方式。

意见还提出对使用国产风力发电技术装备的示范风力发电场给予政策和资金支持,项目投资贷款给予贴息。在条件成熟时,对新建风力发电场采用国产设备比例予以明确规定。同时鼓励外商在我国合资开发风力发电技术和装备,加快国产化进程。

对外商投资建设风力发电场采购的国产装备,按照《国务院办公厅转发外经贸部等部门关于当前进一步鼓励外商投资意见的通知》(国办发〔1999〕73号),可在增值税和企业所得税方面享受优惠政策。

(4)《关于进一步促进风力发电发展的若干意见》

为了促进我国风力发电事业快速、健康发展,加快风力发电设备国产化进程,规范风力发电建设与管理,国家经济与贸易委员会提出了《关于进一步促进风力发电发展的若干意见》。意见中提出各级电力行政主管部门应支持并协调风力发电上网及销售工作,电网管理部门应允许风电场就近上网,并且在风电场建设、风电设备的造价方面严格控制,风力发电项目现阶段的合理利润以全部投资的内部收益率不超过10％测算。

1.2　世界风电产业发展趋势

由于世界各国对发展风电产业的高度关注，以及积极出台并实施促进风电发展的相关政策、措施，极大地推进了世界风电产业的发展。图4-1和图4-2分别是全球风能协会（GWEC）公布的1996年～2011年全球总装机容量和新增装机容量统计图。

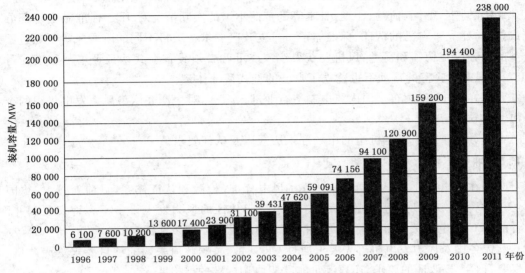

图4-1　1996年～2011年全球总装机容量

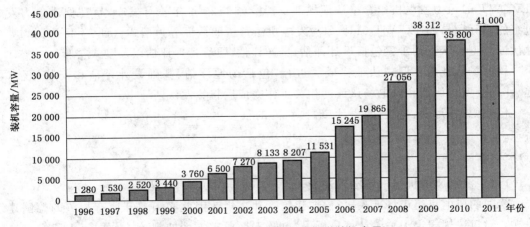

图4-2　1996年～2011年全球新增装机容量

图4-1和图4-2的统计数据表明，1996年～2011年全球风电总装机容量不断上升，新增装机容量除2010年相对2009年较少外，也呈现出逐年不断增长的趋势。截止2011年底，新增风电装机容量达41 000 MW，累计风电装机达到238 000 MW。

根据世界风能协会预测，至2020年，全球风电装机总容量将达到15亿千瓦，约为现在的8倍。根据欧盟可再生能源法案，预计至2020年，欧盟发电量的34％由可再生能源提供，其中14％（2.13亿 kW）由风电提供。2030年风电装机容量要达到300 GW，发电量要达到7 200亿 kW·h，届时分别占欧盟发电装机容量和发电量的35％和20％。目前为止，全球 75 个国家有商业运营的风电装机,其中 22 个国家的装机容量超过 1 GW,世界风电装机容量呈现增长的趋势。

2 风电机组市场准入法规及符合性认证

为保障风电产业的健康快速发展,各国都颁布了风电相关的法规,包括风电场建设批准法规、风电机组市场准入法规、风电入网审批制度的法规和电价制度的法规等。

北美、丹麦、德国、荷兰、印度、日本等都依照本国的实际情况对 IEC 标准做出了部分补充或修改,建立了自己的认证、标准体系。丹麦政府要求在项目不同的阶段风机要通过不同类型的认证。在德国和荷兰,风机要获得建筑许可就必须具备型式认证证书。印度在丹麦 RISOE 国家实验室的帮助下也建立了自己的型式认证体系。

我国在 2010 年颁布了国内风电制造行业准入标准,对生产并网型风力发电机组的企业提出了要求。

本部分着重介绍风电机组的市场准入法规以及认证要求。

2.1 欧洲

欧洲在风电产业发展的初期就建立了风电标准、检测和认证体系,目前在丹麦、德国和荷兰,风电设备认证均为强制性认证,未经过指定认证的风力发电设备不容许安装和并网。现行的 IEC 风电相关标准基本上是依据欧洲的风况和环境条件指定的。

欧盟各国对风力发电机首先要求通过 CE 认证,各国政府采购的项目要求更为严格,不仅仅要符合 CE 认证的要求,还要满足非欧盟协调标准的严格要求。

目前国际上通用的风电设备质量认证标准为国际电工委员会(IEC)制定的《IEC WT 01风力发电机组合格认证规则及程序》,于 2001 年 4 月发布,旨在促进风力发电机组的国际贸易。IEC WT 01 将风力发电机组整机的认证分为型式认证、项目认证和零部件认证。型式认证的步骤包括设计评估、生产评估、质量管理评估以及型式实验。

风电场认证是在型式认证完成后进行,包括场地评估、基础设计评估和安装评估(可选)。一旦型式认证和风电场认证的相关工作完成后将签发认证证书。

包括德国、丹麦、荷兰、西班牙、瑞典在内的很多国家已经建立了风电设备检测和认证体系。

2.1.1 德国

2.1.1.1 德国风电机组市场准入法规

德国的风电机组市场准入要符合"建筑管理法规",因此必须遵守所有相关的德国建筑法规。建筑法规规定了关于计算分析、材料及工厂要求方面的规范。德国土木建筑设计院在 IEC 61400-1 的基础上制定了新的规范《风力发电机组规则—塔架及基础校验》和《风力发电机组技术规范》,包括一般要求、噪声要求、功率曲线及标准化能量产量要求和电能质量要求等。主要要求如下:

(一)总则

(1)在德国,风电机组的结构完整性的批准要依据"Baurdnungsrecht"建筑法进行。因此,必须遵守并满足所有的建筑法规,尤其是在材料/工厂认可和分析方面的要求(见下面的①~④)。除位于柏林的德国土木工程协会 DIBt 颁布的通用建设许可外,其他还要遵守并满足下述的标准和法规。

（2）在德国，风电机组的电网规范符合性根据下面的⑤项所列或引用的法律和其他文件进行认证。为了根据德国能源馈电法（EEG）接收任何能源补贴，要求 2010 年 6 月 30 日后在德国建造的每个风电场都必须符合法律要求（见下面的⑤项），例如，拥有有效的电网规范符合性项目证书（GCC）（"Anlagenzertifikat"）。此类项目证书（GCC）是基于风机级别的型式证书（GCC）（"Einheitenzertifikat"），因为法律要求要有型式证书。

① 材料要求

DIN EN 10204：金属产品—检查文件的种类

DIN 1045-2：混凝土、加强筋和预加应力混凝土结构—第 2 部分：混凝土；技术规范、特性、生产和一致性

DIN EN 206-1：混凝土—第 1 部分：技术规范、性能、生产和一致性

DIN EN 12843：预制混凝土产品—电线杆

DIN 18800-1：结构钢架—第 1 部分：设计和施工

DIN 18800-7：钢结构—第 7 部分：施工和施工资质

② 制造商要求

DIN 1045-3：混凝土、加强筋和预应力混凝土结构—第 3 部分：建设施工

DIN 18800-7：钢结构—第 7 部分：施工和施工资质

③ 分析

——［风能转化系统的规范、塔架与地基集成的效果及验证］（德国土木工程协会 DIBt 颁布），即所称的 DIBt 规范，及其中所述的标准。

——DIBt 规范适用于风机塔架和地基的结构整体性分析，而且包括以 DIN EN 64100-1 中规则为基础的对整机（载荷设定）影响的相关条款。

——塔架和地基的相关要求已经融入了 DIBt 规范。对塔架和基座分析的相关要求与 DIBt 规范一致。

——这里所述的载荷设定涵盖了 DIBt 规范中载荷和安全等级的要求。DIBt 规范是指 DIN EN 61400-1：2004，而不是 DIN EN 61400-1：2006。这表示根据 DIBt 规范，DIN EN 61400-1：2006 不得用于进行型式认证。此外，DIBt 规范中不同的风况和 DIBt 规范中的附加载荷情形 DLC6.1，应通过塔架和地基上的风机载荷局部安全系数 Yf＝1.5 方法进行计算。

④ 测量指南

风能推进协会（FGW）出版的《风机技术指南》含有以下几个部分：

——第 0 部分：通用要求；

——第 1 部分：测定噪声排放值；

——第 2 部分：测定功率特性和标准能量输出；

——第 3 部分：测定与中压、高压和超高压电网相关的发电装置的电力特性；

——第 4 部分：对发电装置和系统电气特性的仿真模型的建模和验证要求；

——第 5 部分：测定并应用基准输出；

——第 6 部分：测定风电潜能和能量输出；

——第 7 部分：空白；

——第 8 部分：中压、高压和超高压电网中发电装置和系统的电力特性的认证。

⑤ 电网规范符合性

——自 2010 年 6 月 30 日后在德国架设的风机需要根据上述第④项的第 3 部分进行试验。

——自 2010 年 6 月 30 日后在德国架设的风机需要根据上述第④项的第 8 部分进行认证。

——自 2010 年 6 月 30 日后在德国并网的风电场需要符合第⑤项的第 4 个破折号内容。这项验证内容反映在相应的项目证书（GCC）里。

——德国法律要求电网规范符合性要基于风电机组系统服务条例——系统服务条件，该条例于 2009 年 7 月 3 日在联邦法律公报"Bundesgesetzblatt Jahrgang 2009 Teil I Nr.39, ausgegeben zu Bonn am 10. Juli 2009"，第 1734 页上发布。

——德国电网规范是在第⑤项的第 4 个破折号中确定的，并就某些关键点，对其要求进行了更加详细的描述。

注：其他要求可参考其他德国当地电网规范。有关定期更新的国际电网规范列表，请访问以下网页：
　　http://www.gl-group.com/pdf/IGCC_list.pdf

（二）概念分析

（1）风力条件

① 德国对于风机使用的风力条件，在 DIBt 规范和相关附录 B-"风力载荷"中有说明。DIBt 规范附录 B 的第一句应忽略，但附录 B 仍有效。已发布的 DIN 1055-4:2005 不适用。

② 但是，为了涵盖将来可能对附录 B 的有效性进行更新，德国劳氏船级社建议在计算风机尺寸时包含 DIN 1055-4:2005 的要求，以便在德国进行型式认证。

（2）塔架

① 钢塔架的分析应当依据 ENV1993（欧洲规范 3）或者 DIN 18800、DIN 4131 和 DIN 4133进行。

② 混凝土塔架的分析，应依据 DIN 1045-1 或者 DIN 4288 相关章节进行。

（3）地基

DIN 1045（整体安全系数）适用于地基和允许土壤层压力分析。

2.1.1.2　德国风电机组符合性认证

德国建筑法规规定在风电机组验收前，要先进行机组的产品认证或型式认证。能进行认证的机构有 GL、TUV、DEWI 等专业机构，其中德国劳氏船级社（GL）早在 1979 年就开始了风力发电的研究，并在后来得到了德国政府的支持，目前，GL 的《风力发电机组认证技术规范》为世界很多国家及机构所广泛认可。该规范以 IEC 标准为基础，对其进行细化，把设计评估分为 A、B、C 三类，C 类设计评估是依据有关设计文件针对原型机进行评估的，评估完成后就可以对原型机进行安装，对载荷的评估和对风轮叶片、机械部件、塔架、基础的可行性检查，经过 C 类评估的风电机组最多运行两年或满负荷运行 4000 个当量小时，该阶段之后将签发 B 类设计评估证书。A 类或 B 类设计评估包括对所有材料设计分析的完全检验、部件测试和所评估类型首批机组中某一台机组调试时的现场见证。B 类设计评估可在与安全不直接相关的项目还没有完成的情况下签发，有效期为 1 年，在 1 年内要完成 A 类设计评估所需要的全部要求，A 类设计评估一直有效。型式认证是在 A 类设计评估基础上按 IEC WT01 进行,项目认证等同 IEC WT01。

2.1.2　丹麦

2.1.2.1　丹麦风电机组市场准入要求

（一）总则

（1）在丹麦,风机的型式认证由公认且得到丹麦能源部授权机构来执行。丹麦能源部（"Energistyrelsen"）2008 年 6 月 26 日颁布的第 651 号行政命令"关于风机设计、生产、安装、维护和维修的行政命令",（简称"DEO"）和相关的"在丹麦进行风机设计、生产和安装的技术认证方案指南",（简称"DEA 指南"）中规定了认证程序。

（2）IEC WT01"风机符合性试验和认证的规程和方法"中给出了要求的技术原则。DEO 说明了如何使用 IEC WT01,而 DEA 指南说明了一些细节。风机制造商以及维护供应商必须运作一套由权威机构根据 ISO 9001 认证的质量体系。

（3）劳氏船级社的风机认证资质和劳氏船级社认证有限公司对质量体系的认证资质已经取得丹麦能源部的认可。

（二）法规和标准

（1）丹麦能源部第 651 号行政命令（DEO）涵盖如下几个方面:

——型式认证;

——项目认证;

——试验和示范认证;

——试验和证明证书过期后,修改、改变位置和使用认证;

——风机型式认证,具有 5 m² 或更小的转子面积;

——电网连接;

——维护、维修和重大损坏;

——认证机构;

——管理规定、核查、监控等。

（2）对于设计和尺寸测定,DEO 参照其他标准（主要是 IEC 标准）。

（3）技术认证方案的 DEA 指南提供有关 DEO 每一部分的附加信息。

（4）这些法规和标准适用于在岸上和海上安装的以及用于发电的风机。

（5）目前有效的适用规则和建议的列表可在"http://www.wt-certification.dk/UK/rules.htm"上找到。注册机构列表可在"http://www.wt-certification.dk/UK/Bodies.htm"上找到。

2.1.2.2　丹麦风电机组符合性认证

风电机组认证已成为国际性的商业行为,IEC 61400 系列风电机组认证标准就是当前国际的共同基础,其中包括了风电机组安全要求、叶片测试、功率特性测试、噪声、载荷测量等。例如荷兰、德国和丹麦之间的风电机组型式认证具有共性并彼此互认。各国风电机组认证标准虽然是基于同一国际标准,也存在一定差异。外部条件是选择不同标准的主要依据,此外,也应考虑安全体系和测试方式的不同。丹麦技术认证标准就是以 IEC WT01 认证标准为基础,结合丹麦现状制定的。

丹麦国家能源实验室（RISOE）在丹麦政府的支持下专门设立了风能研发部门,约有

50名空气动力学、气象、风资源测量、结构力学和材料力学方面的科学家和工程师从事风电设备检测和认证的研究工作,并建有自己的试验基地。丹麦政府在本国风电产业发展初期,立法规定风机只有通过了本国严格的安全检测才能安装使用,将外来的竞争者从根本上排挤出了丹麦的市场,本国的风机因此占据了100%的国内市场。

（一）风电机组型式认证

风电机组型式认证,其目的是为了确认某种型号的风电机组是根据某特定标准设计、备案和生产的,并要求该型号风电机组的性能指标符合该标准的设计要求。在丹麦,任何一种新研发的风电机组机型,或任何一种已取得证书的风电机组机型的改进型号,甚至对主要部件供应商的变更,都需要对变更后重新定型的风电机组机型进行型式认证。风电机组的型式认证不仅是一种保证,也是向买方证实了某一型号的风电机组经过了有资格的测试认证机构的测量与评估,其设计、生产是符合国际标准的,并且拥有安全运行的参数记录。

（二）型式认证的内容

型式认证的内容包括设计评估、测试、生产评估、基础设计评估（可选）以及样机性能测量（可选）。以下逐一加以说明:

（1）设计评估

设计评估阶段所用的标准为 IEC 61400-1 和 IEC 61400-2,其内容包括:

——控制和保护系统;

——载荷与载荷谱;

——结构部件;

——机械和电气部件;

——部件测试;

——设计控制;

——生产计划;

——安装计划;

——维护计划或手册;

——人员安全。

设计可以由专业设计机构、研究所或风电机组生产厂家完成,并没有对设计方的资质要求或最低门槛要求,但设计完成后,需由有资质的认证机构对设计进行评估,其中最重要的是载荷评审即载荷在风电机组系统中的分配。设计评估是风电机组型式认证的第一部分。

（2）样机测试

样机测试应用的标准为 IEC 61400-12、IEC 61400-13 和 IEC 61400-23 需要测试的内容为:

——安全与功能测试;

——载荷测量;

——功率特性测量;

——叶片测试;

——疲劳寿命测试;

——其他测试,如电气等。

样机测试的场地有较严格的要求,测试设备包括专业风速仪和风向标,其中测风仪的生产商,设备系统误差及标定时效期和安装方式都有规定,并且测试报告中要予以充分描述。丹麦样机测试的成本较高,因为测试工作需要投入大量人力资源和工时。由有资质的机构完成测试,有时需要几个机构联合测试才能够涵盖所有内容。样机测试的结果为测试报告,包含所有标准要求的数据和格式。测试报告是型式认证的依据。

由于样机测试是风电机组研发和认证过程中最重要的阶段之一,有经验的测试机构可以协助生产厂商的研发小组通过对样机的调试,实现并优化设计性能。在丹麦风电制造业界,这一阶段本身就是研发、生产技术提高和飞跃的过程。

在丹麦,目前能够从事测试的有资质的机构为数不多,特别是有资格进行载荷测试的目前只有两家,分别是丹麦国家能源试验室(RISOE)和丹麦 Tripod 风能公司。风电机组生产商在选择测试机构时除了根据自身研发能力选择合适的测试机构,还须注意尽量选择与风电机组认证机构没有利益冲突的测试机构,保证认证和测试结果的公正性和可靠性。

(3)工厂审查

所用标准为 ISO 9001 或 ISO 9002,主要内容包括:

——质量管理系统;

——质量管理保障。

同时还应附有所有主要部件供应商和部件技术参数表。

(4)基础设计评审

基础设计文件。

(5)型式性能测量

所用标准为 IEC 61400-11 和 IEC 61400-21,内容包括:

——噪音测量;

——功率质量测量。

(三)认证证书的类别

型式认证的过程即对照 IEC 标准对上述各部分文件和报告进行审核的过程。在丹麦,认证证书分为 A、B 和 C 三级。其中各级证书对应的风电机组型号状态和意义如下:

C 级证书:

——表示产品处于样机阶段;

——表示该样机已通过了对照 IEC 安全标准的审核认证。

B 级证书:

——表示产品已有一台以上处于商业运行阶段,不是样机阶段;

——表示已对产品检查全部型式认证内容,包括样机性能测试和设计评估;

——对应 IEC 标准,报告和数据中仍存在不符合项,该型号风电机组在这些不符合项完全关闭前只能获得 B 级证书;

——证书内容包括审核报告、不符合项清单及必须关闭的时间要求,主要部件供应商清单和部件技术参数表。

A 级证书:

——表示产品已投入商业规模生产,有运行数据;

——已通过了对照 IEC 标准的审核；

——所有不符合项均已关闭；

——证书内容包括审核报告、主要部件供应商清单和部件技术参数表，该型号风电机组的理论功率曲线和理想条件下的发电量估算。

（四）丹麦 2005 新版认证内容简介

（1）背景

由于风电机组的型式认证已经不再是一个国家的内部商务，越是接近国际标准的认证程序越易于为国际上的投资商接受，促进风电机组出口。在日趋成熟的国际统一标准的基础和条件下，需要对现有标准作宏观调整。

同时，由于风电机组技术的进步，特别是以下 3 个具体原因，需要更新认证内容：

——原有标准中的某些认证程序和要求不能适应兆瓦级风电机组的要求；

——原有的标准中没有近海风电场内容；

——原有的标准中没有项目认证的内容。

（2）新增内容

新的认证内容以 IEC WT 01 和 61400 系列的相关标准为基础，并且考虑了丹麦的气候和客观条件，要求至少要有一个气动刹车系统，增加了叶片疲劳测试、风电机组基础评估、项目认证等。

2.1.3　荷兰

2.1.3.1　荷兰风电机组市场准入要求

（一）总述

（1）要在荷兰获得风机建造许可证，就必须持有型式认证证书。型式认可的技术要求已在 1999 年 4 月第一次出版的 NVN 11400-0 基本标准"风机—第 0 部分：型式认证标准—技术标准"中给出。由 Road voor de Accreditatie（RvA）授权的认证机构才可以进行型式认可。除检查设计文档外，型式认可还包括在一台安装的设备上进行测试以验证设备对人员的安全。风机制造商要执行按照 ISO 9001 标准通过认证的质量体系，或最低满足 NVN 11400-0 要求，并通过认证机构承认。

（2）劳氏船级社的风机认证资质和劳氏认证有限公司对质量体系的认证资质已取得 RvA 的认可。

（二）范围

（1）荷兰电工委员会 NEC 88 规定的标准适用于连接到电网的发电风机。

（2）这些标准适用于风机，包括塔架和塔架与基座之间的连接，但不包括基座本身。不过，如果要对基座提出的要求来自于风机设计，这些标准也涵盖这些要求。

（3）在荷兰，欧洲标准、IEC 标准、ISO 标准和荷兰 NEN 标准均适用。

（三）认证要求

（1）根据 NEC 88 规定的标准，必须通过型式认证来证明符合 IEC 61400-1（第 3 版）的要求。

（2）在荷兰，型式认证应遵守 IEC WT01 中指定的程序。该认证可仅限于所有强制性模块，也可扩大至包括一个或多个可选模块。

2.1.3.2　荷兰风电机组符合性认证

目前荷兰的风机认证主要依靠 GL(德国劳氏船级社)与 DNV(挪威船级社)。荷兰政府规定在荷兰安装的风力发电机组必须具备依照荷兰标准进行认证的型式认证证书。荷兰能源研究中心(ECN)设有专门的风能研究部门,有 5 台 Nordex 的 N80-2.5MW 试验机组,这5 台机组用于不同的测试项目。早在 1991 年,荷兰就制定了认证标准 NEN 6096-2,并于1996 年修订。在 IEC 61400-1 的基础上,荷兰当局又颁布了 NVN 11400-0 并在 1999 年推行实施。其中增加了材料、劳工安全、安全系统和型式认证流程的细节规定。目前适用的荷兰标准为 1999 年颁布的《NVN 11400-0 风力发电机组　第 0 部分:型式认证技术条件》。该标准基于 IEC 61400-1,并针对荷兰本国的实际情况对 IEC 的部分内容进行了修改及补充。具体包括:由荷兰本国的外部条件要求替代了 IEC 61400-1 当中的相关要求;由荷兰本国的安全要求替代了 IEC 61400-1 当中的相关要求;增加了材料要求;增加了劳动安全要求。

2.1.4　欧洲地区认证适用的标准

认证适用的标准见表 4-1。

表 4-1　欧洲地区认证适用标准

EN/IEC 61400-1	风力发电机组—第 1 部分:设计要求
EN/IEC 61400-2	风力发电机组—第 2 部分:小型风力发电机组的设计要求
IEC 61400 系列	风力发电机组其他方面的有关标准
EN ISO 12100-182	机械安全性—基本概念和通用设计原则
EN/IEC 60204-1	设备的安全—机械电器设备—第 1 部分:通用技术要求
EN/IEC 60204-11	设备的安全—机械电器设备—第 11 部分:超过 100 V 交流或 1 500 V 直流但不超过 36 000 V 的高压设备的要求
EN/IEC/ISO 14121-1	机械设备的安全—风险评估—第 1 部分:原则
EN 50308	风机—防护措施—设计、工作和维护的要求
2006/95/EC	欧盟低电压指令
2006/42/EC	欧盟机械指令
2004/108/EC	欧盟电磁兼容指令

2.2　北美

2.2.1　北美风电机组市场准入法规

2008 年,美国能源部发布了风能目标的可行性报告。目标在 2030 年之前,美国风力发电的规模将达到美国总发电容量的 20%,或者 300 GW(千兆瓦)。实现这一目标所面临的挑战,同许多传统能源不一样,与能否获得原料没有关系,而更多的在于提升风力发电设备的生产能力。"为实现 20%风能目标,要求年装机量,从 2006 年的年装机量约 2 000 台,增加到 2017 年的年平均装机量 7 000 台。"

逐年快速增长的风电装机需求,吸引越来越多的风电机组(WTGS)及其零部件的厂商,进入北美市场。但首先,厂商必须要了解到美国、加拿大市场有关的法规要求之后,才能抓住这个迅速增长的机遇。

在北美,风电机组可以投入市场并运行的前提条件是,必须要符合国家、州/省以及当地的电气法规要求。电气产品的安全法规,是以符合美国国家电气规范(NEC)和加拿大电气规范(CEC)为基础。

负责审核风电机组符合性的部门,是具有管辖权的部门(AHJ)。AHJ 可以引用国家或当地的法规,或与风电机组有关的一些标准,作为拒绝批准风电机组运行的依据。如果 AHJ 认为风电机组不符合法规或规范,生产商必须采取必要的整改措施,以达到相应的规范要求。只有风电机组满足这些规范后,才允许开始运行。

生产商要证明产品符合相应的法规,最普遍的方法就是让其产品"列名"。列名是通过第三方测试机构颁发的认证标志来证明的。这种第三方测试机构在美国被称作"美国国家认可实验室"(NRTL),是由美国劳工部职业安全卫生监察局(OSHA)认可的。在加拿大,这些测试机构被称作认证机构(CO),是由加拿大标准委员会(SCC)认可的。

由于以下种种原因,风电机组有关的法规问题非常复杂:

——目前没有一个共同认可的、覆盖风电机组的电气安全认证的标准。没有一个共同认可的电气安全标准,第三方测试机构就很难提供一个一定能让 AHJ 接受的"列名"。

——由于没有一个共同认可的标准,对于一些具体的风电机组的要求的理解,各州之间、美国与加拿大之间可能不尽相同。

——风电机组是高度复杂的发电机组,包含几千个零部件。AHJ 可以因为任何一个他认为不符合有关规范的零部件,而拒绝整台风机的运行。

——风电机组只有在安装现场组装之后,才会被看做是一个"完整的产品"。因此,"列名"需基于在现场组装好的风电机组进行评估。

由于没有一个共同认可的标准,可用于风电机组的评估,所以目前,生产商寻求美国国家认可实验室(NRTL)/加拿大认证机构(CO)的认证服务,为他们的风电机组,获得现场评估贴标。当认证机构对某个已经安装的产品进行检查,确认产品已经达到最基本安全要求时,便可以现场贴标。在美国,这种方式被称作"现场评估贴标",而在加拿大则被称作"加拿大特别电气审查"(根据 CAN/CSA SPE-1000-99)。就风电机组而言,通常认可实验室或认证机构会与 AHJ 进行磋商,确定存在的认证问题,并会提出一个评估计划,去解决这些问题。当认可实验室或认证机构确认风电机组符合 AHJ 的要求时,就会现场贴标。现场评估都是针对特定风电场址的,但有关零部件的一些数据,可以用来验证今后其他的机组是否合格。

2.2.2 北美风电机组符合性认证

在美国,电气设备(包括风电机组)需要符合美国国家电气规范(NEC-NFPA 70),必须由"美国国家认可实验室"(NRTL)认证;而在加拿大需要符合加拿大电气规范(CEC-CAN/CSA C22.2 No. 0),由"认证机构"认证。这与欧洲不一样,在美国和加拿大市场,是要求第三方认证。没有第三方认证,AHJ 可以根据国家或地方的规范或标准,拒绝批准风电机组运行。直到这些安装好的风电机组通过第三方认证,达到 AHJ 的要求后,才可以开始运行。

在评估风电机组的零部件时,AHJ 依靠的就是第三方测试机构提供的"列名"。对整台风电机组进行评估时,AHJ 会与美国国家认可实验室(NRTL)/加拿大认证机构(CO)合作统一评估要求,以便 NRTL/CO 可以根据这些要求,现场贴标。

要使风电机组获得现场评估标签,每一个零部件都必须进行检查,确认是否符合适用的国家标准。每个零部件的供应商,都需要让他们的产品进行测试和认证。此外,作为列名认证程序的一部分,供应商需要接受持续的工厂检查。

由于全球对风能的需求持续上升和存在的各种供应链限制的原因,许多零部件生产商都按照饱和或者接近饱和的生产量进行生产,以满足目前的需求。而且,认证的周期短则数周,长则几个月。电缆、控制面板、分断设备以及风速计等认证,能够很快地进行;而发电机和电动机的生产商,可能需要在将近两年时间的测试之后,才能得知他们的电气绝缘系统(EIS)是否符合 ANSI/UL 1446 标准,而这是发电机或电动机,进行认证的前提条件。

有关风机认证过程中常见的几个问题。

(1) 风电机组尚未现场贴标,以及零部件也尚未列名。需要做什么?

首先,联系美国国家认可实验室/加拿大认证机构,进行机组的符合性评估,包括总体设计的评估,也包括检查零部件的认证情况。评估之后,认可实验室/认证机构会出具一份检查报告,报告详细列出,为了能够获得风电机组的现场贴标,必须解决的问题。没有认证的零部件都有可能引起 AHJ 对该零部件甚至整个电气系统的质疑。有了这份报告在手中,机组制造商就可以知道哪些零部件需要替换成已经认证过的产品,哪些可以由供应商进行认证。可以先从认证周期较长的零部件(如发电机)开始,AHJ 重点审查的零部件(如现场安装的电缆、电控柜等)要优先考虑。有些零部件,如操作按钮,最简单的解决办法就是更换成有认证的部件。但是,对于发电机这样的零部件,这点恐怕非常困难甚至不可能,因为目前已经被列名的发电机很少。

(2) 如果为了获得现场贴标,还需要做一些整改,该怎么办?

最好是尽早发现可能存在的问题,尽可能在工厂解决这些问题,这会比在安装"完成"之后,现场才发现要好。在现场对产品进行改装,执行起来会更加困难,也更加昂贵。

(3) 在认证中,对风电机组中的元器件是如何要求的?

在风电机组的 ANSI/UL 标准中,所有可能存在安全风险(电击、火灾、过热)的电气元器件必须遵循相关电气元器件标准,且这些电气元器件工作服务条件(环境温度、电压、电流)不超出认证时的服务条件要求。在认证评估时,风电机组制造商需提供所有电气元器件清单,该清单包括(但不仅限于)发电机、电线、电缆滴水圈、母线、开关设备、变压器、毂、逆变器/变频器、照明保护系统、滑环、齿轮箱、起重机和绞车、火灾报警和紧急停止。这些要求不包括风电机组或零部件的机械或结构完整性,协调电气和机械系统使风电机组保持在其安全机械和结构限制内,或梯子、脚手架、人员配合、或其他人员承重功能部件的机械载荷。例如:安装在塔组件内的开关设备应符合适当的 ANSI 标准(安装的开关设备类型)。开关设备应安装在室内位置,但可能会受到滴水影响。开关外壳的表面不得有开口,除非该开口受防水雨罩保护。塔组件内的服务条件应与开关设备类型的常规服务条件符合。若塔内的预期服务条件比开关设备的常规服务条件严格,则需对开关设备进行额外调查。

2.2.3 北美地区风电产品认证适用的标准

认证适用的标准见表 4-2。

表 4-2　北美地区风电产品认证适用标准

风电机组	NFPA 70	美国国家电气规范
	NFPA79	工业设备电气标准
	UL subject 6140	风机发电系统调查纲要
	AWEA 9.1	小型风力发电机组的安全和性能(美国风能协会标准)
	CAN/CSA C22.1	加拿大电气规范
	CAN/CSA C61400-1	风力发电机组　第一部分:设计要求
	CAN/CSA C61400-2	风力发电机组　第二部分:小型风力发电机组的设计要求
发电机和电动机	UL 1004-1	旋转电机　通用要求
	UL 1004-2	阻抗保护电机
	CSA C22.2 No 100	电动机和发电机
变流器	UL 508C	功率转换设备
	UL 1741	在独立电力系统中使用的逆变器、转换器和控制器
	CAN/CSA C22.2 No 14	工业控制设备
	CAN/CSA C22.2 No 107.1	通用电源
	UL subject 6141	风机变流器和互联系统设备的调查纲要
变桨、偏航和其他电柜	UL 508A	工业控制板
	CAN/CSA C22.2 No 14	工业控制设备
绝缘系统	UL 1446	绝缘材料系统
	IEEE 1776	额定电压为 15 000 V 或以下的采用成型绕组预绝缘定子线圈的交流电气设备使用非密封或密封绝缘系统热的评估推荐规程
	IEC 61857 系列标准	电气绝缘系统—热评估规程

此外,根据小型/微型和大型风力发电机组行业的需求,UL 决定开发三个单独的标准,ANSI/UL 6141 将包括大型风力发电机发电系统,ANSI/UL 6142 包括小型风力发电机发电系统,ANSI/UL 6171 包括用于风力发电机系统中的逆变器和变频器。

2.3　亚洲

2.3.1　印度风电机组市场准入要求及符合性认证

(一)总述

(1)在印度,风机的认证由风能技术中心(C-WET)根据印度新德里的非常规能源部颁发的"TAPS-2000,型式认证-暂行体系,印度风机发电机组临时型式认证方案(2003 年 4 月修订)"来执行。

(2)TAPS-2000 包括在印度进行风机认证的基本规则、程序、要求和技术标准。它只适用于并网运行的、扫掠面积大于 40 m² 的水平轴设备。

（3）总的来说，风机的技术评估是基于 IEC 61400-22、IEC 61400-1 和 TAPS-2000 附录 2 的印度设计要求。

（4）印度在 1999 年～2004 年建立了适合本国风电设备的检测和认证体系，建立了适合本国环境情况的技术规范，在 KAYATHAR 建立了能够完成全部系统试验项目的试验设施，并建立了国家级检测和认证中心，风电设备只有经过该中心的认证才可以在印度安装使用。

（二）认证的种类：

风机认证可分为以下三种类别：

（1）类别 1

① 具有有效的型式认证证书或者获得认可认证机构认证的风机型式属于此类别。如果设计中引入了微小的改动/修改，则可以根据此类别执行认证。以下认证都是被认可的：

——根据德国劳氏船级社指南执行的型式认证证书

——根据 IEC WT01 和 IEC 61400-22 执行的型式认证证书

——根据丹麦能源部的认证类别 A 和 B 执行的丹麦型式认证证书

——荷兰型式认证体系

② 以下模块应被看作是强制性模块：

——部分设计评估/有效型式证书的评审

——制造系统评估

——基座设计要求的评审

（2）类别 2

具有有效型式证书可在印度条件下运行的风机属于此类别。类别 1 中所述的但设计验证范围扩大的模块也应是强制性模块。此外，应对风机进行试验和测量。

（3）类别 3

① 新的或有重大修改且没有有效的型式证书的风机属于此类别。

② 以下模块应被看作是强制性模块：

——设计评估；

——制造系统评估；

——临时型式试验。

（三）印度对风电场的外部条件要求（符合 TAPS—2000 附录 2）

TAPS—2000 附录 2 中介绍了印度的外部条件，下面概括列出这些条件：

——对于风力条件，应符合以下要求：

a）正常工作风力条件（Weibull 参数和湍流强度），根据 IEC 61400-1；

b）极端风速条件，参照印度标准 IS 875—1987（第 3 部分）。

——不考虑结冰形态。

——极端设计温度范围将位于－5 ℃～＋60 ℃ 区间内，正常工作温度范围是 0 ℃～＋50 ℃。

——应考虑最高 99% 的湿度。

——设计空气密度应视为至少 1.20 kg/m³。

——电网停电频率应假定为每年发生 350 次。风机的设计最大停电持续时间至少为一周。

2.3.2 日本风电机组市场准入要求及符合性认证

（一）总则

在日本，尚未强制由第三方或认可认证机构进行风机认证。不过要求风机满足两项主要法规：《电力法》和《建筑基本法》。

日本承认经劳氏船级社授权的风机认证以及质量体系认证。

（二）法规和标准

有两项关于风机安全要求的主要法规。风机申请人必须获得政府部门的审批。

（1）电力法

① 申请人必须在开始建设风机前，向核工业安全局（属于经济产业省）提交施工计划通知。

② 申请应附带设计文档，包括结构的安全评估。即使是拟建风机具有权威认证机构提供的型式证书，也必须提供。

（2）建筑基本法

① 2007 年 6 月 20 日，日本修订颁布了《建筑基准法》，该法律要求，对于任何高于地面 60 m 的结构，都必须获得国土交通省的审批（建筑许可证）。

② 如果是风机，则包括塔架和基座在内的支撑结构受本法律的约束。尽管转子组件不在本法律的范围内，但风机的高度被确定为是转子平面的最高点，而不是轮毂高度。

③ 要申请政府部门的审批，申请人必须首先申请私营部门的指定绩效评估进行绩效评估。

④ 申请文档必须根据与《建筑基准法》相关的法规进行准备。这些法规是日本市场独有的，与国际标准（例如 ISO 或 IEC）不兼容。

⑤ 注意，本评估过程可能需要几个月时间。完成绩效评估后，申请人可以向政府部门提交审批申请。本法律程序与应用于摩天大楼的程序相同，包括风机结构的动态模拟，以应对强烈地震。

⑥ 本法律要求，用于建筑物和一般结构（包括风机）的材料必须符合日本工业标准（JIS）或日本农业标准（JAS，适用于木制结构）。对于未进行 JIS/JAS 认证的材料和部件，必须对其进行试验，以证明其符合日本标准。

（三）日本风电指南（NEDO 指南）

（1）该指南提供用于估计日本拟建风电场的极端风速、湍流强度和雷电强度的典型程序。该指南是经过 NEDO（日本新能源产业技术综合开发机构）资助的三年调研项目，于 2008 年发布的，NEDO 是隶属于经济产业省（METI）的政府部门。

（2）该指南旨在通过提供更加简便的风电场环境条件评估，来帮助风机所有人。该指南并不是强制性的；所有人可以选择采用其他技术方法来评估环境条件。

（四）日本风力发电设备支撑结构设计指针及解说

由于日本的自然环境和地形条件产生的强风，会导致风力发电机组塔架发生屈曲、基础破坏等重大事故。为了解决这些问题，2004 年 9 月日本土木学会构造工学委员会设立"风力发电设备耐风设计委员会",基于日本特有的自然环境条件和风力发电机组的自身特性,提出了合理易用的设计方法,于 2007 年发布《风力发电设备支撑结构设计指针及解说》。该规范是日本国内唯一的风力发电机组支撑结构设计的规范,为提高风力发电机组支撑结构的安全性做出了贡献。

随着日本社会对风力发电机组抗风、抗震安全性认识的加深,日本也开发了适合于日本特有自然环境条件的风力发电机组。2010 年对《日本风力发电设备支撑结构设计指针及解说》进行了修订。主要内容包括:第一部分:设计总则;第二部分:荷载评价方法;第三部分:结构细部计算;第四部分:设计、计算实例;第五部分:其他相关规范和参考资料,包括日本的电气法规、建筑基准法、国际上使用的 IEC 61400-1 和劳多船级社风机指南,以及其他日本的相关规范。

2.4 中国风电机组市场准入法规及符合性认证

2.4.1 中国风电制造行业准入法规

为引导风电设备制造行业健康发展,防止风电设备产能盲目扩张,2010 年 4 月工信部会同国家发改委、国家能源局起草了《风电设备制造行业准入标准》(征求意见稿)。意见稿从生产企业的设立、工艺装备与研发测试、产品质量和售后服务、技术进步、节能环保和资源综合利用、安全生产与劳动保障等方面,对生产并网型风力发电机组的企业提出了要求。

征求意见稿中规定风电机组生产企业必须具备生产单机容量 2.5 MW 及以上、年产量 100 万 kW 以上所必需的生产条件和全部生产配套设施,企业进行改扩建应具备累计不少于 50 万 kW 的装机业绩。同时生产企业应具备齿轮箱、发电机、支撑偏航装置及变频器等关键零部件入厂检测试验条件和能力,必须具备变流器测试试验、电控系统测试试验和整机满功率试验等出厂试验条件和能力。风电机组生产企业生产的产品应满足《风电并网技术标准》对风电机组的性能要求。

国家工业和信息化部会同国家发改委、国家能源局定期公告符合该准入标准的《风电机组生产企业合格厂商名录》,各省级地方工业主管部门、发改部门及能源管理部门负责对本地区《风电设备制造行业准入标准》执行情况进行监督检查,工信部、国家发改委及国家能源局负责对地方《风电设备制造行业准入标准》执行情况进行监督检查。

2.4.2 中国风电机组符合性认证

我国尚未强制由第三方或认可认证机构进行风机认证。然而,由于风电行业在我国的不断发展,相关责任部门正在进行听证,拟以法规形式颁布相关规则。

中国承认经劳氏船级社授权的风机认证以及质量体系认证。

风电认证在我国目前还是自愿性的认证,认证模式有设计评估、整机认证及产品认证,目前我国有两家获准的本土认证机构,分别是中国船级社(CCS)和鉴衡认证中心。CCS 主要做的是质量认证和产品认证。

2010 年下半年,国家能源局发布通知,要求自 2011 年 1 月 1 日起,所有并网风电机组必须通过低电压穿越等功能的检测。中国电力科学研究院新能源研究所在国家电网公司投资下建立了国家风电技术与检测研究中心,主要负责风电并网监测。目前国内还没有一个较为全面的大型风力发电机组关键零部件综合检测平台,严重影响我国风电自主创新及制造能力的提高,并最终制约我国风电产业的发展。

国内的风电产业标准和认证机构现状主要表现为:现行的风电标准大都是等同采用国际标准,不能完全符合中国的风况和环境条件;风电产品检测体系仍处于研究与建立之中;风电产品认证未列入强制性认证,认证模式不统一,认证机构能力参差不齐,影响风电产品认证工作的有效推进和认证结果的有效性。我国急需建立统一的风电标准、检测和认证制度。

试验风电场主要用于对新研制开发风电机组的整体性能进行检测认证。通过较长时间的实际运行,对风电机组的机械载荷、功率特性、电能品质、运行噪声和安全保护功能进行现场测试和分析,总体评价风电机组的质量和性能。我国目前没有合适的进行检测、认证的试验风电场,很多检测工作无法开展。

表 4-3 给出了中国船级社和北京鉴衡风电机组认证规范的对比情况。

表 4-3　中国船级社和北京鉴衡风电机组认证规范对比

	中国船级社	北京鉴衡
适用范围	风力发电机组整机产品认证	风轮扫掠面积大于或等于 40 m² 的风力发电机组整机的认证
依据标准	中国船级社《风力发电机组规范》 GB/T 18451.1—2012　风力发电机组　设计要求 GB/T 19960.1—2005　风力发电机组　第 1 部分:通用技术条件 GB/T 19960.2—2005　风力发电机组　第 2 部分:通用试验方法 GB/T 20319—2005　风力发电机组　验收规范 JB/T 10300—2001　风力发电机组　设计要求	《GB/T 18451.1—2012　风力发电机组设计要求》 鉴衡认证认可的其他标准或技术要求
认证模式	1. 设计评估 2. 设计评估＋型式试验＋工厂审查 3. 设计评估＋型式试验＋工厂审查＋出厂检验	1. 设计认证:设计评估＋初始工厂审查＋场地试车＋获证后监督 2. 型式认证:设计评估＋初始工厂审查＋场地试车＋型式试验＋获证后监督 3. 项目认证:型式认证＋场地评估＋地基评估＋获证后监督
设计认证实施程序	1. 设计控制 2. 控制和保护系统 3. 载荷和载荷工况 4. 结构、机械和电气部件 5. 部件试验 6. 塔架设计要求 7. 制造、安装方案 8. 维护方案、人员安全	1. 设计评估初查 2. 设计载荷 3. 强度分析 4. 结构和机械部件 5. 电气设备

续表 4-3

	中国船级社	北京鉴衡
型式认证资料	1. 机舱装载的情况检查 2. 空载拖动试验 3. 液压系统试验(依据 JB/T 10427) 4. 电气系统试验 5. 地面性能试验(机组软启动性能、机组偏航性能、液压系统性能、控制和安全保护系统性功能测试、机械制动性能测试、传动系统拖动运转测试) 6. 现场试验(机组电功率测试、机组机械载荷测试、控制系统试验、安全试验、振动及噪声测试、机组电能质量测试)	1. 叶片静力和疲劳试验(整机认证和叶片认证适用) 2. 齿轮箱试验(整机认证和齿轮箱认证适用) 3. 发电机试验(整机认证和发电机认证适用) 4. 机械载荷测试(仅整机认证适用) 5. 功率曲线测试(仅整机认证适用) 6. 电能品质测试(仅整机认证适用) 7. 安全和功能测试(仅整机认证适用)
项目认证	无相关内容	1. 场址地形和风况情况; 2. 其他环境因素,包括:温度、冰雪、雨和雷电、太阳辐射、空气盐分含量等; 3. 地震危险程度及对应的载荷和设计方法; 4. 场址电网和土壤状况; 5. 混凝土基座设计文件; 6. 施工方案

3　风电产业产品标准分析

　　风电产品按产品类型分为整机和零部件,零部件主要包括叶片、齿轮箱、发电机、控制系统、逆变器等。目前,国内外针对不同的产品类型都制定了相应的标准,以便更好地规范和促进风电产业的发展。国际标准主要有 IEC 标准,国内标准主要包括国家标准、行业标准和企业标准,其中国家标准和行业标准具有一定的约束力,我国风电标准相对国外比较落后,综合对比分析国内外风电标准对风电产品的设计制造和我国风电标准的不断完善具有重要意义。

3.1　中国风电产品和风电场标准

　　全国风力机械标准化技术委员会是中国风力机械领域内从事全国性标准化工作的技术工作组织,由国家标准化管理委员会领导和管理,负责全国风力机械专业领域的标准化技术归口工作,国家代号 SAC/TC 50,与国际电工委员会 IEC/TC 88 对口联络。1999 年以前的重点是研究编制离网型风力发电机组的标准,1999 年以后,重点转为开发研究并网型风力发电机组的标准。

　　目前,我国已制定风电标准 65 个,其中并网型风机标准 30 个,离网型风机标准 35 个,包括国家标准、行业标准、电力标准,内容涉及风机整机、零部件、设计、测试等多个方面。

　　国内关于风电产品的标准和检测标准基本齐全,但是其中有些标准直接等同采用 IEC 标准,如 GB/T 18451.1—2012"风力发电机组　设计要求"是风力发电机组设计和认证的基本依据,该标准直接等同采用了 IEC 61400-1 标准,IEC 标准是按照欧洲国家的风况和环境条件制定的,不能完全适合我国的风况和环境条件。

我国关于风电产品的国家标准和行业标准如表 4-4 所示:

表 4-4　国内风电产品标准

序号	标准编号	名称
1	GB/T 20319—2006	风力发电机组　验收规范
2	GB/T 19073—2008	风力发电机组　齿轮箱
3	GB/T 19072—2010	风力发电机组　塔架
4	GB/T 19071.1—2003	风力发电机组　异步发电机　第 1 部分:技术条件
5	GB/T 19071.2—2003	风力发电机组　异步发电机　第 2 部分:试验方法
6	GB/T 19070—2003	风力发电机组　控制器　试验方法
7	GB/T 19069—2003	风力发电机组　控制器　技术条件
8	GB/T 19068.1—2003	离网型风力发电机组　第 1 部分:技术条件
9	GB/T 19068.2—2003	离网型风力发电机组　第 2 部分:试验方法
10	GB/T 19068.3—2003	离网型风力发电机组　第 3 部分:风洞试验方法
11	GB/T 18451.1—2012	风力发电机组设计要求
12	GB/T 19963—2011	风电场接入电力系统技术规定
13	GB/T 18451.2—2012	风力发电机组　功率特性测试
14	GB/T 17646—2013	小型风力发电机组　设计要求
15	GB/T 29494—2013	小型垂直轴风力发电机组
16	GB/T 13981—2009	小型风力机设计通用要求
17	GB/T 10760.2—2003	离网型风力发电机组用发电机　第 2 部分:试验方法
18	GB/T 10760.1—2003	离网型风力发电机组用发电机　第 1 部分:技术条件
19	GB/T 30427—2013	并网光伏发电专用逆变器技术要求和试验方法
20	GB/T 18709—2002	风电场风能资源测量方法
21	GB/T 18710—2002	风电场风能资源评估方法
22	GB/T 19568—2004	风力发电机组装配和安装规范
23	GB/T 19960.1—2005	风力发电机组　第 1 部分:通用技术条件
24	GB/T 19960.2—2005	风力发电机组　第 2 部分:通用试验方法
25	GB/T 20320—2013	风力发电机组　电能质量测量和评估方法
26	DL/T 666—2012	风力发电场运行规程
27	DL/T 796—2012	风力发电场安全规程
28	DL/T 797—2012	风力发电场检修规程
29	JB/T 10300—2001	风力发电机组　设计要求
30	JB/T 9740.4—1999	低速风力机　安装规范

序号	标准编号	名称
31	JB/T 9740.3—1999	低速风力机 技术条件
32	JB/T 9740.1—1999	低速风力机 系列

3.2 中国风电机组主要零部件标准

风力发电机组由发电机、变流器、控制系统等风电电器设备以及叶片、齿轮箱、塔架、轴承等风电机械设备组成的风能发电系统。风电机组的安全运行和内部关键零部件设备的质量和寿命有密切关系,关键零部件的检测和认证已经成为各国发展风电产业的必经之路。对比分析国内外风电机组内部关键部件的相关标准和规范,为构建我国完整的风电标准体系有积极的推动作用。

(一)控制器部分:

欧盟关于风力发电机组的主控制系统的标准主要有:EN 60204《机械安全 机械的电气设备》、EN 61010《测量、控制和试验室用电气设备的安全要求》、EN 61508《电气、电子、可编程序电子安全相关系统的功能安全性》等标准。北美各国要求主控制系统满足 UL 508A。

我国关于风电机组控制器的标准是 GB/T 19070—2003:《风力发电机组 控制器 试验方法》,该标准适用于与电网并联运行、采用异步发电机的定桨距失速型风力发电机组电气控制装置的设计与检验。环境条件:正常工作温度范围 −20 ℃～+40 ℃,极端温度范围 −30 ℃～+50 ℃;最高相对湿度小于或等于 95%。

另外,还有两个机械行业标准:

JB/T 6939.1—2004:离网型风力发电机组用控制器 第 1 部分:技术条件

JB/T 6939.2—2004:离网型风力发电机组用控制器 第 2 部分:试验方法

(二)发电机部分:

根据欧盟的标准要求,风电机组中的所有发电机应满足 EN 60034:《旋转电机》测试标准的要求,包括机舱内部发电机、变桨电机、偏航电机等。北美各国要求发电机应满足 UL 1004-1 和 UL 1004-4。

国内风电机组内部发电机的标准为 GB/T 19071.2—2003:《风力发电机组 异步发电机 第 2 部分:试验方法》,适用于并网型风力发电机组单速或双速异步发电机的性能试验,涉及发电机的环境试验有:40°交变湿热试验按 GB/T 12665 规定进行。

(三)齿轮箱部分:

ISO/IEC 61400-4《风力涡轮机——第 4 部分:风力涡轮机变速箱的设计要求》和 AGMA 6006《风力发电机齿轮箱设计规范》指出了风电齿轮箱的运行和载荷与大部分工业齿轮箱的区别,标准中既提出了对整个齿轮箱的技术要求,同时也阐明了对各个零部件的要求,如:齿轮副、轴承和轴等。在进行强度和寿命分析时,应用现行的各种国际和国外标准,如用于直齿轮与斜齿轮的 ISO 6336:2006,用于轴承的 ISO 281:2007,用于轴的 DIN 743 等。同时规定相应计算方法的边界限制条件,使其适应风电齿轮箱的特殊要求。(注:AGMA是指美国齿轮制造协会的标准)

ISO 6336 适用于风电齿轮箱,但由于不包括对齿轮型进行相应的校核如"修正接触分析"，因此风电标准规定了特殊要求对其进行限制。满足 AGMA 6006 要求的齿轮箱故障率大大低于按照 ISO 6336 设计的齿轮箱。

风电标准对齿轮箱轴承的选择也有要求，在 ISO 281 的基础上增加了一些附加校核运算。齿轮箱的结构部件的计算载荷必须符合 IEC 61400-4 要求的相关外部载荷和联接以及现场条件，使用有限元法进行强度分析。风电标准规定齿轮箱试验不仅要对单个零件承载能力与寿命进行计算校核，还要以实际演示与系列试验的方式进行功能验证。

GB/T 19073—2003《风力发电机组　齿轮箱》适用于水平轴风力发电机组（风轮扫掠面积大于或等于 40 m²）中使用平行轴或行星齿轮传动的齿轮箱。齿轮箱工作环境温度为−40 ℃～+50 ℃，齿轮箱最高温度不得高于 80 ℃，其不同轴承间的温差不应高于 15 ℃，必要时增设加热装置和冷却装置。

（四）控制系统部分：

我国标准 GB/T 25386.2—2010《风力发电机组　变速恒频控制系统　第 2 部分：试验方法》适用于并网型水平轴变速恒频风力发电机组控制系统和电气变桨距系统的性能试验。该标准中涉及到的环境试验有：

① 低温试验：试验方法按 GB/T 2423.1 中"试验 A"运行，在试验温度为 20 ℃±3 ℃（常温型）或−30 ℃±3 ℃（低温型）运行条件下，使被测产品保持工作状态 2 h，控制系统应能正常工作。

② 高温试验：试验方法按 GB/T 2423.2 中"试验 B"进行，在试验温度 40 ℃±3 ℃运行条件下，使被测样品保持工作状态 2 h，在常温条件下恢复 2 h 后，控制系统应能正常工作。

③ 湿热性能环境试验：试验方法按 GB/T 2423.3 中"试验 Cab"进行，产品在试验温度为 40 ℃±2 ℃，相对湿度 95%±3%恒定湿热条件下，无包装，不通电，经受 48 h 试验后，取出样品，在常温条件下恢复 2 h 后，控制系统应能正常工作。

（五）变流器

我国在风电变流器方面已制定了变流器技术要求和试验方法等国家标准，国家能源部也组织制定了风电变流器的能源行业标准。

《GB/T 25387.1—2010 风力发电机组　全功率变流器　第 1 部分：技术条件》，标准规定了风力发电机组全功率交直交电压型变流器的相关术语和定义、通用要求、试验方法、检验规则等。标准适用于风力发电机组全功率交直交电压型变流器。

《GB/T 25387.2—2010 风力发电机组　全功率变流器　第 2 部分：试验方法》，标准规定了风力发电机组全功率交直交电压型变流器的试验条件和试验方法。标准适用于风力发电机组用全功率交直交电压型变流器的试验和检验。

GB/T 25388.1—2010《风力发电机组　双馈式变流器　第 1 部分：技术条件》，标准规定了双馈式变速恒频风力发电机组交直交电压型变流器的相关术语和定义、通用技术要求、试验方法、检验规则及其产品的相关信息等。标准适用于双馈式变速恒频风力发电机组交直交电压型变流器，即双馈式变流器。

GB/T 25388.2—2010《风力发电机组　双馈式变流器　第 2 部分：试验方法》，标准规定了双馈式风力发电机组交直交电压型变流器工作性能的试验条件、试验内容和试验方法。标准适用于双馈式风力发电机组交直交电压型变流器性能试验。

能源行业标准 NB/T 31014—2011《双馈风力发电机变流器制造技术规范》和

NB/T 31015《永磁风力发电机变流器制造技术规范》规定了变流器的研发设计、组织生产、质量检验、产品认证等依据。内容包括：一般要求、绝缘、负载控制功能、过载能力、总谐波畸变系数、电网适应能力、效率、温升、并网切入电流、保护功能、电磁兼容、低温、高温、贮存、耐湿热试验、防护等级、噪声、通信要求、功率因数、转矩控制等。

欧盟要求风电变流器应满足 EN 50178《可用于电力安装的电气设备》标准要求，北美各国要求变流器满足 UL 1741《独立电力系统用逆变器、转换器和控制器》、IEEE 1547《将分布式资源与电力系统互联》等标准。

3.3　风电机组相关的国际标准

国际电工委员会风能行业的技术委员会 IEC/TC 88 为协调欧洲风电发展较快的国家风电机组的认证，发布了 IEC WT 01"风电机组符合性及认证的规范"，该规范规定了有关风电机组检测、认证的范围、规则、程序、报告的形式，以及相关证书的办法及有效期。

与 IEC WT 01 联系紧密的是 IEC 发布的 IEC 61400 系列技术标准，该标准系列涵盖了风电机组的设计要求、小型风电机组、海上风电机组，以及风电机组的主要零部件如齿轮箱、发电机、控制系统、叶片等。同时，标准对整个风电机组的运行测试也有相关的规定，包括功率、电能质量、噪声等的测试要求。表 4-5 列出了国际风电标准。

表 4-5　国际风电标准

序号	标准编号	名称
1	IEC WT 01:2001	风力发电机组符合性测试与认证系统
2	IEC 61400-1:2005	风力发电机组—第 1 部分：设计要求
3	IEC 61400-2:2006	风力发电机组—第 2 部分：小型风力发电机的安全
4	IEC 61400-3:2009	风力发电机组—第 3 部分：海上风力涡轮机的设计要求
5	IEC 61400-11:2012	风力发电机组—第 11 部分：噪音测量技术
6	IEC 61400-12-1:2005	风力发电机组—第 12 部分：风力发电机功率性能测试
7	IEC 61400-14:2005	风力发电机组—第 14 部分：声功率级和音调值的声明
8	IEC 61400-21:2008	风力发电机组—第 21 部分：连接电网的风力发电机组电能质量特性的测量和评估
9	IEC 61400-22:2010	风力发电机组—第 22 部分：风力发电机的认证
10	IEC 61400-23:2001	风力发电机组—第 23 部分：转子叶片的全尺寸比例结构试验
11	IEC TR 61400-24:2002	风力发电机组—第 24 部分：防雷保护
12	IEC 61400-25-1—2006	风力发电机组—第 25-1 部分：风力发电厂监测和控制通信—原则和模型的总体说明
13	IEC 61400-25-2—2006	风力发电机组—第 25-2 部分：风力发电厂监测和控制通信—信息模型
14	IEC 61400-25-3:2006	风力发电机组确—第 25-3 部分：风力发电厂监测和控制通信—信息交换模型要求

续表 4-5

序号	标准编号	名称
15	IEC 61400-25-4:2008	风力发电机组—第 25-4 部分:风力发电厂监测和控制通信—绘制通信轮廓
16	IEC 61400-25-5:2006	风力发电机组—第 25-5 部分:风力发电厂监测和控制的通信—符合性测试
17	ISO/IEC 61400-4	风力发电机组—第 4 部分:从 40 千瓦至 2 兆瓦及更大的涡轮机变速箱
18	IEC 60050-4-15:1999	国际电工技术词汇—第 4-15 部分:风力发电系统

其他国家的主要风电标准见表 4-6:

表 4-6 其他国家主要风电标准

序号	国家	标准编号	标准名称
1	丹麦	DNV-OS-J101:2007	海上风力发电机组结构的设计
2	英国	BS EN IEC 61400-21	风力发电机组—第 21 部分:连接电网的风力发电机组电能质量特性的测量和评估
3	英国	BS EN 61400-2:2006	风力发电机组—第 2 部分:小型风力涡轮机的设计要求
4	日本	JIS C1400-12—2002	风力发电机系统—第 12 部分:风力发电机的功率性能测试
5	日本	JIS C1400-21—2005	风力发电机系统—第 21 部分:连接电网的风力发电机的功率质量特性的测量和评估
6	日本	JIS C1400-0—2005	风力发电机系统—第 0 部分:风力发电机的词汇
7	日本	JIS C1400-1—2001	风力发电机系统—第 1 部分:安全要求

3.4 风电并网标准对比分析

我国风电的特点是大规模并网、远距离输送,因此,风电需要严格符合电网相关并网标准才能保证电网安全稳定运行,进而才能保证风电的可持续发展。随着风电的快速发展,大规模风电对电网运行也带来一些问题,根据国家统计年报数据,截至 2010 年底,全国风电场共发生 28 次非正常脱网事故,问题主要表现在以下 3 个方面:一是低电压穿越能力缺失给电网带来失稳问题;二是风机设备制造标准不能满足电网要求;三是风场无功调节能力差,严重影响电压质量。

2005 年 12 月 31 日发布,2006 年 2 月 1 日正式实施的 GB/Z 19963—2005《风电场接入电力系统技术规定》标准,由于技术内容不够全面,不能满足风电大规模开发的要求,且已过有效期,新的国家标准还没有出台。2009 年 12 月,国家电网公司颁布 Q/GDW 392—2009《风电场接入电网的技术规定》企业标准,规定中提出了风电场需要具备功率控制、功率预测、低电压穿越、监控通讯等功能要求,基本做到了与国外标准接轨。但尚未上升到国家标准,约束能力有限。2010 年 12 月,中国电力科学研究院在 Q/GDW 392—2009《风电场接入电网的技术规定》的基础上,牵头各有关单位修订了 GB/Z 19963—2005《风电场接入电力系统技术规定》国家标准,形成 GB/T 19963—2011,并于 2012 年 6 月 1 日正式实施。

目前欧洲和北美的电力协会或输电公司都制订了风电并网技术导则、规范等,如表 4-7 所示,并且都是强制执行的。这些导则和规范对接入电网的各种类型电源性能都提出了明确要求。

表 4-7　国外主要风电国家风电并网标准及制定机构

国家	规范名称	制定机构
德国	发电设备接入中压电网技术规范(2008 年)	德国联邦能源和水资源协会(BDEW)
	高压及超高压电网导则(2006 年)	德国公用事业公司 E.On
美国	并网导则(2004 年)	美国风能协会
加拿大	风电场技术规定(2004 年)	阿尔伯塔系统运营商
丹麦	100 kV 及以上电压的风电机组技术规定(2004 年)	丹麦(Energinet)电网公司
	风电场接入输电技术规定(2002 年)	丹麦 Eltra 输电公司
爱尔兰	风电场并网导则(2004 年)	爱尔兰国家电网

以国家标准 GB/T 19963—2011《风电场接入电力系统技术规定》和国外风电并网相关标准进行对比分析见表 4-8。

表 4-8　国内外风电并网标准对比

对比内容		中国	德国	丹麦	西班牙
低电压穿越	使用范围	百万千瓦级风电场内风电机组	所有风电机组	所有风电机组	所有风电机组
	响应时间	75 ms	20 ms		
	无功电流注入	$IT \geqslant 1.5^*$ $(0.9-U_T)I_N$	$IT \geqslant 2^*$ $(0.9-U_T)I_N$	1 倍额定电流	$0.9^* IN$, $(U_N < 0.5 \text{ pu})$
	有功恢复速度			$0.2P_N/s$	$0.1P_N/s$
有功频率要求	正常频率范围	49.5 Hz~50.2 Hz	49.5 Hz~50.5 Hz	49.5 Hz~50.5 Hz	48 Hz~51.5 Hz
	最高切出频率	50.2 Hz	51.5 Hz	53 Hz	51.5 Hz
	最低切出频率	48 Hz	47.5 Hz	47.5 Hz	47.5 Hz
	有功调节范围	20%~100%	0~100%	20%~100%	
	有功调节速度	20%/2 min	20%/min~100%/min	10%/min~100%/min	
无功功率控制	功率因素调节	无可调控制系统	在线可调	在线可调	在线可调

国外风电场并网标准中对低电压穿越期间无功电流的支持有要求,目前国内标准中没有此项要求,可能导致故障期间电网电压过低,故障消除后电压恢复较慢。对低电压穿越期间故障持续时间的要求,国内标准是 3 s,电压下降到额定电压的 15% 时,风电场必须保持运行 625 ms,而德国标准对此项要求较高,在故障持续时间 1.5 s 内不得从电网切除,在电压降到 45%,保持并网运行 150 ms,降低到 0 时,保持并网运行 150 ms。国内标准中对风

电场的无功功率控制没有要求,风电场没有无功功率系统,不能调节风电机组无功电压,国外风电机组功率因素大多都能在线可调,能充分利用风电机组发出的无功功率。

3.5 典型风电机组标准解读

目前国际上风力发电机认证适用的标准主要有:IEC 61400-22、GL 导则 2003、丹麦风机标准 DS 472-1/-2、荷兰风机认证 NVN11400 等。其中 IEC 标准是目前为止在国际上最为认可的认证标准。

IEC 61400-22《风力发电机组 第 22 部分:风力发电机的认证》解读

IEC 61400-22 是对 IEC WT 01(2001) 的修订和替代,发布于 2010 年 5 月,除了设计的验证和测试外,该标准还提供了关于供应方质量体系认可和评估方面的信息,以及对供应方质量体系和质量计划的常规检查及样品测试审核等方面资料。

该国际标准为风电机组的认证体系定义了准则和流程,将海上风电项目的机组型式认证和项目认证等也纳入规范,但是,对于小型风机,应考虑其特殊性,检测、认证执行 IEC 61400-2《小型风机的设计要求》,其中有一些特殊要求,例如:耐久测试,叶片仅做静态测试的评估等。

IEC 61400-22 的认证范围包括型式认证、项目认证、零部件认证和样机认证,相对于 IEC WT 01 标准增加了样机认证。型式认证包括塔架以及塔架和地基之间的连接方式,目的是确认风力发电机组型式设计和制造符合设计条件和制造的标准。项目认证涵盖一台或多台风电机组,包括基础和安装场所特定外部条件的评估,目的是确认通过了型式认证的风电机组和对应的塔架是否满足特定场地的外部条件。零部件认证是对风电机组的主要部件,如叶片、齿轮箱等的认证。样机认证是风电机组认证的特定阶段,即样机阶段。

IEC 61400-22 标准的型式认证需要进行的评估和试验有:

——设计基础评估;

——设计评估;

——制造评估;

——型式测试;

——型式特征测试(可选);

——最终评估;

——基础设计评估(可选);

——基础制造评估(可选)。

认证工作完成以后,上述所有的步骤都将签发符合证明和机组型式认证证书,证书有效期为 5 年,在有效期内,所有该类已安装运行的风电机组的异常情况以及小的修改都应逐年向认证机构报告。证书到期需要重新认证。图 4-3 是 IEC 61400-22 标准的风电机组型式认证的步骤结构图。

图 4-4 是 IEC WT 01 标准中风电机组型式认证的步骤结构图。

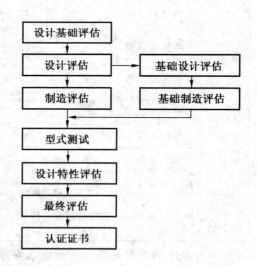

图 4-3 IEC 61400-22 标准的风电机组型式认证的步骤

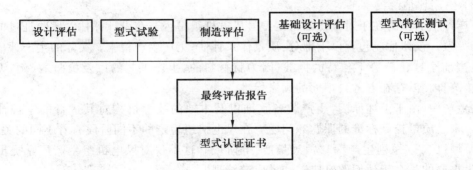

图 4-4 IEC WT 01 标准型式认证步骤

（1）设计基础评估

比较两个标准的型式认证流程，设计基础评估是 IEC 61400-22 中新定义的模块。按照标准描述，设计基础评估的目的在于检验作为设计基础的文档合理性，风机安全设计证明的充分性。设计基础应表明设计和设计文档所有必要的界定、假设和方法论，包括：

——准则、标准；

——设计参数、假设、方法论和原理；

——其他要求，例如生产、运输、安装、试车、运行和维护。

（2）设计评估

IEC 61400-22 标准中的设计评估环节包括：

——控制、保护系统；

——载荷及载荷谱；

——叶片；

——机械和结构部件；

——电气部件；

——机舱罩、倒流罩；

——基础设计要求；

——设计过程控制；

——制造工艺；

——运输过程；

——安装过程；

——机组运营维护；

——人员安全；

——零部件测试。

在模块"叶片"、"机械和结构部件"和"电气部件"的评估中，除了 IEC 61400-1、IEC 61400-2 和 IEC 61400-3 中的通用要求外，还有单独的相关标准，包括：

——IEC 61400-5 叶片；

——IEC 61400-4 齿轮箱；

——IEC 61400-24 雷电防护；

——IEC 60034 系列电机在生产车间的测试等。

（3）生产评估

生产评估的目的在于对生产的特定型号风电机组是否与在设计评估阶段验证过的设计文档相一致。该评估应包含以下部分：质量体系评估；工厂生产检验。实际的生产评估可以看作是当前全球化趋势下独特的挑战，因为就材料的、生产工艺的以及检验的（例：无损检测、焊接等）内容，存在着各自不同的国家标准。

在生产中，由于上述原因，生产装备水准以及本地的技术机构对其进行的常规计量校验，也带来了质量控制标准的课题和问题。在风电机组生产的不同阶段有着不同的关注点，包括"原型机"、"0 系列生产"和"常规量产"等阶段。这不仅对风电机组生产厂家提出了要求，更为重要的是在于他们的供应链和供应链管理。

除了之前提到过的质量保证因素，即材料、生产工艺流程、设备，一般而言，技术工人也起着很重要的角色。尽管在质量管理体系中，如 ISO 9001 等，对于员工的培训和教育机制作了有关规定，而实际上，培训内容本身和国家级的认可/资质是需要国际间协调、互认，且第三方现场检验全球"可达性"。

（4）型式试验

有关型式试验项目，标准中没有完全规定，其中有一项开放性的"其他测试"，但是主要项目均一一列出：安全和功能测试、功率测试、载荷测试和叶片测试。通常叶片测试在测试台上进行，其他的在风电场进行测试。除了 IEC 61400-1、IEC 61400-2 和 IEC 61400-3 中的通用要求外，还有如下单独的相关标准：

——IEC 61400-12-1 功率测试；

——IEC 61400-13 载荷测试；

——IEC 61400-23 叶片测试。

（5）型式特性测量

从分析来看，国际标准的制定，在协调各国的国家标准之外，对各国的国情、国家强制标准给予了足够的尊重，因而采取了较为灵活的规范做法。除上面我们看到的有关风电机组基础的规范，风电的一些特性测量也采取了类似做法，即只作为可选模块，包括：电质量测试、低压穿越测试和噪音测试。

风电机组的基础设计、制造作为可选模块，主要是因为各国对建筑的法规大多是强制性和排他性的。类似的，电质量、低压穿越等在乎电网公司（即风电场下游客户）对输入其电网系统各种电源的要求。这些要求，不仅各国间不尽相同，有时即使同一国家内，不同的电网公司也有不同的要求。除 IEC 61400-1、IEC 61400-2、IEC 61400-3 中的通用要求外，还有如下单独的相关标准：

——IEC 61400-21 功率测试（低压穿越 LVRT 在最新 2008 版有所规范）；

——IEC 61400-11 噪声；

——IEC 61400-14 表面声功率级和音调值声明。

完成以上程序，在通过最终评估后，颁发型式认证证书。

IEC WT 01 标准型式试验是设计和认证过程的有机组成部分，用以验证设计计算、优化机组的控制以及噪声特性、安全和控制系统的性能。表 4-9 列出了试验验证主题和采用的标准。在认证过程中，试验工作须按照 ISO 17025 的要求由获得认可的独立机构完成，或者由认证机构认可的实验室对实验进行现场见证。另外应在测试平台上进行原型机齿轮箱的测试。并对测试结果进行评估和存档。

表 4-9　原型机的试验内容和相关标准

验证主题	采用的标准
功率性能测试	IEC 61400-12
噪声测试	IEC 61400-11
载荷测试	IEC TS 61400-13
电气特性	IEC 61400-21
叶片测试	IEC TS 61400-23
安全和功能测试	GL 风能规范

参 考 文 献

[1] Ni Jiyu, Classification and Analysis Summary for Domestic and International Standard of LED Lighting Products, Electrical Appliances, 2011, 6. P11-17

[2] Li Minh, Huang Xuan, Market Access Requirement for LED Lighting Product of Japan, ELECTRONICS QUALITY, 2010, 3, P57-59.

[3] HUANG Xuan, XIA Yi, CHEN Sheng, ZENG Yan-guang, American Market Access Requirements for LED Lighting Products, STANDARD SCIENCE, 2009, 12, P53-57.

[4] Chen Chaozhong, Shi Xiaohong, Li Weijun, Wang Ye, Analysis on LED Luminaire Features and Corresponding Standards（Ⅰ）, CHINA LIGHT ＆ LIGHTING, 2010, 11, P34-37.

[5] Chen Chaozhong, Shi Xiaohong, Li Weijun, Wang Ye, Analysis on LED Luminaire Features and Corresponding Standards（Ⅱ）, CHINA LIGHT ＆ LIGHTING, 2010, 12, P36-38, P43.

[6] Chen Song, Overview of LED lighting products certification, CHINA QUALITY CER-TICATION, 2011(4): 35-36.

[7] Products Exportation Technical Guidelines of the Ministry of Commerce. http://policy.mofcom.gov.cn/export/lamps/index.action

[8] TBTmap LED Website, http://www.tbtmap.cn/led

[9] http://ec.europa.eu/enterprise/sectors/automotive/documents/unece/recent/index_en.htm

[10] http://www.globalautoregs.com/rules/106

[11] http://ec.europa.eu/enterprise/sectors/automotive/documents/directives/motor-vehicles/other-measures/index_en.htm

[12] http://www.dot.gov/regulations/significant-rulemaking-report-archive（美国 DOT 法规动态）

[13] 刘晖,《国外电动汽车技术法规发展动态》,中国标准导报,2012-07.

[14]《新能源汽车现状与展望》(盖世汽车网)

[15]《国内外电动汽车发展现状及充电技术研究》. http://smartgrids.ofweek.com/2013-01/ART-290017-11000-28664998.html

[16]《GL 风机认证指南》,2010-07-01.